高等职业教育种子系列教材
全国种子行业技术培训教材

种子贮藏技术

宋文坚　孙海艳　吴　伟　主编

中国农业大学出版社
·北京·

内 容 简 介

本书主要内容包括绪论、种子物理特性、种子仓库及其设备、种子仓库有害生物、种子贮藏期间的变化及其影响因素、种子仓库常见有害生物的控制、种子仓库管理技术、低温低湿种子仓库及其管理技术、主要作物种子贮藏技术、实验实训指导。本书内容新颖，实用性强，注重理论与实践相结合，适用于高等职业农学类专业教学和种子行业技术培训，也可作为种子行业职业技能考证和高等院校农学类专业教学。

图书在版编目(CIP)数据

种子贮藏技术/宋文坚，孙海艳，吴伟主编. —北京：中国农业大学出版社，2016.7
ISBN 978-7-5655-1633-7

Ⅰ.①种…　Ⅱ.①宋…　②孙…　③吴…　Ⅲ.①种子-贮藏　Ⅳ.①S339.3

中国版本图书馆 CIP 数据核字(2016)第 156915 号

书　名　种子贮藏技术
作　者　宋文坚　孙海艳　吴　伟　主编

策划编辑　陈　阳　　　　责任编辑　张　蕊
封面设计　郑　川　　　　责任校对　王晓凤
出版发行　中国农业大学出版社
社　址　北京市海淀区圆明园西路 2 号　　　邮政编码　100193
电　话　发行部 010-62818525,8625　　　读者服务部 010-62732336
　　　　编辑部 010-62732617,2618　　　出　版　部 010-62733440
网　址　http://www.cau.edu.cn/caup　　　**e-mail** cbsszs @ cau.edu.cn
经　销　新华书店
印　刷　涿州市星河印刷有限公司
版　次　2016 年 9 月第 1 版　　2016 年 9 月第 1 次印刷
规　格　787×1 092　16 开本　12 印张　296 千字
定　价　30.00 元

图书如有质量问题本社发行部负责调换

种子系列教材编委会

编写人员

主　编　宋文坚　孙海艳　吴　伟

副主编　许方程　彭　宏　颜贞龙　王建成

编　者　（按姓氏笔画为序）

王建成（浙江大学）
付　玲（湖北省种子管理局）
孙海艳（全国农业技术推广中心）
许方程（温州科技职业学院）
吴　伟（浙江省种子管理总站）
宋文坚（浙江大学）
陈　婵（福建农业职业技术学院）
陈锦新（浙江大学）
岳高红（温州科技职业学院）
袁新平（北京金色农华种业科技股份有限公司）
黄丽丽（江西省信州区农林水利局）
黄　琼（福建农业职业技术学院）
彭　宏（福建农业职业技术学院）
颜贞龙（浙江省衢江区种子管理站）

总　序

农业发展，种业为基。党中央、国务院历来高度重视种业工作。习近平总书记强调，要下决心把民族种业搞上去，从源头上保障国家粮食安全。李克强总理指出，良种是农业科技的重要载体，是带有根本性的生产要素。汪洋副总理要求，突出种业基础性、战略性核心产业地位，把我国种业做大做强。

当前我国农业资源约束趋紧，要确保“谷物基本自给、口粮绝对安全”，对现代种业发展、加强种业科技创新、培育和推广高产优质品种提出了更高、更迫切的要求。与此同时，全球经济一体化进程不断加快，生物技术迅猛发展，农作物种业国际竞争日益激烈。要突破资源约束、把饭碗牢牢端在自己手中，做大做强民族种业、提升国际竞争力，必须加快我国现代种业科技创新步伐。

培养大批种子专业技术人才和提升现有种业人才的技术水平是加快我国现代种业科技创新步伐的关键之举。目前我国农作物种业人才培养主要有两个途径：一是通过高等院校开设相关专业培养；二是通过对种子企业科研、生产、检验、营销、管理等人员及种子管理机构的行政管理、技术人员进行定期培训。但由于我国高等农业职业教育办学起步较晚，尚没有种子专业成套的全国通用教材，而种子行业培训也缺乏成套的全国通用技术培训教材。为培养农作物种业优秀人才，加大种业人才继续教育和培训力度，落实《国务院关于加快推进现代农作物种业发展的意见》有关要求，全国农业技术推广服务中心与温州科技职业学院联合组织编写了这套全国高等职业教育种子专业和种子行业技术培训兼用的全国通用系列教材。

该系列教材由种子教学、科研、生产经营与管理经验丰富的专家教授共同编写。在编写过程中坚持五个相结合原则，即坚持种子专业基础理论、基本知识与种业生产实际应用相结合；坚持提高种业生产技术与操作技能相结合；坚持经典理论、传统技术与最新理论、现代生物技术在种业上的应用相结合；坚持专业核心课程精与专业基础课程宽相结合；坚持教材实用性与系统性相结合，力争做到教材理论与实践紧密结合，便于学生（员）更好地学习应用。

这套教材系统地介绍了现代种业基础理论与实用技术，包括种子学基础、作物遗传育种、种子生产技术、种子检验技术、种子加工技术、种子贮藏技术、种子行政管理与技术规范、种子经营管理和植物组织培养等九本教材。其中，种子行政管理与技术规范、种子生产技术、种子加工技术、种子贮藏技术、种子检验技术等五本教材兼作种子行业技术人员培训教材。希望本系列教材的出版发行能在促进我国高等职业教育种子专业学生培养和种子行业技术人员培训中发挥重要作用。

全国农业技术推广服务中心主任 陈生斗

2016 年 3 月

前 言

“科技兴农，种业先行”。农作物种业是国家战略性、基础性核心产业，是农业创新驱动发展的突破口，也是促进农业长期稳定发展、保障国家粮食安全的根本。种子是活的生产资料，种子贮藏是种子产业的重要环节，是确保种子质量的重要措施。科学、合理地贮藏种子，能使种子在较长时间内保持活力，从而保证农业生产的用种安全。农业部、农业科研院所、各级种子管理机构和种子企业对种子贮藏工作均非常重视，充分利用现有种子贮藏条件，研究出行之有效的贮藏保管技术，并在实践中不断改进和完善。

本书主要内容包括绪论、种子物理特性、种子仓库及其设备、种子仓库有害生物、种子贮藏期间的变化及其影响因素、种子仓库常见有害生物的控制、种子仓库管理技术、低温低湿种子仓库及其管理技术、主要作物种子贮藏技术。本教材既有种子贮藏基础知识和基本理论的详细阐述，又有种子贮藏保管先进实用技术的系统介绍，并对种子生产经营各主要作物的种子贮藏特性及其贮藏技术分别作了系统阐述，为高等职业院校种子科学专业学生和种子行业技术人员打下宽厚的专业知识，并掌握相应的种子科学贮藏技能。

全书共分八章并附实验实训指导，其编写分工如下：绪论，宋文坚、孙海艳；第一章，彭宏、黄琼、陈婵，由彭宏统稿。第二章，孙海艳、宋文坚，由宋文坚统稿。第三章，许方程、岳高红、宋文坚，由许方程统稿。第四章，宋文坚、王建成、黄丽丽、吴伟，由宋文坚统稿。第五章，许方程、岳高红、宋文坚，由许方程统稿。第六章，吴伟、宋文坚、颜贞龙、王建成，由吴伟统稿。第七章，王建成、宋文坚、吴伟，由王建成统稿。第八章，第一节、第二节，袁新平、付玲；第三节、第四节，王建成、付玲；第五节、第七节，宋文坚；第六节，黄丽丽；第八节，彭宏、黄琼；第九节、第十节，吴伟、颜贞龙，由宋文坚统稿。实验实训指导，陈锦新、宋文坚。全书由宋文坚、吴伟和孙海艳统稿。本书编写人员虽均具有多年种子贮藏技术的教学、科研和生产实践经验，在编写过程中也付出了大量心血，但不当之处在所难免，衷心欢迎广大读者提出宝贵意见，以期再版时修订完善。

编　者

2016 年 3 月

目　录

绪论 …… 1

第一章　种子物理特性 …… 5

第一节　种子的容重和相对密度 …… 6
第二节　种子的密度和孔隙度 …… 8
第三节　种子的散落性和自动分级 …… 9
第四节　种子的导热性和比热容 …… 14
第五节　种子的吸附性和吸湿性 …… 17

第二章　种子仓库及其设备 …… 23

第一节　种子仓库 …… 23
第二节　种子仓库的设备 …… 30

第三章　种子仓库有害生物 …… 36

第一节　种子仓库害虫 …… 36
第二节　种子微生物 …… 42
第三节　鼠类 …… 47

第四章　种子贮藏期间的变化及其影响因素 …… 50

第一节　种子呼吸作用与种子后熟 …… 50
第二节　种子温度和水分的变化 …… 56
第三节　种子结露和种子发热 …… 58
第四节　影响种子安全贮藏的因素 …… 62

第五章　种子仓库常见有害生物的控制 …… 69

第一节　种子仓库害虫防治 …… 69
第二节　种子微生物控制 …… 80
第三节　鼠类防治技术 …… 84

第六章　种子仓库管理技术 …… 91

第一节　种子的入库工作 …… 91
第二节　种子贮藏管理技术 …… 99

第七章　低温低湿种子仓库及其管理技术 …… 112

第一节　低温低湿种子仓库 …… 112

第二节 低温低湿仓库贮藏种子的管理技术…… 116
第三节 简易实用低温低湿种子贮藏技术…… 118
第八章 主要作物种子贮藏技术…… 121
第一节 水稻种子贮藏技术…… 121
第二节 玉米种子贮藏技术…… 127
第三节 大、小麦种子贮藏技术…… 132
第四节 油菜和花生种子贮藏技术…… 137
第五节 棉花种子贮藏技术…… 141
第六节 豆类作物种子贮藏技术…… 144
第七节 蔬菜种子贮藏技术…… 153
第八节 马铃薯和甘薯种薯的贮藏技术…… 155
第九节 主要花卉种子(球)贮藏技术…… 160
第十节 主要牧草及草坪草种子贮藏技术…… 164
实验实训指导…… 169
实验实训一 种子容重和相对密度的测定…… 169
实验实训二 种子散落性的测定…… 171
实验实训三 种子平衡水分的测定…… 172
实验实训四 种子呼吸强度测定…… 173
实验实训五 种子仓库害虫检查和形态特征识别…… 175
实验实训六 种子仓库类型及种子堆放方式…… 176
参考文献…… 178

绪 论

种子是极为重要的农业生产资料，“一粒种子可以改变一个世界，一个品种可以造福一个民族”。在人类历史长河中，种子的重要性日益为人们所接受。种子也是活的生产资料，从其收获开始，一般需经过干燥、清选、分级、包装、运输、贮藏等过程，才能供应农业生产当前或将来使用，虽然并非所有市场上供应的种子都需经过上述过程的各个环节，但是种子经过每个环节的方式均会影响种子的生命力，因此做好种子贮藏是确保种子生命力的重要环节之一。

一、种子的概念

种子在植物学上是指由胚珠发育而成的繁殖器官，是裸子植物和被子植物特有的繁殖体。在农业生产上，种子是最基本的生产资料，其含义要比植物学上的种子广泛得多。凡是农业生产上可直接利用作为播种材料的植物器官都称为种子。为了与植物学上的种子有所区别，后者称为“农业种子”。2000 年颁布的《中华人民共和国种子法》规定：“本法所称种子，是指农作物和林木的种植材料或者繁殖材料，包括籽粒、果实和根、茎、苗、芽、叶等。”2015 年通过的第三次修订的《中华人民共和国种子法》规定：“本法所称种子，是指农作物和林木的种植材料或者繁殖材料，包括籽粒、果实、根、茎、苗、芽、叶、花等。”这是“商品种子”的概念，但在习惯上，为了简便起见，笼统称为种子。

二、种子贮藏的概念

种子贮藏就是科学依据种子收获后播种前种子生命活动的规律，采用合理的设施，人为地控制温湿度等条件，将种子质量的变化降低到最低限度，从而最有效地保持种子的发芽率与活力，确保种子播种价值的过程。

种子从播种开始到种子成熟收获，这一阶段是在田间度过的；从收获到再次播种，也就是等待下一次播种这段时间是在室内度过的，室内阶段往往比田间阶段更长（如水稻），如是供歉收年份用的贮备种子或是种质资源，则其室内阶段的时间更长。因此做好种子贮藏工作显得特别重要。

良好的贮藏条件和科学的贮藏管理方法可以延长种子的寿命，提高种子的播种品质，保持种子的活力，为作物的增产打下良好的基础。反之，如果种子贮藏工作没做好，轻则使种子生活力、活力下降，发芽率低到不能作为种用，重则整仓种子发热霉烂生虫，不能转商，也不能作为人畜的食用，给生产上播种带来困难，使经济上遭受重大损失。特别是一些杂交种子，价格较高，贮藏不当，损失更大。因此减少贮藏期间种子的数量损失和生活力及活力损失，与田间增产粮食具有同等重要的意义。

三、种子贮藏的作用

种子贮藏是种子产业化体系的重要环节，直接为农业生产服务，其作用主要体现在以下方面：

1. 为农业生产提供优质良种

种子从收获到下一个适宜季节播种，必须经过一段时间的室内贮藏，只有通过科学安全的贮藏，才能使种子在较长时间内保持优良的品质，为下一季节农业生产提供优质良种。

2. 为种子经营提供物质保证

拥有良好的仓储设施是做好种子贮藏的关键，大型种子企业建有生产收购临时仓库、加工物流仓库、中长期贮存库或低温低湿库，生产的种子能及时入库保管，销售时无须到其他地方调种，从而掌握种子经营的主动性，大大降低了种子价格大幅变动年份对种子企业的影响。

3. 为育种者提供种质

随着植物遗传学、作物育种学知识和技术的增长，各种栽培品种的少量种子长期贮藏的必要性日趋明显。开展农作物种质资源的有效保存也是我国种子工程实施的重要内容，国家有计划地收集、整理、鉴定、登记、保存种质资源，定期公布可供利用的种质资源目录。育种家可根据育种目标获取有用的种质资源，从而创造新物种和新种质。

4. 可保持种子的优良种性

随着种子世代的提高，因生物混杂、机械混杂等原因会引起种子的优良种性下降，此时可从贮藏库中取出部分原原种种子进行繁育，从而保持生产原种的优良种性。

5. 可改善种子的播种品质

许多植物种子有较长的休眠期，只有通过较长时间的贮藏，休眠破除后才能作为种用，否则发芽势低，影响种子的播种品质。

6. 是《种子法》的要求

根据 2000 年《中华人民共和国种子法》第一章第七条规定，国家建立种子贮备制度，主要用于发生灾害时的生产需要，保障农业生产安全。对贮备的种子应当定期检验和更新。第五章第二十九条也规定，申请领取种子经营许可证的单位和个人，应当具备“具有能够正确识别所经营的种子、检验种子质量、掌握种子贮藏、保管技术的人员”。2015 年通过的第三次修订的《中华人民共和国种子法》第六条则明确规定，省级以上人民政府建立种子储备制度。因此开展种子贮藏工作是国家及种子企业的共同需要。

另外，有些种子贮藏 2 年或 2 年以上更具有优越性，这样可使所需的遗传材料不断积累起来，供以后扩种或歉收年份利用。

四、种子贮藏技术研究的内容与任务

种子贮藏技术研究的主要内容既包括与种子安全贮藏密切相关的种子物理特性、种子仓库及其设备、种子仓库有害生物、种子贮藏期间的变化及影响因素等基础理论，也包括种子仓库有害生物控制技术、种子仓库管理技术、低温低湿种子仓库及其管理技术、主要作物种子贮藏技术等实用技术。

种子贮藏技术的任务是阐明种子贮藏期间的生命活动规律及与贮藏环境条件的相互关系，探索不同种类种子的最佳贮藏条件，从而创造优良的贮藏环境，使种子质量的劣变和种子数量损失降低到最低限度，尽可能高地保持种子的生活力和活力，为农业生产提供高质量的种子，为育种家提供丰富优质的种质资源。

五、种子贮藏学科的发展概况

种子贮藏学科的建立和发展与其他学科有着密切的联系，如种子生理学、植物学、植物生理学、育种学、遗传学、生物化学、生物统计学、昆虫学、微生物学等学科，甚至还与物理学、建筑学的知识有关。

中国古代光辉灿烂的文化，是与我们的祖先能利用种子建立世界上最早的古代农业是分不开的。大量的史料表明，种子与人类的历史和文化紧密联系。中国古代，从游牧狩猎转为定居即建立原始农业之时，人们要从事野生植物的迁地栽培和周期性的耕种，随着作物的人工栽培，自然会遇到采种、保存和播种工作中的许多问题。浙江省余姚市河姆渡遗址发现大量农业工具和“杆栏式”仓房、大量炭化稻粒，距今已有 7 000 年左右，这是中国已发现的最早仓房遗迹。从我国西安出土的 5 000 多年前半坡村遗址中发现有贮粮地窖，盛有许多炭化粟粒，这是中国迄今为止发现最早的地下贮粮设施。

中国是一个农业古国，又是世界上最大的植物起源中心之一，我们的祖先通过长期的辛勤劳动，在播种、收获和保存、处理种子方面，积累了丰富的经验和知识。早在 2400 多年前的《周礼》古书中就有种子方面的论述。汉朝的《氾胜之书》与北魏的《齐民要术》是根据我国当时黄河中游农业生产而写成的实践综述，阐述了农、林、牧、副、渔等各方面内容，其中关于作物采种、留种技术及保存种子的方法都有十分宝贵的记载。在《氾胜之书》中记有豆类与麦类的采种经验，“麦种候熟可获，择穗大彊者，斩、束、立场中之高燥处，曝使极燥”。关于麦种的虫害防治则采用“取干艾杂藏之，麦一石，艾一把，藏以瓦器竹器”。这说明我国古人在 2000 多年前就已创造了利用天然药物保存种子和防病灭虫的方法。该书“溲种篇”还记述了将种子裹上粪肥以作种肥之用，可看成目前广泛应用的种子“丸化”技术的萌芽。《齐民要术》中对于防虫则采用日晒后趁热入仓的“窖麦法”，“必须日曝令干，及热埋之”。这个方法经过 20 世纪 50 年代全国科研与粮食保管单位共同验证，它不但防治虫害，而且有利于保持种用和食用品质，对于保管小麦种子尤为适宜，并成为联合国粮农组织推广技术。对贮藏种子的适宜条件也有所记述，例如当时已知板栗不耐干燥，需湿沙混藏，并且要防冻。“栗初熟出壳，即於屋里埋著湿土中。埋必须深，勿令冻彻。若路远者，以韦囊盛之。停二日以上，及见风日者，则不复生矣。至春二月，悉芽生，出而种之。”由此已提出了顽拗型种子的贮藏问题。

总结农业生产，记载有关种子贮藏技术的书籍，我国历代都有，比较著名的如唐代的《四时纂要》、元代的《农桑衣食撮要》、明代的《农政全书》等。可见我国农业技术的发展过程，许多是很值得我们用科学方法去总结与应用的。

在国外，1832 年法国 Aug. Pyr. de Candolle 著的《蔬菜生理学》一书中，列入了“种子保存”这一章。1869 年奥地利科学家 Nobbe(诺倍)在德国首次发表了种子科技方面的巨著《种子学手册》，而被推崇为种子学学科的创始人。此后，许多杰出的科学家对种子科学贮藏做出了贡献，如 De Vries (1891)揭示了后熟与温度的关系，Haberlandt(1874)等对种子寿命的长期研究。1875 年后，种子贮藏方面发表的论文激增，内容除增添种子贮藏的实用技术外，种子寿命的测定也受到了极大的关注。

20世纪是种子科学迅猛发展并推动世界各国种子工作及农业生产前进的重要时期。1931年ISTA(国际种子检验协会)颁发了世界第一部国际种子检验规程,促进了种子的国际贸易和交流,1934年日本科学家近藤万太郎的《农林种子学》问世,对种子界的影响很大。在20世纪中叶,种子科学方面突破性的发现及重要著作不少,涉及种子贮藏方面的有:原苏联科学家柯兹米娜的《种子学》,什马尔科的《种子贮藏原理》,美国朱斯梯士和巴士合著的《种子贮藏原理与实践》等。我国也于1953年在浙江农学院开设了种子学课程教学。叶常丰等《种子贮藏与检验》,郑光华等的《种子工作手册》《种子活力》等教材著作出版,对我国种子贮藏学科的普及和发展起了积极的作用。

近年来,在各国科学家的共同努力下,种子贮藏科学的发展达到了更高的阶段,在种子生命活动及劣变过程中的亚细胞结构变化和分子生物学,种子活力的测定,种子寿命的预测、顽拗型种子贮藏、种子超干贮藏、种子超低温贮藏、核心种质库构建及资源保存等方面的研究均达到了一定的深度。

进入21世纪,尤其是《中华人民共和国种子法》颁布实施以来,结合我国"种子工程"的实施,农业部投入大量资金给全国各地用于建设种子贮备库,各地均非常重视种子安全贮藏工作,种子安全贮藏已成为种业企业增强综合竞争能力的重要手段。随着种子产业化体系的不断完善,种子安全贮藏在现代农业持续发展中的作用将日趋重要。

本章小结

本章主要介绍了种子、种子贮藏的概念,阐明了种子贮藏的作用、种子贮藏技术的研究内容与任务,最后阐述了种子贮藏学科的发展概况。

思考题

1. 何为农业种子?
2. 种子贮藏有哪些方面的作用?
3. 种子贮藏技术研究内容有哪些方面?

第一章　种子物理特性

知识目标

- ◆ 知晓种子各种物理特性的含义与测定方法。
- ◆ 了解影响种子物理特性的因素。
- ◆ 熟悉种子物理特性变化与种子贮藏的关系。

能力目标

- ◆ 能够根据种子散落性不同指导种子安全贮藏。
- ◆ 能够应用平衡水分的知识判断不同水分种子贮藏的安全性。

农作物种子的物理特性包括两类：一类是根据单粒种子进行测定，求其平均值，如籽粒的大小、硬度和透明度等；另一类是根据一个种子群体进行测定，如种子重量（一般用千粒重或百粒重表示）、容重、相对密度、密度与孔隙度、散落性、导热性及吸附性等。种子的物理特性和种子的形态特征及生理生化特性一样，主要决定于作物品种的遗传特性，但在一定程度上受环境条件的影响。例如在农作物生育期间，受到旱涝病虫的侵袭，或施肥不足，或收获失时，或收前遭遇冻害，或收后未能及时晒干等，都可能或多或少影响种子的物理特性，通常最常见的是千粒重下降、相对密度变轻和硬度降低等，而在气候条件良好与栽培精细的情况下，则会出现另一种情况。

种子物理特性和种子化学成分往往存在着密切关系，如小麦种子含蛋白质越高，则其硬度与透明度越大；油质种子含油分越多，则相对密度越小；一般种子水分越低，则相对密度越大，散落性越好。种子的物理特性还和清选分级、干燥、运输以及贮藏保管等生产环节有密切关系。在建造种子仓库时，对于仓库的结构设计、所用材料以及种子机械设备的装配等，都应该从种子物理特性方面作比较周密的考虑。如散落性好的种子，在进行机械化清选和输送过程中比较方便有利，但散装堆放时却要求具有较高坚牢度的仓库结构。因此深入了解种子的物理特性，对指导做好种子贮藏工作具有重要意义。

第一节 种子的容重和相对密度

种子的重量对衡量同一作物品种不同来源（如生产地区或季节不同等情况）的种子播种品质有一定参考价值。但对不同品种的种子而言，则只能说明品种特性而不能作为评定种子品质的标准。因此，在某些情况下，测定种子的容重和相对密度更具有生产实践意义。

一、种子的容重

（一）种子容重的概念及影响因素

种子的容重是指单位容积内种子的绝对重量，单位为“克/升”。

种子容重的大小受多种因素的影响，如种子颗粒大小、形状、整齐度、表面特性、内部组织结构、化学成分（特别是水分和脂肪）以及混杂物的种类和数量等。一般而言，凡种子颗粒细小、外形圆滑、整齐度差、内部组织充实、结构致密、水分及油分含量低、淀粉和蛋白质含量高，并混有各种沉重的杂质（如泥沙等），则种子的容重较大，反之容重较小。

由于容重所涉及的因素较为复杂，测定时必须作全面的考虑，否则可能引起错解，得出与实际情况相反的评价。例如原来品质优良的种子，可能因收获后清理不够细致，混有许多轻的杂质而降低容重；瘦小皱瘪的种子，因水分较高，容重就会增大（这一点和饱满充实的种子不同）；油料作物种子可能因脂肪含量特别高，容重反而较低。诸如此类的特殊情况，都应在测定时逐一加以分析，以免造成错误结论。

水稻种子因带稃壳，其表面又有稃毛，因此充实饱满的水稻种子不一定能从容重反映出来，一般不将水稻种子的容重作为检验项目。

一般情况，种子水分越低，则容重越大，这和绝对重量有相反的趋势。但种子水分超过一定限度，或发育不正常的种子，关系就不明显。油菜籽虽含有丰富的油脂，但其体积因水分不同而有显著变化，即水分越低，籽粒的体积越小，其绝对重量下降，而容重增大。

种子容重与水分之间的关系因具体情况而有差异。当种子水分增加时，往往影响某些物理特性的改变。首先是种子体积因吸胀而膨大，其次是种皮的皱褶逐步消失而变成丰满光滑，同时，种子在湿润的条件下，其摩擦系数显著增大，这些变化都在不同程度上影响容重，而使种子容重与水分之间呈负相关的趋势。

在另一种情况下，种子水分增加，容重开始时下降，以后又随着水分增多而逐渐回升。如燕麦等带有稃壳的种子表现特别明显。这主要由于稃壳与果皮间的空隙里所残留的气体排出而为水所填充，因而影响到容重。

（二）种子容重的应用

种子容重在生产上的应用相当广泛，如检验上将容重列为品质指标之一。在贮运工作上可根据容重推算一定容量内的种子重量，或一定重量的种子所需的仓容和运输时所需车厢数目等，计算时可应用下列公式：

$$体积=\frac{重量}{容重}$$

上式中须用对应的单位，如种子重量为 kg，容重为 g/L，得出的体积为 m^3。

二、种子的相对密度

（一）种子相对密度的概念及影响因素

种子相对密度，以前称为“种子比重”，是指种子绝对重量和它的绝对体积之比，单位“克/毫升”。

不同作物或不同品种种子的相对密度因形态构造（有无附属物）、细胞组织的致密程度和化学成分的不同而有很大差异，种子光滑无附属物、组织结构致密、脂肪含量低的，一般种子相对密度较大。而同一品种种子的相对密度则随着成熟度和充实饱满度的不同而变化。大多数作物的种子成熟越充分，内部积累的营养物质越多，则籽粒越充实，相对密度就越大。但油料作物种子恰好相反，种子发育条件越好，成熟度越高，则相对密度越小，这是因为种子所含油脂随成熟度和饱满度而增加。因此，种子相对密度不仅是一个衡量种子品质的指标，在某种情况下，可作为种子成熟度的间接指标。

种子在高温高湿条件下，经长期贮藏，由于连续不断的呼吸作用，消耗掉一部分有机养料，可使相对密度逐渐下降。

种子的比重（相对密度）和容重，在一般情况下呈直线正相关，可应用回归方程式从一种特性的测定数值推算另一特性的估计数值。图 1-1 表明小麦种子的比重和容重呈直线相关的趋势。

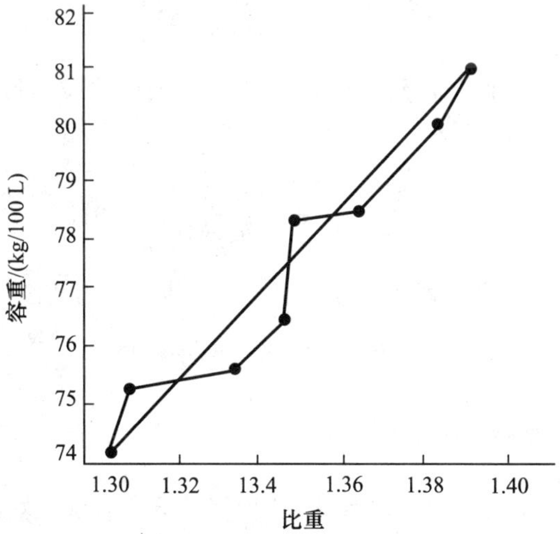

图 1-1　小麦种子的比重和容重的关系

（柯兹米娜，1960）

(二)种子相对密度的应用

在生产实际应用中,往往利用种子的相对密度不同进行清选分级,也可利用种子容重与相对密度的关系,计算种子的密度,正确指导种子贮藏期间的通风密闭工作。

第二节 种子的密度和孔隙度

一、种子密度和孔隙度的含义

种子装满在一定容量的容器中,所占的实际体积仅仅是其中一部分,其余部分为种子间隙,充满着空气或其他气体,种子实际体积与容器的容积之比,如用百分率表示,即为种子密度。容器内种子间隙的体积与容器的容积之比,用百分率表示,即为种子孔隙度,二者之和恒为100%。因此种子密度与种子孔隙度是两个互为消长的物理特性。一批种子具有较大的密度,其孔隙度就相应小一些。

二、种子密度和孔隙度的测定方法

种子密度和孔隙度的测定可采用直接测定法或公式测算法。直接测定法就是用一定容量的量筒或容量瓶,倒入种子至满刻度,另用内装水或70%酒精或乙醚的量筒,匀速将液体倒入装有种子的量筒或容量瓶中至满刻度,不能让种子浮出刻度线,记下所用液体的体积,所用液体体积与容器体积的比值,即为该种子的孔隙度。公式测算法就是利用公式:

$$\text{种子密度}=\frac{\text{种子容重}}{\text{种子比重}}\times 100\%$$

利用公式测算法应注意种子容重的单位,上式中容重单位应为每100升的千克数,如容量单位为“克/升”,则需将上式改为:

$$\text{种子密度}=\frac{\text{种子容重}}{\text{种子比重}\times 10}\times 100\%$$

在一个装满种子的容器中,除种子所占的实际体积外,其余均为孔隙,种子的孔隙度即为:

$$\text{孔隙度}=100\%-\text{种子密度}$$

三、种子密度与孔隙度的影响因素

各种作物种子的密度和孔隙度相差悬殊,品种间差异亦很大,这主要决定于种子颗粒的大小、均匀度、种子形状、种皮松紧程度,是否带稃壳或其他附属物、表面光毛、内部细胞结构及化学组成。此外还与种子水分、入仓条件及堆积厚度等有关。一般而言,种粒大且均匀、圆粒、种子表面有颖壳或毛糙的,种子孔隙度大,密度小;种堆中轻型杂质多,种子水分低,则种子孔隙度大;种子入库后种堆薄、未受挤压,则种子孔隙度大。作物种子的密度和孔隙度,不但在不同作物种类间有差异，而且同一作物不同品种间也存在着较大差异。表 1-1 为几种作物种子的密度和孔隙度。

表 1-1 几种作物种子的密度和孔隙度(特里斯维亚特斯基，1951) %

作物	密度	孔隙度	作物	密度	孔隙度
稻谷	35～50	50～65	玉米	45～65	35～65
小麦	55～65	35～45	黍稷	50～70	30～50
大麦	45～55	45～55	荞麦	40～50	50～60
燕麦	30～50	50～70	亚麻	55～65	35～45
黑麦	55～65	35～45	向日葵	20～40	60～80

四、种子密度、孔隙度与种子贮藏的关系

种子的孔隙度大小标志着种子堆中空气的流通状况，孔隙度大的种子堆空气流通较畅，产生的热量和水汽容易散发；投药熏蒸时，毒气容易深入到种子堆的内部，熏蒸杀虫效果好，熏蒸结束后有毒气体散发快。如果种子堆的孔隙度小，水汽难散发，热量容易积累，但也不易受外界的温湿度影响。

种子堆中的孔隙度还可以用于计算种子堆中氧气的贮存量，以及在密闭状态下绝氧(氧气消耗完毕)所需时间，从而预测不同水分种子贮藏期间的通风时间。

种子堆中的氧气消耗量与种子的含水量有关，含水量高的种子呼吸强度大，耗氧多，绝氧所需时间短(表 1-2)。

表 1-2 不同含水量小麦种子绝氧所需的时间(胡晋，2001)

种子含水量/%	呼吸强度[O_2 mL/(kg·24 h)]	绝氧时间(氧可供给的天数)
14.4	0.67	191.04
16.0	2.84	45.07
17.0	52.81	2.42
19.2	74.66	1.71
21.2	142.33	0.899

第三节 种子的散落性和自动分级

一、种子的散落性

(一)种子散落性的概念

作物种子就每一单粒而言，是一小团干缩的凝胶，其形状固定，非遇强大外力，不易变化。但通常一大批种子是一个群体，各籽粒相互间的排列位置，稍受外力，就可发生变动，同时又存

在一定的摩擦力。因此，就种子群体而言，它具有一定程度的流动性。当种子从高处落下或向低处移动时，形成一股流水状，因而称它为种子流，种子所具有的这种特性就称为散落性。

（二）衡量种子散落性的指标

种子散落性的好差可通过静止角的大小或自流角来表示。种子散落性好，则静止角小。

1. 种子的静止角

当种子从一定高度自然落在一个平面上，达到相当数量时，就会形成一个圆锥体。圆锥体的斜面与底部直径所成之角即称为种子的静止角或自然倾斜角(图 1-2)。由于各种作物种子的散落性不同，其形成的圆锥体亦不同。如水稻种子的散落性较差，而豌豆种子的散落性较好，前者所形成的圆锥体比较高而底部比较小，种子的静止角比较大，后者形成的圆锥体比较矮而其底部比较大，种子的静止角比较小，所以种子的静止角大小可作为衡量种子散落性好差的指标。

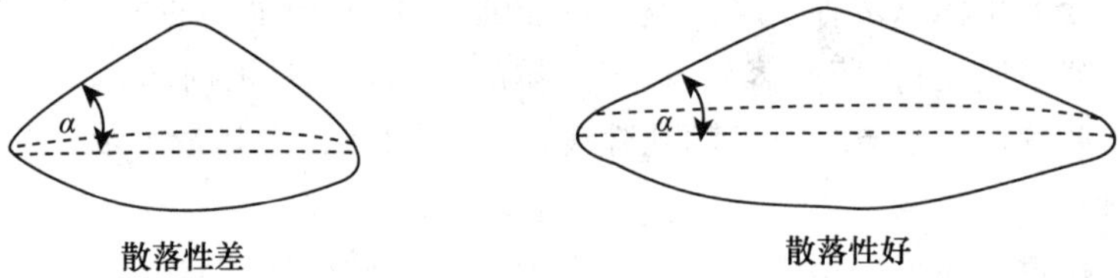

图 1-2 种子散落性好差示意图

种子停留在圆锥体的斜面上所以不继续向下滚动而呈静止状态，这是由于种子的颗粒间存在着一定大小的摩擦力，摩擦力越大，则散落性越小，而静止角越大。种子在圆锥体的斜面上由于重力作用而产生一个与斜面平行的分力，其方向与摩擦力相反。一粒种子在圆锥体的斜面上保持静止状态或继续滚动，完全取决于这个分力与摩擦力的对比结果。如该分力等于或小于种子颗粒间的摩擦力，则种子停留在斜面上静止不动，如该分力大于摩擦力，则种子沿斜面继续向下滚动，直到两个力达到平衡为止。

种子的形态特征、夹杂物、水分含量、收获后的处理方式和贮藏条件等均会影响种子散落性的好差。凡种子的颗粒比较大，形状近球形而表面光滑，则散落性较好，如豌豆、油菜等；如因收获方法不当或粗放清选而混有各种轻的夹杂物（如破碎叶片、稃壳、断芒、虫尸等），或因操作用力过猛而致种子损伤、脱皮、压扁、破裂等情况，则种子散落性降低。种子的水分含量越高，则颗粒间的摩擦力越大，其散落性也相应减小。若用静止角表明这一关系，则呈正相关的趋势（表 1-3）。

表 1-3 种子水分与静止角的关系（浙江农业大学种子教研组，1960）

作物	水分/%	静止角	作物	水分/%	静止角
稻谷	13.7	36.4°	玉米	14.2	32.0°
	18.5	44.3°		20.1	35.7°
小麦	12.5	31.0°	大豆	11.2	23.3°
	17.6	37.1°		17.7	25.4°

由表 1-3 可知，测定种子的静止角时，必须同时考虑种子水分，而同品种的种子，则大致可从静止角的大小估计其水分含量。

种子的散落性可通过除芒机、碾种机或其他机械处理而发生变化。一般经过处理后，由于种子表面的附着物大部分脱除，比较光滑因而种子散落性变好。

种子在贮藏过程中，散落性也会逐渐发生变化。例如贮藏条件不适当，以致种子回潮、发热、发酵、发霉或发生大量仓虫，种子散落性就会显著下降。尤其是经过发热、发酵、发霉的种子，严重时成团结块，有时使整个种子堆形成直壁，完全失去散落性。所以种子在贮藏过程中，定期检查散落性的变化情况，可大致预测种子贮藏的稳定性，以便必要时采取有效措施，否则会造成意外损失。

种子静止角的测定可采用多种简易方法。通常用长方形的玻璃皿一个，内装种子样品约 1/3，将玻璃皿慢慢向一侧横倒（即转动 90°的角），使其中所装种子成斜面，用量角器测得该斜面与水平面所成的角度，即为静止角（图 1-3）。也可取漏斗一个，安装在一定高度，种子样品通过漏斗落于一平面上，形成一个圆锥体，再用特别的量角器测得圆锥体的斜度，即为静止角，如图 1-4 所示。

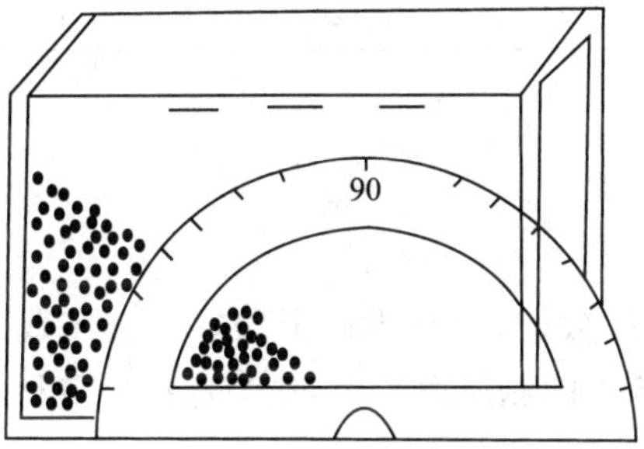

图 1-3　用长方形玻璃器皿测定静止角

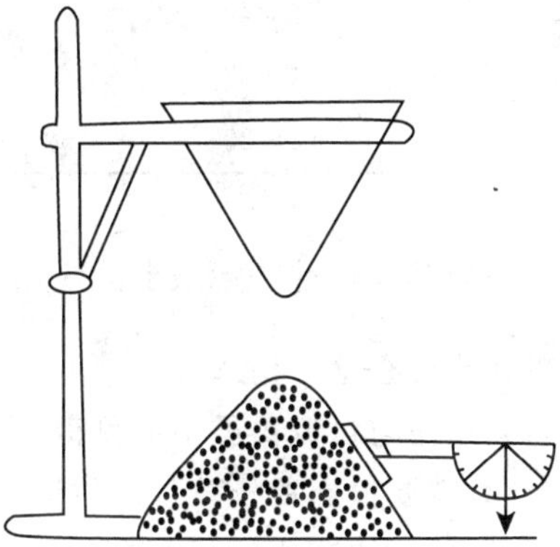
图 1-4　静止角的测定

测定种子静止角时，每个样品最好重复 3 次，记录其变异幅度，同时附带说明种子的净度和水分，以便和其他结果比较。表 1-4 为主要作物种子的静止角及其变异幅度。

表 1-4　主要作物种子的静止角及其变异幅度（浙江农业大学种子教研组，1960）　（°）

作物	静止角	变幅	作物	静止角	变幅
稻谷	35～55	20	大豆	25～37	12
小麦	27～38	11	豌豆	21～31	10
大麦	31～45	14	蚕豆	35～43	8
玉米	29～35	6	油菜	20～28	8
小米	21～31	10	芝麻	24～31	7

2. 种子的自流角

当种子摊放在其他物体的平面上，将平面的一端向上慢慢提起形成一斜面，此时斜面与水平面所成之角(即斜面的陡度)亦随之逐渐增大,种子在斜面上开始滚动时的角度和绝大多数种子滚落时的角度,即为种子的自流角。

种子自流角也在一定程度上受种子水分、净度及完整度的影响。必须注意在有关因素比较一致的情况下测定。有时由于取样方法、操作技术的微小差异,也往往不易获得一致的结果。种子自流角的大小,在很大程度上也会随斜面的性质而变化(表 1-5)。

表 1-5 种子自流角与斜面性质的关系(浙江农业大学种子教研组,1981) (°)

作物	自流角			
	薄铁皮	粗糙三合板	涂磁漆三合板	平板玻璃
籼稻	26～32	33～43	22～32	26～31
粳稻	26～31	35～47	20～27	27～31
玉米	24～36	27～36	18～24	22～31
小麦	22～29	26～35	17～23	24～30
大麦	21～27	29～37	18～24	25～31
裸麦	21～26	30～41	19～23	26～30
大豆	14～22	16～23	11～17	13～17
豌豆	12～20	21～26	12～20	13～18

(三)种子散落性在种子贮藏上的应用

1. 估测种堆对仓壁的侧压力

种子的静止角与自流角虽不能测得一个精确的数值,但在生产上仍有一定实践意义。如建造种子仓库,就要根据种子散落性估计仓壁所承受的侧压力大小,作为选择建筑材料与构造类型的依据,侧压力的数值可用下式求得:

$$p=\frac{1}{2}mh^2\ \mathrm{tg}^2\left(45°-\frac{\alpha}{2}\right)$$

式中:p—每米宽度仓壁上所承受的侧压力,kg/m;

m—种子容重,g/L 或 kg/m^3;

h—种子堆积高度,m;

α—种子静止角。

假定建造一座贮藏小麦种子的仓库,已测得小麦的静止角为 30°～34°,容重为 750 kg/m^3,在仓库中堆积高度以 2 m 为最大限度,则可应用上式求出仓壁所承受的侧压力 $p=500$ kg/m(因静止角小,侧压力大,所以 α 取 30°),表明该仓库的仓壁在每米宽度上将承受 500 kg 左右的侧压力。

2. 指导安全贮藏工作

在种子贮藏过程中,特别是入库初期,应经常观察种子散落性有无变化,如有下降趋势,则可能是回潮、结露、出汗以至发热霉变的预兆,应该做进一步的检查,并及时采取措施,以防造成意外损失。

二、种子自动分级

(一)种子自动分级的概念

当种子堆在移动时,其中各个组成部分都会受到外界环境条件和本身物理特性的综合作用而发生重新分配的现象,即性质相近似的组成部分,趋向聚集于相同部位,从而失去它们在整个种子堆里原先的均匀性,在品质上和成分上增加了差异程度,这种现象称为自动分级。

(二)种子自动分级发生的原因及造成的结果

种子堆移动时之所以发生自动分级现象,主要由于种子堆的各个组成部分具有不同的散落性所致;而散落性的差异是由各个组成部分的摩擦力不等和受外力不同的影响所引起。种子堆的自动分级还受其他复杂因素的影响,如种子堆移动的方式,落点的高低以及仓库的类型等。通常人力搬运倒入仓库的种子,落点较低而随机分散,一般不发生自动分级现象;种子用袋装方法入库,就根本不存在自动分级的问题。严重的自动分级现象往往发生在机械化大型仓库中,种子数量多,移动距离大,落点比较高,散落速度快,就很容易引起种子堆各组成部分强烈的重新分配。显而易见,种子的净度和整齐度越低,则发生自动分级的可能性越大。当种子流从高处向下散落形成一个圆锥形的种子堆时,充实饱满的籽粒和沉重的杂质大多数集中于圆锥体的顶端部分或滚到斜面中部,而瘦小皱瘪的籽粒和轻浮的杂质则多分散在圆锥体的四周而积集于基部。试从圆锥体的顶端、斜面上及其基部分别取样,并分析样品的成分,算出每种成分所占百分率,则可明显看出这种自动分级对种子堆所产生的高度异质性影响(表 1-6)。

表 1-6 种子装入圆筒仓内的自动分级(克拉西茨基)

从种子堆上取样的部位	容重/(g/L)	绝对重/g	碎粒/%	不饱满粒/%	杂草种子/%	有机杂质/%	轻杂质/%	尘土/%
顶部	704.1	16.7	1.84	0.09	0.32	0.14	0.15	0.75
斜面中部	708.5	16.9	1.57	0.11	0.21	0.04	0.36	0.32
基部	667.5	15.2	2.2	0.47	1.01	0.65	2.14	0.69

由表 1-6 可知,落在种子堆基部靠近仓壁的种子品质最差,其容重和绝对重量均显著降低。碎种子和尘土则大多数聚集在种子堆的顶部和基部,斜面中部较少。而轻的杂质、不饱满籽粒与小粒的杂草种子则大部分散落在基部,即仓壁的四周边缘,因而使这部分种子容重大大降低。在小型仓库中,种子进仓时,落点低,种子流动距离短,受空气的浮力作用小,轻杂质由于本身滑动的可能性小,就容易积聚在种子堆的顶端,而滑动性较大的大型杂质和大粒杂草种子,则随饱满种子一齐冲到种子堆的基部,这种自动分级现象在散落性较大的小麦、玉米、大豆等种子中更为明显。

当种子从仓库中流出时,亦同样会发生自动分级现象。种子堆中央部分比较饱满充实的种子首先出来,而靠近仓壁的瘦小种子和轻的杂质后出来,结果因出仓先后不同而使种子品质发生很大差异。

在运输过程中,用输送带搬运种子,或用汽车、火车长距离运输种子,由于不断震动的影响，也会按其组成部分的不同特性发生自动分级现象，结果使饱满度较差的种子、带稃壳的种子、经虫蚀而内部有孔洞的种子以及轻浮粗大的夹杂物，都集拢到表面。

自动分级使种子堆各个组成部分的分布均衡性降低，某些部分积聚许多杂草种子、瘪粒、破碎粒和各种杂质，增强吸湿性，常引起回潮发热以及仓虫和微生物的活动，从而影响种子的安全贮藏。碎杂集中的部位，种子的孔隙度变小，熏蒸时药剂不易渗透，而且这些部位吸附性强，孔隙间的有效浓度较低，因此会降低熏蒸杀虫效果。

种子堆由于发生自动分级导致异质性增高，在很大程度上影响种子检验的正确性。因此必须改进取样技术，以免从中抽得完全缺乏代表性的样品。在操作时，应严格遵守种子检验技术规程，选择适应的取样部位，增加点数，分层取样，使种子堆各个组成部分有同等被取样的机会，这样，检验的结果就能反映出种子品质的真实情况。

(三)种子自动分级的预防及应用

在生产上要彻底防止由于种子自动分级造成的各种不利因素，首先必须做好进仓前的清选工作，尽可能除尽杂质、淘汰不饱满或不完整的种子。其次在入库时，如遇大型仓库，可在仓顶安装一个金属锥形器，使种子流中比较大而重的组成部分落下时不致集中于一点而分散到四周，轻而小的组成部分能靠近中心落下，以抵消由于自动分级所产生的不均衡性。另外，可在圆筒仓出口处的内部上方安装一锥形罩，当仓内种子移动时，中心部分会带动周围部分同时流出，使各部分种子混合起来，不致因流出先后而导致种子品质差异悬殊。

从生产观点看，自动分级也有它的有利一面，许多清选工具和方法就是利用种子这一特性而设计的。例如用篾箕或畚斗簸除种子中所混杂的空瘪粒和轻微的细小杂质，利用筛子的旋转运动或前后摇摆而将相对密度不同的种子和杂质分离，或利用垂直螺旋式清选机以及各种斜面清选机进行种子清选分级，都是根据同样的原理设计的。同时在种子清选分级工作中，还可利用种子自动分级这一特性来提高工作效率。

第四节　种子的导热性和比热容

一、种子的导热性

种子的导热性是指种子堆具有传递热量的性能。种子本身是浓缩的胶体，具有一定的导热性能，但种子堆却是热的不良导体。

(一)种堆传导热的方式

热量在种子堆内的传递主要有两种方式：一种是热传导传热，即靠籽粒间彼此直接接触的相互影响而使热量逐渐转移，其进行速度非常缓慢；另一种是对流传热，靠籽粒间隙里气体的流动而使热量转移。

一般情况下，由于种子堆内的阻力很大，气体流动不可能很快，因此热量的传导也受到很大限制。在某些情况下，种子颗粒本身在很快移动(如通过烘干机时)，或空气在种子堆里以高速度连续对流（如进行强烈通风），则热量的传导过程就发生剧烈变化，同时传导速度也大大加速。种子的导热性差，在生产上会带来两种相反的作用，在贮藏期间，如果种子本身温度比较低，由于导热不良，就不易受外界气温上升的影响，可保持比较长时间的低温状态，对安全贮藏有利。但当外界气温较低而种子温度较高的情况下，由于导热很慢，种子不能迅速冷却，以致较长时间处在高温条件下，持续进行旺盛的生理代谢作用，导致种子生活力迅速减退和丧失，这就成为种子贮藏的不利因素。因此，作物种子经干燥后，必须经过一个冷却过程，并使种子的残留水分进一步散发。

（二）导热率和导热系数

种子导热性的强弱通常用导热率来表示，种子导热率就是指单位时间内通过单位面积静止种子堆的热量。在一定时间内，通过种子堆的热量是随着种子堆的表层与深层的温差而不同。各层之间温差越大，则通过种子堆的热量越多，导热率也越大。

种子导热率高低还取决于种子的特性、水分的高低、堆装所受压力等因素。不同种子的导热系数不同，导热系数是指 1 m 厚的种子堆，当表层和底层的种温相差 1℃时，每小时通过该种子堆每平方米表层面积的热量，单位是 kJ/(h·m·℃)。作物种子的导热系数一般都比较小，大多数在 0.418 4～0.836 8 kJ/(h·m·℃)之间，并随种温和水分变化而有增减，如表 1-7 所示。

表 1-7　几种作物种子的导热系数（克拉索夫斯卡娅）

作物种子	种温/℃	水分/%	导热系数/[kJ/(h·m·℃)]
小麦	20.0	22.8	0.828 4
	16.6	17.8	0.548 1
	10.0	17.5	0.384 9
大麦	17.5	18.6	0.640 1
燕麦	18.0	17.7	0.497 8
黑麦	16.7	11.7	0.723 8
黍	18.0	11.9	0.602 5

一般作物种子的导热系数介乎水与空气之间，而在相同温度条件下，水的导热系数远远超过空气，因此，当仓库的类型和结构相同，贮藏的种子数量相近时，在不通风的密闭条件下，种子水分越高，则热的传导越快；种子堆的空隙越大，则热的传导越慢，亦即干燥而疏松的种子在贮藏过程中不易受外界高温的影响，能保持比较稳定的种温；反之，潮湿紧密的种子，则容易受外界温度变化的影响，温度波动较大。

在 20℃时，空气的导热系数为 0.090 8 kJ/(h·m·℃)，水的导热系数为 2.133 8 kJ/(h·m·℃)，而种子的导热系数介乎水与空气之间，种子水分越高，则热的传导越快，容易受外界温度变化的影响，因此种子入库时应尽可能降低水分，减少外界温度影响。

（三）种子导热性在种子贮藏上的应用

在大型仓库中，如进仓的种子温度高低相差悬殊，由于种子的导热性太弱，往往经过相当长的时间仍存在较大的温差，不能使各部分达到平衡，于是种子堆温度较高部分的水分将以水汽状态逐渐转移到温度较低的部分而吸附在种子表面，使种子回潮，引起强烈地呼吸以至发热霉变。因此，种子入库时，不但要考虑水分是否符合规定标准，同时还应注意种温是否基本一致，以免招致意外损失。

种子堆的导热性能与安全贮藏还存在着另一方面的密切关系。生产上往往可以利用种子的导热性比较差这个特性，使它成为有利因素。例如在贮藏期间，如果种子本身温度比较低，由于导热不良，就不易受外界气温上升的影响，可保持比较长期的低温状态，对安全贮藏有利，而在高温潮湿的气候条件下所收获的种子，须加强通风，使种子温度和水分逐步下降，直到冬季可达到稳定状态。来年春天气温上升，空气湿度增大，则将仓库保持密闭，直到炎夏，种子仍能保持接近冬季的低温，因而可以避免夏季高温影响而确保贮藏安全。

种子导热性在种子贮藏上的应用还表现在：①在种子堆冷却或加温时，扩大种堆表面积，使升降温加快；②增加种堆厚度，使越冬后种子升温慢，保持低温，利于安全越夏；③入库种子需充分干燥，减少外界温度的影响。

二、种子的比热容

种子的比热容，也称种子的热容量，是指 1 kg 种子温度升高 1℃时所需的热量，其单位为 kJ/(kg·℃)。种子比热容的大小取决于种子的化学成分(包括水分在内)及各种成分的比率。在种子的主要化学成分中，干淀粉的比热容为 1.548 kJ/(kg·℃)，油脂为 2.050 kJ/(kg·℃)，蛋白质为 1.757 kJ/(kg·℃)，干纤维为 1.339 kJ/(kg·℃)，而水为 4.184 kJ/(kg·℃)，比一般的种子干物质比热容要高出一倍以上，因此水分越高的种子，其比热容亦越大。

(一)种子比热容的测定方法

种子比热容的测定一般有计算法与实测法两种，前者比较粗放。

1. 计算法

绝对干燥的作物种子的比热容大多在 1.674 kJ/(kg·℃)左右，如小麦与黑麦为 1.548 kJ/(kg·℃)，向日葵为 1.630 kJ/(kg·℃)，亚麻为 1.661 kJ/(kg·℃)，大麻为 1.552 kJ/(kg·℃)，蓖麻为 1.841 kJ/(kg·℃)。如果已经测知种子干物质的比热容和所含的水分，则按下式可计算出它的热容量：

$$c=[c_0(100-V)+(4.184\times V)]\div 100$$

式中：c—含有一定水分的种子的比热容，kJ/(kg·℃)；

c_0—种子绝对干燥时的比热容，kJ/(kg·℃)；

V—种子所含的水分，%。

例如已测得水稻种子的水分为 13%，则其比热容为：

$$c=[1.548\times(100-13)+4.184\times 13]\div 100=1.891\ \text{kJ/(kg·℃)}$$

从上式推算所得的比热容，只能表示大致情况，因各种作物种子的组成成分比较复杂，如水稻种子除淀粉外，还有蛋白质、脂肪等组分，对比热容都有一定影响。根据实际测定，当种子水分为 14%，小麦的比热容为 1.674 kJ/(kg·℃)，燕麦为 2.134～2.385 kJ/(kg·℃)，黑麦为 1.841～2.008 kJ/(kg·℃)。

2. 实测法

当种子干物质的比热容和所含水分的数据缺乏时，可应用量热器直接测定种子的比热容，其步骤如下：在一定温度条件下，将一定量的水注入量热器，然后将一定量的种子样品加热到一定温度，投入量热器中，等种子在水中热量充分交换而达到平衡时，观察量热器中水的温度比原来升高几度，再将平衡前后的温差折算成单位重量的水与种子的温差比率，即为种子的比热容，其计算公式如下：

$$c=\frac{B(T_3-T_2)}{S(T_1-T_3)}$$

式中：c—种子比热容，kJ/(kg·℃)；

B—水的重量，mL 或 g；

S—种子的重量，g；

T_1—加热后的种温，℃；

T_2—原来的水温，℃；

T_3—种子放入后达到平衡时的水温，℃。

(二)种子比热容的应用

1. 估测种子释放的热量

了解种子的比热容，可推算一批种子在秋冬季节贮藏期间放出的热量，并可根据比热容、导热率和当地的月平均温度来预测种子冷却速度。通常一座能容 25×10^4 kg 的中型仓库，种温从进仓时 20℃以上降到冬季 10℃以下，放出的总热量达数百万千焦。同样，在春夏季种温随气温上升，亦需吸收大量的热量。因此，在前一种情况下，须装通风设备以加速降温，后一种情况下，须密闭仓库以减缓升温，这样可保持种子长期处在比较低的温度条件下，抑制其生理代谢作用而达到安全贮藏的目的。

2. 测算人工干燥时所需的燃料量

根据种子的比热容，也可预测人工干燥时所需的燃料数量，做到经济有效地利用燃料资源。刚收获的作物种子，水分较高，比热容亦越大，如直接进行烘干，则使种子升高到一定温度所需的热量亦越大，即消耗燃料亦越多；而且不可能一次完成烘干的操作过程，如加温太高，会导致种子死亡。因此，种子收获后，放在田间或晒场上进行预干，这是最经济而稳妥的办法。

第五节　种子的吸附性和吸湿性

一、种子的吸附性

种子胶体具有多孔性的毛细管结构，在种子的表面和毛细管的内壁可以吸附其他物质的气体分子，这种性能称为种子的吸附性。

当种子与挥发性的农药、化肥、汽油、煤油、樟脑等物质贮藏在一起，种子的表面和内部会逐渐吸附此类物质的气体分子，分子的浓度越高和贮藏的时间越长，则吸附量越大，不同种子吸附性的差异主要取决于种子内部毛细管内壁的吸附能力，因为毛细管内壁的有效表面总和比种子本身外部的表面积超过20倍左右。

(一)种子的吸附形式

种子的吸附作用通常因吸附的深度不同分为三种形式，即吸附、吸收和毛细管凝结或化学吸附。当一种物质的气体分子凝集在种子胶体的表面称为吸附；其后，气体分子进入毛细管内部而被吸着，称为吸收；再进一步，气体分子在毛细管内达到饱和状态开始凝结成固体或液体，则称为毛细管凝结。但就种子来说，这三种形式都可能存在，而且很难严格地加以区分。

(二)种子吸附与解吸

种子在一定条件下能吸附气体分子的能力称为吸附容量，而在单位时间内能被吸附的气体数量称为吸附速率。被吸附的气体分子亦可能从种子表面或毛细管内部释放出来而散发到周围空气中去，这一过程是吸附作用的逆转，称为解吸作用。一个种子堆在整个贮藏过程中，所有籽粒对周围环境中的各种气体都在不断地进行吸附与解吸作用，如果条件固定不变，这两个相反的作用可达到平衡状态，即在单位时间内吸附的和解吸的气体数量相等。当种子移置于另一环境中，则种子内部的气体或液体分子就开始向外扩散，或者相反，由外部向种子内部扩散。如果种子贮藏在密闭状态下，经过一定时间，就可达到新的平衡。

种子堆里的吸附与解吸过程主要是靠气体扩散作用来进行的。首先是种子堆周围的气体由外部扩散到种子堆的内部，充满在种子的间隙中，一部分气体分子就吸附在每颗籽粒的表面，另有一部分气体分子扩散到毛细管内部而吸附在内壁上，达到一定限度，气体开始凝结成为液态，转变为液态扩散；最后有一部分气体分子渗透到细胞内部而与胶体微粒密切结合在一起，甚至和种子内部的有机物质起化学反应，形成一种不可逆的状态，即所谓化学吸附，若被吸附的气体可以被可逆地完全解吸出来，则称为物理吸附。

(三)影响种子吸附的因素

农作物种子吸附性的强弱取决于多种因素，主要包括以下几个方面：

1. 种子的形态结构

种子的形态结构包括种子表面粗糙、皱缩的程度和组织结构。凡组织结构疏松的，吸附能力较强；表面光滑、坚实或被有蜡质的，吸附能力较弱。

2. 吸附面的大小

种子吸附的有效面积越大，吸附能力越强。当其他条件相同时，籽粒越小，比面越大，其吸附性也比大粒种子强，此外，胚部较大的和表面露出较多的种子，其吸附性也较强。

3. 气体浓度

环境中气体的浓度越高，则种子内部与外部的气体压力相差也越大，因而加速其吸附。但气体达到一定浓度后，吸附不再增加。

4. 气体的化学性质

凡是容易凝结的气体，以及化学性质较为活泼的气体，一般都易被吸附。

5.温度

种子的吸附是放热过程，当气体被吸附于种子表面的同时，伴随放出一定的热量，称为吸附热。解吸则是吸热过程，气体从种子表面脱离时，需吸收一定的热量。在气体浓度不变的条件下，温度下降，放热过程加强，有利于吸附的进行，促使吸附量增加；温度上升，吸热过程加强，有利于解吸的进行，吸附量减少。种子熏蒸后在低温下散发毒气较为困难，原因就在于此。

（四）种子吸附性在种子贮藏上的应用

了解种子吸附性及影响因素，能正确指导开展熏蒸工作，明确不同温度条件下熏蒸密闭的时间；同时能更加明确地执行"种子仓库中不能混堆其他挥发性物质"的规定，尤其是种子与挥发性的农药、化肥、汽油、煤油、樟脑等物质贮藏在一起，种子的胚部会逐渐吸附此类物质的气体分子，分子的浓度越高和贮藏的时间越长，则吸附量越大，严重时是会引起种胚中毒死亡，整个种子批丧失种用价值。

二、种子的吸湿性

种子对于水汽的吸附和解吸的性能称为种子的吸湿性。由于种子的主要组成成分是亲水胶体（典型的油质种子除外），所以大多数种子的吸湿性都是相当强的。

（一）自由水与束缚水

水汽和其他气体一样，吸附和解吸过程都是通过水汽的扩散作用而不断地进行着。首先是水分子以水汽状态从种子外部经过毛细管扩散到内部去，其中一部分水分子被吸附在毛细管的有效表面，或进一步渗入组织细胞内部与胶体微粒密切结合，成为种子的结合水或束缚水。当外部水汽继续向内扩散，使毛细管中的水汽压力逐渐加大，结果水汽凝结成水，称为液化过程。外部的汽态水分子继续扩散进去，直到毛细管内部充满游离状态的水分子，通常称游离水。这些水分子在种子中可以自由移动，所以也称自由水。当种子含自由水较多时，细胞体积膨大，籽粒外形饱满，内部的生理过程趋向旺盛，往往引起种子的发热变质。种子收获后遇到潮湿多雨季节，空气中的湿度接近饱和状态，就易发生这种情况。

当潮湿种子摊放在比较干燥的环境中，由于外界的水汽压力比种子内部低，水分子就从种子内部向外扩散，直到自由水全部释放出去。有时遇到高温干燥的天气，束缚水也会被释放一部分，结果种子水分可达到安全贮藏水分以下，这种情况在盛夏和早秋季节均会发生。

（二）吸附滞后效应

在相同的温度和相对湿度条件下，同一种种子吸湿增加水分和解吸降低水分这两种情况下的平衡水分是不同的。种子吸湿达到平衡的水分始终低于解吸达到平衡的水分，这种现象称吸附滞后效应。种子贮藏过程中，如干种子吸湿回潮，水分升高，以后即使大气温湿度恢复到原来水平，种子解吸水汽，但最后种子水分也不能回复到原有水平。如水稻种子在20℃、相对湿度60%条件种子水分为11.6%，相对湿度上升到90%时，种子水分为23.0%，相对湿度再降为60%，此时种子水分为12.4%。因此，在生产上要注意受潮干燥后的种子与未受潮的种子要分开堆放。吸附滞后效应的主要原因是在吸附过程中，水分子最初是以单分子层被束缚于种粒细胞的表面，等到更多的水分加到种粒内，水分子就凝结在第一层上而成为多分子层。当横贯于细胞壁的水分含量梯度增到扩散力大于表面上水分子的束缚力时，水分子就进入细胞内。当解吸时，细胞内的水分子维持不动，直到相反的水分含量梯度形成，细胞内的水分才开始渗出。所以，解吸比吸附具有较高的平衡水分。

(三)影响种子吸湿性的主要因素

种子吸湿性的强弱主要取决于种子的组织结构和化学组成。种子组织结构致密的，吸湿性弱，硬实种子则完全不吸湿；种子水分高，吸湿性弱；种子含亲水胶体的比率越大，吸湿性越强；反之，含油脂较多的种子吸湿性较弱。禾谷类作物种子由于胚部含有较多的亲水胶体物质，其吸湿性要较胚乳部分强得多，因此，在比较潮湿的气候条件下，胚部比胚乳部分更易吸湿回潮，往往成为种子发霉变质的起始点。在贮藏上解决这个问题的根本措施是干燥种子密闭贮藏，以隔绝外界水分的侵入。

三、种子平衡水分的应用

在固定的温度条件下，在一定的相对湿度中种子吸附水汽分子和解吸水汽分子达到平衡时的种子含水量，称为该条件下该种子的平衡水分。种子的平衡水分是衡量种子吸湿性动态变化的主要指标之一。在温度固定的条件下，随着相对湿度的提高，种子平衡水分也相应增大。

(一)影响种子平衡水分的因素

种子的平衡水分因作物、品种及环境条件不同而有显著差异，其影响因素主要包括大气相对湿度、温度以及种子的化学组成。

1. 大气相对湿度

种子水分随大气相对湿度改变而变化，在一定温度条件下，大气中相对湿度越高，种子的平衡水分也越高。例如在 25℃时(大多数水分平衡曲线确定在 25℃)，水稻种子在相对湿度 60%、75%和 90%时，平衡水分分别为 12.6%、13.8%和 18.1%。总的来说，在相对湿度较低时，平衡水分随湿度提高而缓慢地增长，而在相对湿度较高时，平衡水分随湿度提高而急剧增长，因此在相对湿度较高的情况下，要特别注意种子的吸湿返潮问题。

2. 温度

温度对平衡水分有一定程度的影响，因此大多数水分平衡曲线确定在 25℃条件下测定。在相同的相对湿度条件下，气温越低，种子的平衡水分越高，反之则越低。因为空气中水汽的绝对含量，虽在低温条件下较少，但空气的饱和持水量在低温条件下明显为低，不利于种子中的水分子进入大气。据研究，在一定范围内，温度每增高 10℃，每千克空气中达到饱和的水汽量约增加 1 倍。但总的来说，温度对种子平衡水分的影响远较相对湿度为小。

各种作物种子在不同温湿度条件下的平衡水分，可用各种盐类的饱和溶液来测定。测定方法是将种子样品与各种盐类的饱和溶液同置于密闭容器中，种子不可与溶剂相接触，保持一定温度，经一定时间后，种子水分与容器内的蒸气压达到平衡状态，不再有所变动，此时的种子水分，即为该温湿度条件下该种子的平衡水分。

3. 种子化学组成的亲水性

种子化学成分中含有大量亲水基，蛋白质、糖类等分子中均含有这类极性基，因此各类种子均具有亲水性。蛋白质分子中含有两种极性基，故亲水性最强；脂肪分子中不含极性基，所以表现疏水性。由于上述原因，蛋白质和淀粉含量高的种子比油分含量高的种子容易吸湿，在相同的温湿度条件下具有较高的平衡水分，如禾谷类和蚕豆种子比大豆、向日葵等种子具有较高的水分。

种子的部位不同，其亲水基的含量有明显差异，因而不同部位的含水量显然有别。胚部的含水量远远超过其他部位的含水量，如玉米种子水分为24.2%时，胚部含水量为27.8%，而当种子水分达29.5%时，胚部含水量高达39.4%，这是胚部较其他部位更易变质的一个重要原因。

（二）种子平衡水分在贮藏上的应用

种子的平衡水分在生产贮藏上有着广泛的应用与指导意义。首先，可以用平衡水分来确定种子安全贮藏水分。种子内部水分有束缚水与自由水之分，两者的中间界限，为临界水分，即种子的束缚水达到饱和程度并将出现自由水时的水分。自由水的存在会引起种子内部一系列旺盛的生命活动，呼吸强度增大，不利于种子的贮藏。所以，种子的安全水分一般不应超过临界水分。临界水分则是根据在一定温度条件下，不同相对湿度条件下种子平衡水分形成的吸湿曲线来确定。当然种子的安全水分的确定还要考虑不同地区所处的温度、常年大气湿度。总的来说，种子的安全水分，南方必须低于北方。另外，根据种子化学成分与种子平衡水分的关系，可以解释为什么油类种子的安全贮藏水分较低的原因。粉质种子几乎全部由淀粉和蛋白质组成，所以水分分布在整粒种子上。而油质种子含有大量脂肪，水分子只能分布在其余的亲水胶体上。就亲水胶体而言，它已经含有大量水分，但按整粒种子计算，水分仍很低。例如，某油菜种子含油率40%（即亲水胶体占60%），如果要达到禾谷类种子相同的安全程度（安全水分13%），它的安全水分应为13%×60%，即为7.8%。

另外，还可利用平衡水分判断种子在某一温湿度条件下是处于解吸还是吸湿的状态，从而决定是否进行通风还是密闭。例如，某一仓库中相对湿度70%，温度20℃，小麦入库水分为13%。查表1-8可知该条件下小麦的平衡水分为14.3%，因此小麦会吸收空气中的水分，需要进行通风和隔湿工作。

表1-8　一些作物种子在不同温度和相对湿度下的平衡水分（胡晋，2001）

作物种子	温度/℃	相对湿度/%							
		20	30	40	50	60	70	80	90
小麦	0	8.7	10.1	11.2	12.4	13.5	15.0	16.7	21.3
大麦		9.2	10.6	12.1	13.1	14.4	16.4	18.3	21.1
黍		8.7	10.2	11.7	12.5	13.6	15.2	17.1	19.1
稻谷	20	7.5	9.1	10.4	11.4	12.5	13.7	15.2	17.6
玉米		8.2	9.4	10.7	11.9	13.2	14.9	16.9	19.2
小麦		7.8	9.0	10.5	11.6	12.7	14.3	15.9	18.3
大麦		7.8	9.2	10.7	11.3	13.1	14.3	16.0	19.9
黍		8.8	9.5	10.9	12.0	13.4	15.2	17.5	20.9
大豆		5.4	6.5	7.1	8.0	9.5	14.4	15.3	20.9
小麦	30	7.4	8.8	10.2	11.4	12.5	14.0	15.7	19.3
大麦		7.6	9.1	10.4	12.2	13.2	14.3	16.6	19.0
黍		7.2	8.7	10.2	11.0	12.1	13.6	15.3	17.7

最后，也可将种子平衡水分看作是某一特定条件下的种子最大持水量。种子在某一特定条件下失水的多少也和平衡水分有关，后者在种子干燥中有广泛的应用。例如，用热空气干燥种子，通入的热空气含有一定的相对湿度和温度，该条件下平衡水分就是种子能降低水分的最低限度。

综上所述，种子的平衡水分可从不同角度去理解和应用，为种子的安全贮藏服务。

本章小结

本章主要介绍了种子容重与相对密度、种子密度与孔隙度、种子散落性与自动分级、种子导热性与比热容、种子吸附性与吸湿性等种子物理特性的概念，阐明了影响各种种子物理特性的因素及不同物理特性对种子安全贮藏的作用。

应用案例

一、种子仓库种子堆高安全线的确定

某种子仓库由民房改造而来，仓壁能承受的侧压力为 500 kg/m，现准备散装堆放小麦种子，已知该批小麦种子容重为 750 kg/m^3，静止角为 30°，请确定堆放种子安全线。

根据公式 $p=\frac{1}{2}mh^2\ \mathrm{tg}^2\left(45°-\frac{\alpha}{2}\right)$，可测得堆高 $h^2=(2\times500/750)\times1/3=1\ 000/250=4$，即堆高为 2 m。所以该仓库用来堆放该批小麦种子的安全线为 2 m。

二、种子贮藏安全性比较

某油菜种子含油率为 45%，种子水分为 7.5%，某水稻种子水分 12.5%，试比较在同一贮藏条件下两种种子哪种贮藏更安全。

该油菜种子亲水胶体所占比例为 100%－45%＝55%

如果要达到水稻种子相同的安全程度（安全水分 12.5%），它的安全水分应为 12.5%×55%，即为 6.9%。现该油菜种子水分为 7.5%，高于安全水分 6.9%，所以在同一贮藏条件下水分 12.5%的水稻种子贮藏更安全。

思考题

1. 了解种子的容重和相对密度在生产实践中有哪些指导意义？

2. 种子的孔隙度大小对种子安全贮藏有哪些影响？

3. 影响种子散落性好差的因素有哪些？如何影响？掌握种子散落性变化对贮藏工作有何指导意义？

4. 种子导热的主要方式有哪两种？影响种子比热容的主要因素是什么？导热性能差对种子贮藏工作有何指导意义？

5. 了解种子的吸附性、吸附滞后效应现象等知识对指导安全贮藏有何作用？种子平衡水分在种子安全贮藏工作中有哪些应用？

第二章　种子仓库及其设备

知识目标

◆ 了解种子仓库建设与选址原则。
◆ 知晓种子仓库建仓的要求。
◆ 熟悉常见的种子仓库类型。
◆ 熟悉种子仓库的主要设备。

能力目标

◆ 能够根据公司销售情况提出种子仓库建设规模。
◆ 能够根据不同情况做好种子仓库保养工作。

第一节　种子仓库

种子仓库是贮藏种子的场所，贮藏场所的环境条件对于保持种子活力、延长种子寿命具有重要意义，因此了解种子仓库建设标准，开展仓库科学保养，合理使用种子仓库设备，是确保种子安全贮藏的先决条件。

一、建仓标准及仓库保养

为加强种子贮藏仓库工程项目决策和建设的科学管理，正确掌握建设规范，合理确定建设水平，全面提高投资效益。2005 年，农业部颁布了农业行业标准《种子贮藏库建设标准》(NYJ/T 08—2005)，为编制、评估和审批种子贮藏库工程项目的可行性研究报告提供了重要依据。

(一)种子库工程建设原则

种子库工程建设应遵循以下原则：

(1)贯彻执行国家基本建设有关法律、法规和国家种子库建设政策，满足种子安全贮藏的需要。

(2)因地制宜，合理设计，做到节约土地、安全适用、技术先进、性能优良、经济合理、保护环境并充分利用现有资源。

(3)根据种子生产、贮藏、流通和市场需求，按服务区域合理布局，种子库优先建在良种繁育基地、主销区和交通便利地区(靠近铁路、公路或水路运输线)。

(4)纳入城乡建设规划。

(5)种子库工艺设计和设备选型应贯彻高效、节能原则，采用成熟的新技术、新工艺和先进的设备，提高种子加工、贮藏、检测等设施机械化、自动化和智能化水平。

(二)种子库建设规模

种子库建设规模可根据服务区域内作物类型、种植面积、种植制度和种子流通量等合理确定，种子库的设计贮藏量应考虑为下一播种季节预贮 10%～30%的播种量，所以贮藏量应为一季播种量的 1.1～1.3 倍。根据不同服务区域种子需求规模，种子库建设规模可分为 2 000 t、5 000 t、10 000 t 三类。

(三)仓址选择

新建种子库选址时，应充分了解当地的地形地貌和水文地质资料、气候、水电、建筑材料、服务范围、贮藏种子种类等情况，然后证实该地段是否适宜建造种子仓库及计划建仓类型和大小。建仓用地以不占用耕地或尽量少用耕地为原则。选址和建设条件应符合以下要求：

(1)选址必须符合当地土地利用总体规划和城市规划要求。应因地制宜、合理布局，提高土地利用率。

(2)库址宜选在服务地区中心，远离洪水易发区和居民区；选择在地势较高、交通便利的地方，并尽量接近种子繁育生产基地以减少运输费用。

(3)库址场地应平整、干燥，工程和水文地质条件良好、空气流动通畅；土壤坚实度要求能承受 10 t/m^2 以上的压力。

(4)远离烟雾、粉尘、废气等污染源以及易燃易爆场所。

(5)具备种子库所需电力、给排水等建设条件。

(6)具备足够的场地，能配套建设种子水泥晒场、种子加工烘干厂房、种子检验室、值班室、车库等。

(四)建仓要求

1. 种仓应牢固安全

能承受种子对地面和仓壁的压力，以及风力和不良气候的影响。建筑材料从仓顶、仓身到墙基和地坪，都应采用结实耐用材料，以利于种子安全贮藏。

2. 具有防潮性能

种子具有较强的吸湿性，故要求仓库应具有优良的防潮性能。通常最易引起种子受潮的是地坪返潮、仓壁和墙根透潮、房屋渗漏，因此，种仓地坪和仓壁(至少在贮种线以下的仓壁)要用隔湿性能好的建筑材料建造(表 2-1)，地坪上有垫木。种仓一般可使用沥青，其渗透系数是水泥的 1/12，防潮效果好，成本低，坚固耐用。仓房要建在高燥处，四周排水通畅；仓内地坪应高于仓外 60 cm 以上，防止仓外积水、流水渗透入仓；屋檐要有适当宽度，仓外沿墙脚砌泄水坡，并经常保持外墙及墙基干燥，防止雨水积聚渗入墙内。

表 2-1　建筑材料的隔热、隔湿性能（麻浩等，2007）

材料名称	容重 /(kg/m³)	导热系数 /[kJ/(m·h·℃)]	比热 /[kJ/(kg·℃)]	蒸汽渗透系数 /[g/(m·h·Pa)]
石棉水泥隔热板	300	0.33	0.84	0.052
沥青混凝土	2 100	3.76	1.67	0.001
碎石和卵石混凝土	2 200	4.60	0.84	0.006
草泥	1 000	1.25	1.05	0.025
土坯墙	1 600	2.51	1.05	0.023
黏土-稻草浆	1 000	1.25	1.05	0.025
干沙	1 600	2.09	0.84	0.022
砂岩与石英岩	2 400	7.32	0.92	0.005
形状不整齐石砌体	2 420	9.24	0.92	0.006
重砂浆黏土砖砌体	1 800	2.93	0.88	0.014
轻砂浆黏土砖砌体	1 700	2.92	0.88	0.016
油毛毡、油毡纸	600	0.63	1.46	0.000 18
水泥砂浆	1 800	3.34	0.84	0.012
石灰砂浆	1 600	2.93	0.84	0.016
石灰砂浆内表面粉刷	1 600	2.51	0.84	0.018
稻壳	250	0.75	1.84	0.060
稻草	320	0.33	1.63	0.060
砻糠	155	0.29	1.84	—
空心砖	1 500	2.30	0.92	6.90
自然干燥土壤	1 800	4.18	0.84	—
沥青	1 800	2.72	1.67	0.001
聚苯乙烯泡沫塑料	30～50	0.04～0.05	—	—
膨胀珍珠岩	90～300	0.04～0.1	—	—
膨胀蛭石	120	0.06	—	—

3. 具有隔热性能

仓外温度能影响仓温和种温，仓库的建造需要具有良好的隔热性能，以减少仓外温度变化的影响。房式仓山墙为东西向，减少日辐射量；场外墙体及仓顶表面均涂浅色涂料，以减少仓体对辐射热的吸收；仓墙体、顶棚及门均设隔热层，隔热层宜选用导热系数小（表 2-1）、结构稳定不变形、不变质的隔热材料。

4. 具有密闭与通风性能

密闭的目的是隔绝雨水、潮湿或高温等不良气候对种子的影响，并使药剂熏蒸杀虫达到预期的效果。通风的目的是散去仓内的水汽和热量，以防种子长期处在高温高湿条件下影响其生活力。通风主要通过门窗或风道来实现。常温仓库纵向外墙宜均匀设置窗口，窗口总面积宜小于外墙总面积的1/50，窗底高度宜距室内地坪3.5 m以上，过高则屋檐阻碍空气对流，不利通风，过低则影响仓库利用率。门、窗以对称设置为宜，窗户以翻窗形式为好，关闭时能做到密闭可靠。新建仓库尽可能配套建设机械通风设备。

5.具有防虫、防杂、防鼠、防雀的性能

仓内房顶应设天花板、内壁四周需平整，并用石灰刷白，便于查清虫迹，仓内不留缝隙，即可杜绝害虫的栖息场所，又便于清理种子，防止混杂。库门需装防鼠板，窗户应装铁丝网，以防鼠雀乘虚而入。仓外10m内保持光洁卫生以防鼠防虫。

6.具有防火设计

在防火设计中，应遵循国家有关规定，结合具体工程、当地的地理环境条件、消防能力等实际情况进行。根据国家标准《建筑设计防火规范》(GB 50016—2014)，种子仓库火灾危险性类别应为丙类，耐火等级不应低于三级。设计时还应注意不同仓房间的防火间距，仓外按要求装配消防设备。

7.仓库附近应设晒场、保管室和检验室等建筑物

晒场用以干燥或处理进仓前的种子，其面积大小视仓库容量而定，一般以相当于仓库面积的1.5～2倍为宜。保管室是存放仓库器材和种子翻晒工具的专用房，其大小可根据仓库实际需要和器材多少而定。检验室需设在安静而光线充足的地区。同时，根据需要可以设立种子熏蒸室，用于种子和麻袋等包装用品的熏蒸。

(五)仓库保养

种子入库前必须对仓房进行全面检查与维修，以确保种子在贮藏期间的安全。检查仓房首先应从大处着眼，仔细观察仓房地基是否有下陷、倾斜等迹象，如有倒塌的可能，就不能存放种子。其次，从外到里逐步深入地进行检查，如房顶有无渗漏，门窗有无缺损，墙壁上的灰砂有无脱落等，如有上述情况发生，就应该进行维修。仓内地坪应保持平整光滑，如发现地坪有渗水、裂缝、麻点时，必须修补，修补完后，刷一层沥青，使地坪保持原有的平整光滑。同样，内墙壁也应保持光滑洁白，如有缝隙应予嵌补抹平，并用石灰水刷白。仓内不能留小洞，防止老鼠潜入。对于新建种仓应作短期试存，观察其可靠性，试存结束后，即照建仓标准进行检修，确定其安全可靠后，才能长期贮藏种子。

二、种子仓库的类型

(一)房式仓

房式仓是外形如一般住房的种仓(图2-1)，有单层、多层，以单层为主，是我国目前已建种仓中数量最多、容量最大的一种仓型。目前建造的大部分是钢筋水泥结构的房式仓，这类种仓较牢固，密闭性能好，能达到防鼠、防雀、防火的要求。仓内无柱子，仓顶均设天花板，内壁四周及地坪都铺设防潮的沥青层。这类种仓适宜于贮藏散装或包装种子。仓容量15万～150万kg不等。

房式仓的建筑形式及结构比较简单，造价较低。但其机械化程度低，流通费用较高，不宜做周转仓使用。

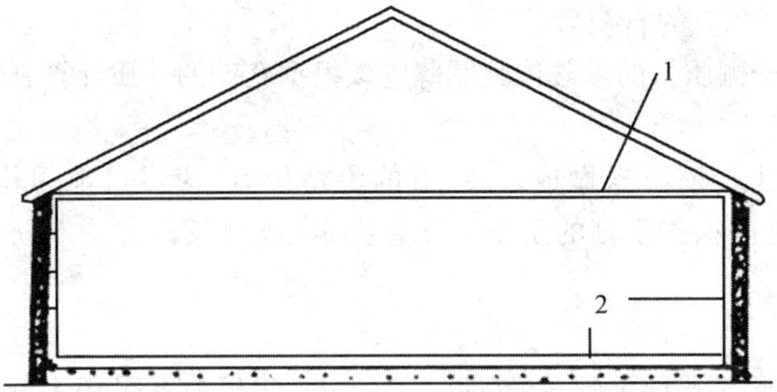

图 2-1　房式仓

(毕辛华,1993)

1.天花板　2.沥青层

房式仓平面形状一般呈矩形,这样可最有效地利用种仓的面积,便于种子的直线运行,适宜固定式机械的安装和作业,同时也便于移动式种子机械的移动。房式仓的跨度宜控制在 15～30 m,长度宜为 30～60 m,可根据需要和实际情况确定。檐口高度根据装种方式、设备情况以及仓壁的强度条件确定,宜控制在 4.5～6.5 m。袋装仓的仓壁只作围护之用,其檐口高度较高,一般在 6 m 左右。而散装仓壁要受到种子的侧压力,且其侧压力同堆高的平方成正比,故其檐高一般在 4.5～5 m。

房式仓的主要构造由地坪、墙壁、基础、屋架、屋面及门窗等主要构件组成,各个构件的构造性能直接影响整个种仓的贮藏性能,因而对这些构件有特殊的要求。

1.地坪

地坪性好坏能直接影响种子贮藏。因此要满足以下要求:

(1)能防止潮气、雨水及湿气的渗透。

(2)能防止鼠类的侵入。

(3)平整光洁,不隐藏害虫,并便于熏蒸。

(4)能承受种仓机械的运转与碾压。

因此,地坪的材料必须有足够的坚固性,良好的防湿性,并且还要求造价便宜,修理方便。目前多采用沥青地坪,这种地坪既能较好地防止地下水的渗入,又适合于机械的移动。但必须指出,因煤的沥青含有毒物质,作为种仓的地坪沥青只能使用石油沥青。但也有的采用混凝土或青砖地坪,虽然这种地坪的强度和刚性较好,但不能有效防止地下潮气的渗入,故在堆置种包时必须用垫仓板将其与地面隔离。用木板作地坪其成本较高,并且易造成种子混杂和隐藏害虫。

2.仓壁

仓壁作为种子仓库的重要组成部分,应该满足以下要求:

(1)坚固、价格便宜、防火和防雨性能好。

(2)隔热性能良好,表面平滑无孔。

砖石墙比较符合经久耐用、防雨防火等方面的要求。砖制和天然石料的仓壁必须要用灰浆涂抹在仓壁的内壁面和外壁面,尤其是内壁面,借以改善仓壁的表面平滑度和消除害虫的潜藏处。为加强仓壁的抗渗、防潮性能,可在内仓壁上刷石油沥青(10%～30%三号石油沥青和70%～90%五号石油沥青);也可以采用其他办法刷沥青墙,如先在平整清洁的墙上刷一层底子油(沥青与柴油或汽油的混合物),干燥后,再刷 1～2 mm 厚的沥青,这样能使沥青与墙胶结良好。为了避免种子与沥青接触,改善墙面的吸湿性,减少“出汗”现象,可在沥青墙面上再刷一层 1～2 cm 厚的 1∶2.5 的石灰砂浆。

仓壁作为抵挡种子侧压力的承载体其厚薄应该根据仓壁的性质计算其所承受的压力而定。

3. 墙基

墙基一般用混凝土、砖、石料做成。砖、石的价格便宜，应尽可能采用。墙基均深埋在地下，墙基的深度和宽度应根据土壤的耐压力计算决定，墙基及顶部应有防湿层，以切断地下水侵入墙身和进入仓内。

4. 屋面

屋面承重结构的形式及种类较多，20 世纪 50～60 年代主要采用木制屋架，尽管木屋架的构造简单，施工制作方便，但需消耗大量木材，且其耐久性、防腐、防蛀性能差，现已很少采用。目前主要采用的是钢筋混凝土组合屋架，这种屋架节约木材，便于预制，施工较简便，结构强度、刚性及稳定性好，并且跨度较大，可不设置中柱，便于移动式机械作业。

5. 屋顶

现广泛采用的是中瓦和平瓦做成的屋面。平瓦的屋面是在人字木架上布置椽条，椽条的中心距为 75 cm，在椽条上铺有厚为 1.5 cm 的屋面毛板，然后在毛板上紧贴二号油毛毡一层，再在油毛毡上布置 2.5 cm×2.5 cm 的挂瓦条(即隔椽)，在挂瓦条上铺置平瓦。中瓦的屋面也类似如上的布置，不过中瓦屋面比平瓦要重，因此，目前在可能的范围内均采用平瓦。瓦屋面具有较好的隔热性能，价格便宜，所以，在目前的房式仓中得到广泛应用。但其结构比较复杂，施工较烦琐，并且质量大，必须有较强的屋架结构。

(二)机械化圆筒仓

机械化圆筒仓仓体呈圆筒形，筒体高大，包括进出仓输送装置、工作塔、筒仓等(图 2-2)。进出仓输送装置的功能是将种子输送进工作塔或从筒仓中将种子输送出来；工作塔是用来升运和清理种子用的；工作塔后面设有筒仓体是用以贮藏种子用的，常由几个到十几个筒仓构成筒仓群。工作塔可以固定，也可以移动。筒仓一般用钢筋水泥制成，一般筒仓高 15 m，半径为 3～4 m，每个筒仓可贮藏种子 20 万～25 万 kg。筒仓内设有遥测温湿仪、通风装置和除尘装置。其特点是：

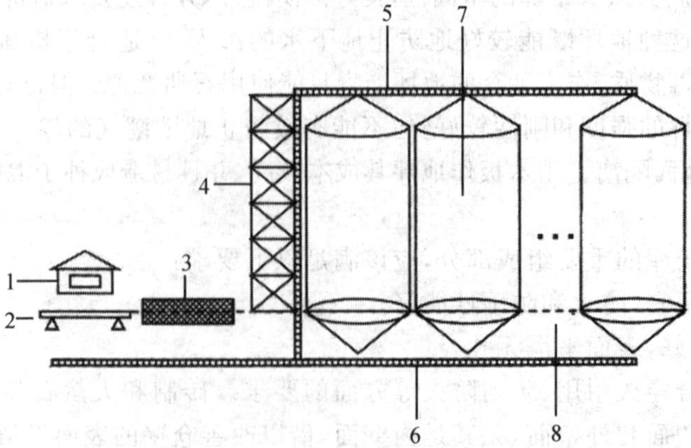

图 2-2　机械化圆筒仓示意图

(麻浩等，2007)

1. 控制室　2. 地磅　3. 预清装置　4. 工作塔　5. 进仓装置　6. 出仓装置　7. 筒仓　8. 地平面

(1)一切操作均为机械化作业,便于种子进出仓等操作。

(2)高度密闭,可防鼠害、鸟害、虫害,消毒方便,贮藏效果好。

(3)仓内温湿度可通过通风装置或自动控制仪器进行调节,易于实现种子安全贮藏。

(4)仓容大,占地面积小,可充分利用空间,一般要比房式仓省地 6～8 倍。

(5)造价较高,技术性强,存放的种子要求较严格。因此,目前一般在大型种子加工厂有此类型种仓。

(三)低温低湿仓库

低温低湿仓库是根据种子安全贮藏必需的低温、干燥、密闭等基本条件而建造。其库房的形状、结构大体与房式仓相同,但构造相当严密,其内壁四周与地坪除有防潮层外,墙壁及天花板都有较厚的隔热层。低温低湿仓库不能设窗,以免外界温、湿透过缝隙影响库内。库房出入口设有缓冲间,采用防潮隔热门,门的大小宜为 2.0 m×2.5 m。垛底设置 20 cm 高度的透气木质垫架,房内两垛种子间留 100 cm 过道,垛四周边离墙体 50 cm,以利取样,检查和防潮。库房内备有降温和除湿机械设备,能使种温控制在 15℃以下,相对湿度在 65%左右,是目前较为理想的种子贮藏库。

(四)土圆仓

土圆仓或叫土圆囤,是用黄泥、三合土或草泥建成,仓体呈圆筒形(图 2-3)。这类仓库结构简单,造价低廉,适用于广大农村种粮大户,尤其适宜气候干燥的北方。其仓容量一般在 0.5 万～2.5 万 kg。由于土圆仓存放种子数量较少,体积小,一般密闭条件也不如大仓,因此仓内的种子易受大气温度的影响,变化速度较大仓为快,基本上随大气温度的升降而变化,仓内温度略低或略高于气温。表层种子因仓内空间小,易受太阳辐射热的影响,种温变化较快。据观察,土圆仓的表层种子经一个夏季和冬季的贮存,至翌年 5 月,其水分比入仓时增加近 5%,其余各层仅增加 1%～2%。因此,土圆仓内表层种子贮存到第二年,因受大气温湿度的影响较大,生活力一般较低,所以在表层 30 cm 以内的种子,不宜作为种用。

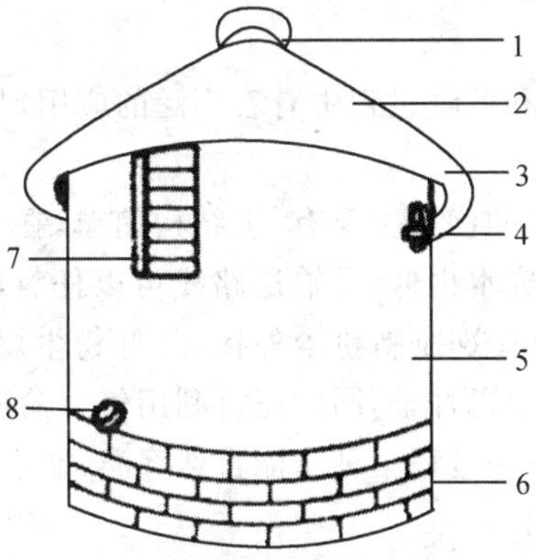

图 2-3 土圆仓外貌

(毕辛华,1993)

1.通气孔 2.仓顶 3.仓檐 4.通风窗 5.墙身 6.仓基 7.进口 8.出口

(五)地下仓

地下仓的建造在我国已有几千年的历史,其特点是建在地下或半地下,占地面少,主要分布在我国地势高燥的丘陵地区。地下仓受气温的影响是随着地层加深而减少,变化也小。据测地层深至 16 m 处,温差仅为 0.1℃。由于地温变化很小,地下仓的温度较为稳定且较低,只要做好防水、防潮工作,可以使种子达到长期安全贮藏的目的。地下仓的建造不需要钢材、木材,只要在土层厚实、地下水位低的地区均可适用。

第二节 种子仓库的设备

根据国家种子贮藏库建设标准,种子仓库应配备有种子检测、装卸和输送、机械通风、清选加工、熏蒸、消防等设备,以及麻袋、编织袋、围穴、苫布、箩筐、扫帚等仓用器具。

一、检测设备

为正确掌握种子在贮藏期间的动态和种子进出仓时的品质,必须对种子进行检测。检测设备应按所需测定项目设置,如测温仪、水分测定仪、温湿度遥测仪器、油脂分析仪、发芽箱、容重器、放大镜、显微镜和手筛等。目前通常采用温度、湿度遥测仪器,可随时了解种子堆各部位和袋装种子堆垛不同部位的温度和湿度。使用时,将其探头埋在种子堆不同部位,就可及时观测到种子堆不同部位温度、湿度的变化,了解种子贮藏的稳定性。

二、装卸、输送设备

装卸、输送设备是种子仓库的重要组成部分,不仅可减轻劳动强度、成倍提高工作效率,同时也可提高种子贮藏效率。装卸、输送设备按照其工作原理可分为气力输送设备和机械输送设备两大类。

1. 气力输送设备

气力输送装置在种子加工和贮藏过程中有着广泛的应用,与机械输送装置相比,气力输送有很多优点,但也有缺点。

(1)优缺点 气力输送装置的优点主要有:①结构简单,在气力输送装置中只有风机是运动部件,结构不复杂,初次投资成本也低;②输送路线可以任意组合和变更,输送距离远,设备布置合理;③装置密封性好,能有效控制粉尘外扬,降低粉尘爆炸的危险程度,改善了劳动条件,保证安全生产;④不仅可以输送种子,同时还可利用气力输送装置结构形式的变化,预先进行简单的种子清选和去杂;⑤输送过程中种子能自然降温,能避免因种温上升带来的各种不利影响;⑥工艺过程易实现自动化。

气力输送装置的缺点是:①动力消耗大、噪声大,弯管等部件易磨损;②气流速度较大时对种子会造成一定程度的损伤。

(2)类型 根据气流输送种子的方式,可以将气力输送装置分为吸送式、压送式和混合式三种类型(图 2-4)

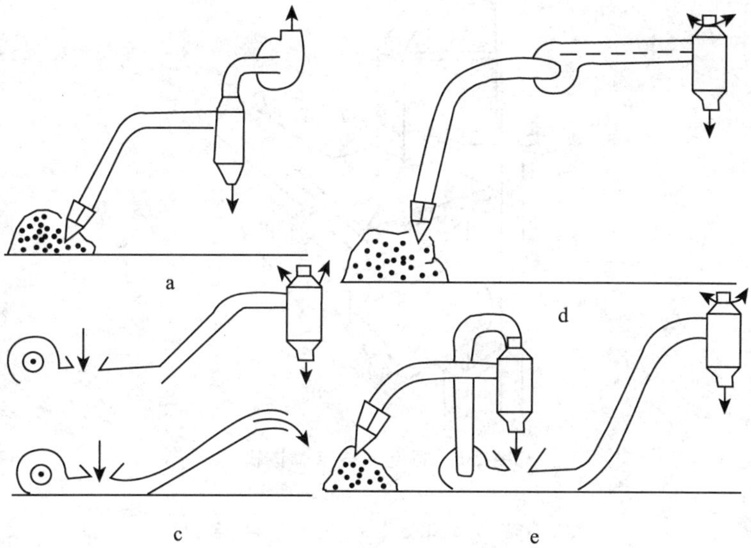

图 2-4 气力输送装置类型

(麻浩等,2007)

a. 吸送式 b、c. 压送式 d、e. 混合式

①吸送式 吸送式可以从几处向一处集中输送,也可以在一个气力输送中完成多个作业机的输送任务。机器工作时,种子输送过程是在风机吸气一侧完成的。因吸送式系统处于负压状态,因而不会尘土飞扬,保证了场地的卫生条件。吸送式能从低处及狭窄处进行输送,但输送量和输送距离均受限制。吸送式的种子进料方式较简单,对卸料器和除尘器的密封性要求较高。

②压送式 压送式气力输送装置工作时,种子输送是靠风机的压出段所产生的气流压力完成的。压送式气力输送装置适用于由一点向多点大容量、长距离的种子输送,能够防止杂质和油、水侵入。分离筒结构简单,动力消耗较小,但种子对管道的磨损较重,密封性要求较高,种子供料装置较复杂,易造成尘土或种子飞扬。

③混合式 混合式气力输送装置是由吸气式和压气式输送装置组合而成的,具有两种类型的共同特点,适用于长距离种子输送,一般用在移动式气力输送装置上,这种组合式气力输送装置可以减少输送程序和设备,能节省投资。

2. 机械输送设备

(1)皮带输送机 皮带输送机是把种子向水平方向或稍有倾斜的方向输送的设备,有固定式和移动式两种(图 2-5,图 2-6)。皮带式输送机结构简单,工作平稳,功率消耗少,运料连续,适合于各种运输距离使用,种子在装卸和输送过程中受损伤最轻。皮带输送机在倾斜方向输送种子时,其倾斜角应比种子与皮带之间的摩擦角小 10°～18°,以防止种子沿运动反方向下滑。对于普通的光面皮带,倾斜角不超过 25°。倾斜角需要增大时,可采用特殊的高花纹皮带或增加板条,但最大倾斜角仍不能超过 45°。在皮带运输机工作过程中,为了保持工作面的平直和减少皮带张力,输送距离短或小型皮带输送机的工作面皮带常用金属板支承,皮带在金属板上滑动,而大型皮带输送器的工作面皮带要用滚轮支承。

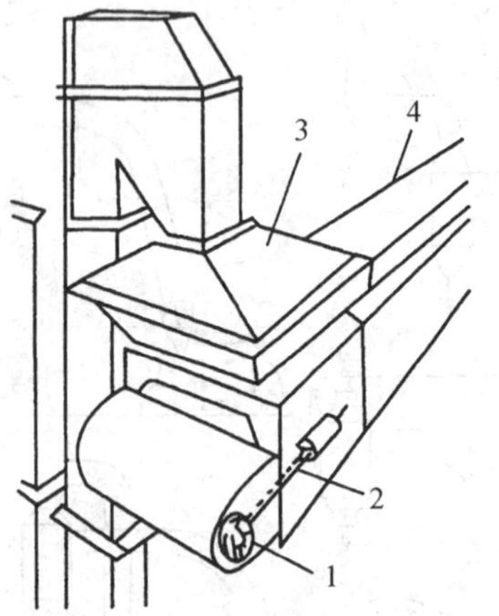

图 2-5　固定式皮带输送机

（麻浩等，2007）

1.皮带轮　2.纺织橡胶带　3.料斗　4.输送槽

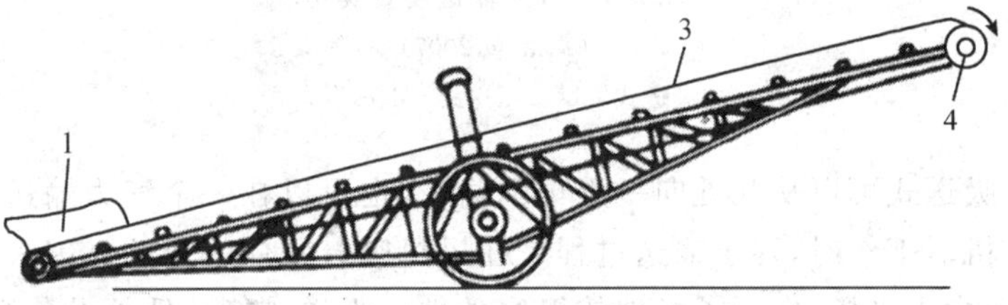

图 2-6　移动式皮带输送机

（颜启传，2001）

1.接收槽　2.牵引滚筒　3.转动环带　4.传动滚筒

(2)斗式升运机　斗式升运机是把种子垂直向上输送的输送装置，由皮带轮、料斗和外罩等组成(图 2-7)。机器工作时，传动机构带动上皮带轮旋转，料斗由下方或侧面舀取种子，并将其运至上方，当料斗翻转时把种子抛出，种子经出口流出。斗式升运机结构紧凑(横向尺寸小)，提升高度大(可达 45～60 m)，生产率较高，工作平稳，功率消耗小，易于维修和操作，所以在种子加工机械中应用广泛。

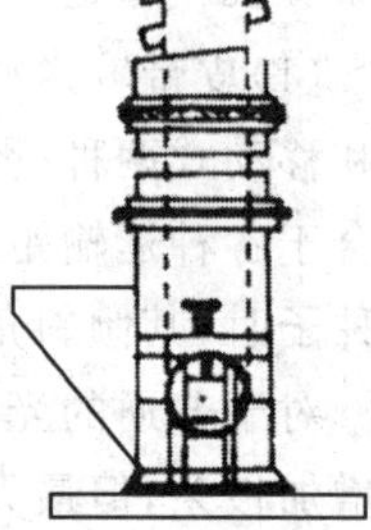

图 2-7　斗式升运机

（麻浩等，2007）

(3)括板输送机　在散装种子的作业中，运用括板机将种子括到输送机上，可减少人工入料程序。括板机可随时移动(图 2-8)。

(4)堆包机　堆包机也叫平板升运机，在种子包装运输作业中，运用堆包机可减少人工扛袋或抬袋工作，降低劳动强度，解放劳动力，而且加速运输过程(图 2-9)。

上述几种运输机械可以配成整套进行连续工作。如散装种子作业中，首先由括板机将种子括入输送机，输送机将种子输送到选种机；或者用气流输送机直接将种子吸入选种装置中进行选种。在包装运输中，由堆包机将种子包运送到输送机，再由输送机运至火车、汽车上运走或转仓等(图 2-10 至图 2-12)。

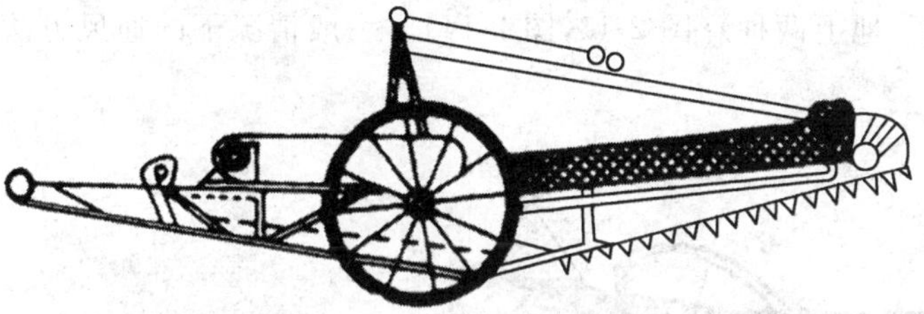

图 2-8　括板输送机

（董海洲，1997）

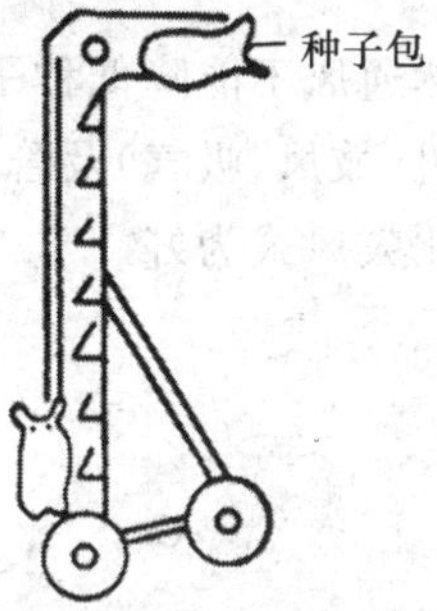

图 2-9　堆包机

（颜启传，2001）

图 2-10　接受袋装种子作业

（颜启传，2001）

1. 火车　2. 倾斜滑板　3. 种子袋　4. 皮带输送机　5. 堆包机

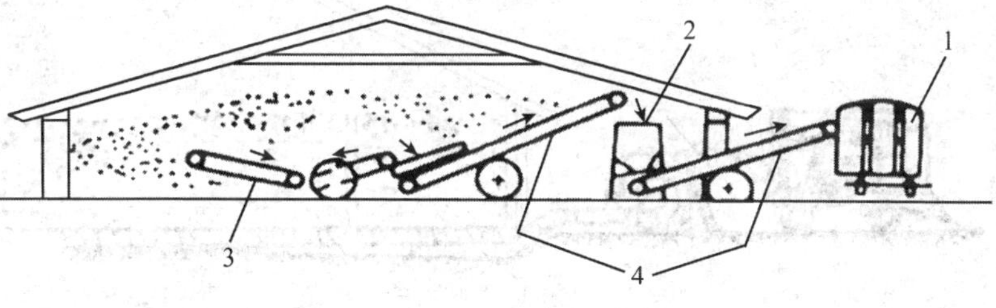

图 2-11　发放仓内散装种子作业

（颜启传，2001）

1. 火车　2. 斗磅秤　3. 括板输送机　4. 皮带输送机

图 2-12　输送机种子转仓作业

（颜启传，2001）

三、机械通风设备

当自然通风不能降低种子仓内温度、湿度时，应迅速采用机械通风设备通风。通风设备主要包括风机(鼓风、吸气)及管道(地下、地上两种)(图 2-13，图 2-14)。一般情况下的通风方法以吸风式比鼓风式为好。

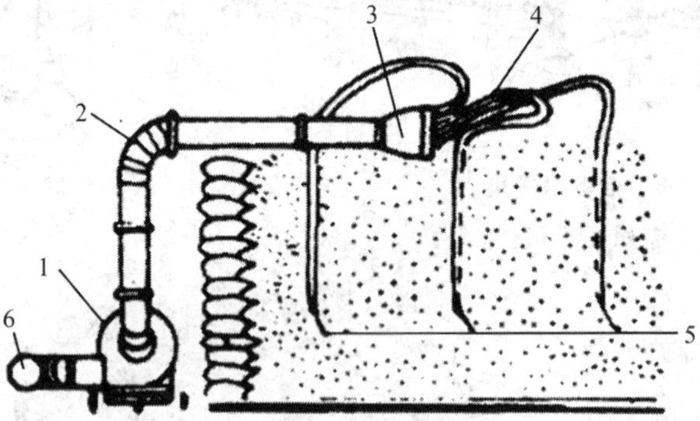

图 2-13　多管吸风机装置

(颜启传，2001)

1. 吸风机　2. 风管弯头　3. 空气分配头　4. 软管　5. 支风管　6. 废气出口

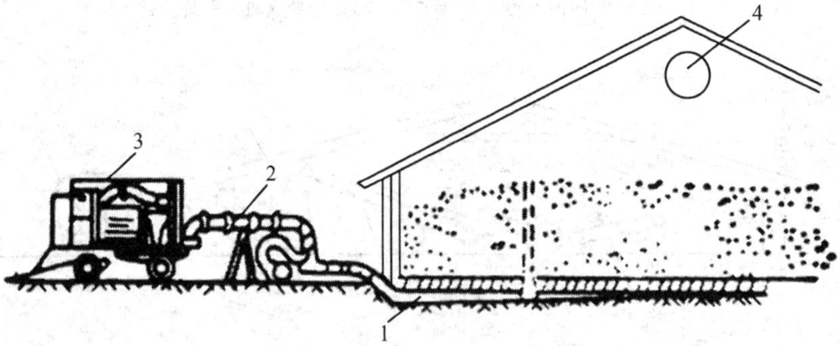

图 2-14　种子地下通风装置

(颜启传，2001)

1. 分气管　2. 通风管　3. 空气推动装置　4. 排气管

四、种子加工设备

种子加工设备包括种子清选、干燥、药剂处理和计量(数)包装四大部分。清选机械又分为粗选和精选两种。干燥设备除晒场外，应备有种子干燥机。药剂处理机械如消毒机、药物拌种机(图 2-15)等，可对种子进行消毒灭菌，防止种子带病蔓延。计量包装机可完成种子定数或定量包装。

五、熏蒸设备与消防设备

熏蒸设备是防治仓库内害虫必不可少的设备，有各种型号的防毒面具、防毒口罩、投药器及熏蒸剂等。

防火是仓库管理工作中的重要内容之一，尤其是棉花种子库。因此，仓库应配备消防设备，包括各种灭火器、干沙、消防栓等。

本章小结

本章主要介绍了种子仓库仓地选择的原则和建仓的标准，常见仓库类型及仓库设备；详细阐述了种子仓库建设原则、建设规模、仓址的选择、建仓标准以及仓库的保养。

应用案例

种子仓库地坪的建造方法和要求

种子仓库地坪应达到防潮、防鼠、平整光洁、能承受种仓机械的运转与碾压等要求，结合建筑材料的选择，目前，一些常规地坪的建造方法和要求见表 2-2（麻浩等，2007）。

表 2-2 常规地坪的建造方法和要求

名称	常用材料	要求
面层	水泥砂浆、沥青砂浆、混凝土砖、砖浸沥青等	(1)材料和构造要有足够强度，以免承重时产生裂缝，破坏防潮功能； (2)表面要求光洁，便于清扫； (3)地基必须夯实，以免长期承受种子压力而产生沉陷
间层	沙、沥青砂浆	
平层	水泥砂浆、混合砂浆、防水砂浆	
防潮层	沥青砂浆、油毡	
垫层	非刚性垫层——沙、碎砖 半刚性垫层——各种石灰、三合土 刚性垫层——混凝土	

思考题

1. 请简要描述种子仓库仓地选择的原则和建仓的标准。
2. 种子仓库的类型有哪些？各有什么特点？
3. 种子仓库的主要设备有哪些？

第三章　种子仓库有害生物

知识目标

◆ 知晓种子仓库常见的有害生物种类。

◆ 了解种子仓库有害生物的危害性。

◆ 熟悉常见的种子仓库害虫、微生物的形态特征。

能力目标

◆ 能够识别常见的种子仓库害虫。

◆ 能够识别青霉、曲霉。

种子贮藏期间的有害生物主要有仓库害虫、微生物、鼠类等，其中仓库害虫和微生物是影响种子活力和生活力的重要因素，严重时会使贮藏的种子完全失去利用价值。仓库害虫和鼠类还以种子为食料，直接造成种子数量的损失，因此要充分掌握种子仓库有害生物的为害特性，以便及时进行预防与控制。

第一节　种子仓库害虫

一、种子仓库害虫及其危害性

仓库害虫简称“仓虫”，指在种子收获后的脱粒、清选加工、贮藏运输过程中为害贮藏物品的昆虫和螨类。广义地讲是指一切为害贮藏物品的害虫。

由于仓库害虫的为害，使许多国家的谷物受到了很大的损失。如美国每年损失为 10 亿美元，印度每年有 800 万～1 500 万 t 谷物被毁掉，美国、加拿大每年损失谷物 5%～10%，某些非洲国家（尼日利亚、埃及等）的谷物损失高达 30%～45%。因此有效预防仓库害虫，减少贮藏过程的损失，与农业增产具有同样的意义。

仓虫的危害，不仅通过蛀食种子，导致种子数量减少，还会破坏种子的生活力，严重时失去种用价值，并由于仓虫的活动与新陈代谢物的排放，污染了种子，降低其营养价值。在仓虫活动过程中，还会产生大量热量与湿气，导致种子堆的温湿度升高，严重时会引起种堆发热霉变。

二、仓虫的传播途径与为害方法

(一)仓虫的传播途径

仓虫的传播途径很多，随着人类生产、贸易、交通运输事业的不断发展，仓虫的传播速度更快，途径也更复杂化。了解仓虫的活动规律和传播途径，可更好地预防和消灭仓虫，阻止它们的发生和蔓延。仓库害虫的传播途径大致可以分为自然传播与人为传播两大类。

1. 自然传播

仓虫的自然传播途径主要有随种子传播、害虫本身活动的传播、随动物的活动而传播以及风力传播等方式。

(1)随种子传播　当作物在田间成熟时，麦蛾、蚕豆象、豌豆象等害虫就在种子上面产卵，孵化的幼虫在籽粒中为害，随籽粒的收获而带入仓内，继续在仓库内为害。

(2)害虫本身活动的传播　成虫在仓外砖石、杂草、标本、旧包装材料及尘芥杂物里隐藏越冬，翌年春天又返回仓库内继续为害。

(3)随动物的活动而传播　害虫黏附在鸟类、鼠类、昆虫等其他动物身上蔓延传播，如螨类。

(4)风力传播　有些小型仓虫如锯谷盗等可借助风力，随风飘扬，扩大传播范围。

2. 人为传播

仓虫的人为传播主要通过贮运用具、贮藏物进行传播，也有隐匿在空仓中传播给新入库的种子。

(1) 贮运用具的传播　包装品(麻袋、布袋等)以及围席、筛子、苫布、扦样用具、扫帚、簸箕等仓储用具，运输工具(如火车厢、轮船、汽车等)均是仓虫隐匿的良好场所，在用来运输及使用时也能造成仓虫蔓延传播。

(2)贮藏物的传播　已感染仓虫的种子、农产品在调运及贮藏时感染无虫种子，造成蔓延传播。

(3)空仓中传播　仓虫常潜藏在仓库和加工厂内阴暗、潮湿、通风不良的洞、孔、缝内越冬和栖息，新种子入仓后害虫就会出来继续为害，造成蔓延传播。

(二)仓虫的为害方法

仓虫的为害方法根据害虫取食习性可分为食害完整籽粒、食害损伤籽粒和碎屑粉末以及均可食害三种类型。玉米象、大谷盗、谷蠹、麦蛾等初期性害虫食害完整籽粒，锯谷盗等后期性害虫食害损伤籽粒和碎屑粉末，而赤拟谷盗、杂拟谷盗等中间类型既可食害完整籽粒，又会食害损伤籽粒和碎屑粉末。根据为害方式可分为蛀空式、剥皮式和破坏式。蛀空式以蛀食种子内部的胚乳为特征，隐蔽性强，危害大，如麦蛾、蚕豆象、豌豆象的为害。剥皮式是指害虫从种子外部开始为害，先蛀食谷粒的胚部，再剥食谷粒的果种皮，如印度谷蛾。破坏式也是从种子外部开始为害，但籽粒被害后常在表面造成不规则的缺刻或使完整的籽粒裂开、破碎，如大谷盗。

三、主要仓虫种类及生活习性

仓库害虫的种类繁多，根据报道国内现已知仓库害虫约254种，分属7目42科。全世界已知仓库害虫约492种，分属于10目59科。为害贮藏种子的害虫主要有鞘翅目的玉米象、米象、谷蠹、赤拟谷盗、锯谷盗、大谷盗、蚕豆象、豌豆象，以及鳞翅目的麦蛾、棉红铃虫等十余种。

（一）鞘翅目害虫

1. 玉米象

玉米象属鞘翅目象虫科，分布遍及全世界。玉米象食性很杂，主要食害禾谷类种子，其中以小麦、玉米、高粱为害最严重。

玉米象成虫个体大小因食料条件不同而差异较大，一般体长 2.3～4 mm，体呈圆筒形，暗赤褐色至黑褐色。头部向前伸，呈象鼻状。触角 8 节，膝形。有前后翅，后翅发达，膜状，能飞。左右鞘翅上各有 2 个椭圆形淡赤色或橙黄色斑纹（图 3-1）。

玉米象主要以成虫在仓内黑暗潮湿的缝隙、垫席下，仓外砖石、垃圾、杂草及松土中越冬。少数幼虫在籽粒内越冬。当气温下降到 15℃左右时成虫开始进入越冬期，次年春天天气转暖又回到种堆内为害，玉米象产卵在籽粒内，卵孵化为幼虫后即在籽粒内蛀食，经 4 龄后，化蛹，羽化为成虫，又继续为害其他籽粒。成虫善于爬行，有假死、趋温、趋湿、畏光习性。玉米象每年发生 1～7 代，北方寒冷地区每年发生 1～2 代，南方温暖地区每年发生 3～5 代，亚热带每年发生 6～7 代。玉米象生长繁殖的适宜温、湿度为 24～30℃及 15%～20%的谷物含水量。谷物含水量为 9.5%时玉米象停止产卵，在含水量降到 8.2%时即不能生活。成虫如暴露在 −5℃下经过 4 d 死亡，暴露在 50℃下经过 1 h 即死亡。

2. 米象

米象属鞘翅目象虫科，国内主要分布于南方地区广东一带。食性和形态特征与玉米象相近，体形略小。米象的生活习性一般同玉米象。一年可发生 4～12 代。米象的耐寒力、繁殖力及野外发生等方面不如玉米象。在 5℃条件下，过 21 d 就开始死亡。米象具群集、喜潮湿、畏光性，繁殖力较强。南方各省米象、玉米象常混合发生。

3. 谷象

谷象属鞘翅目象虫科，谷象外部形态似玉米象，不同的是谷象成虫膜质后翅退化或缺少，不能飞翔。鞘翅上无 4 个椭圆形斑纹（图 3-2）。

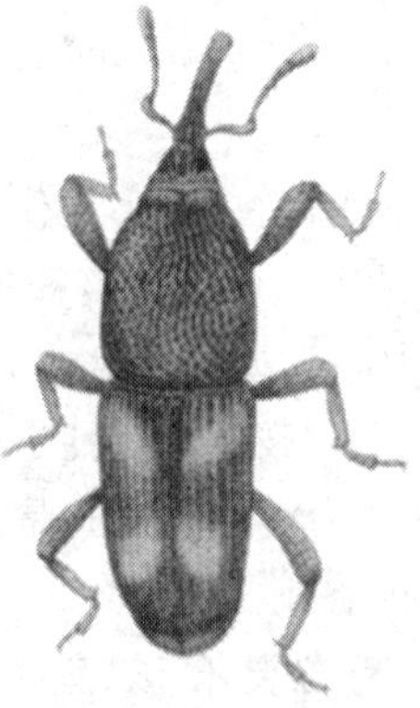

图 3-1 玉米象成虫

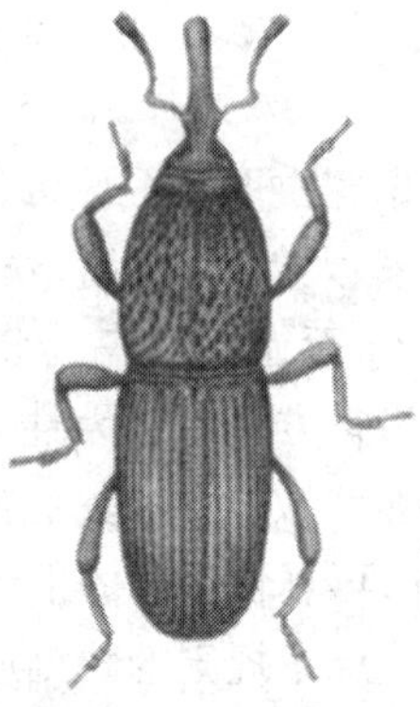

图 3-2 谷象成虫

谷象的生活习性与玉米象相似，但成虫的耐寒能力较强，在 −5℃条件下需经 24 d 才能致死。因后翅退化不能飞到田间为害繁殖，只在仓内为害繁殖。

4. 谷蠹

谷蠹属鞘翅目长蠹科，国内各地均有分布。谷蠹食性复杂，主要为害禾谷类种子，以稻谷、小麦最为严重，也为害薯干、药材、干果等，甚至能蛀蚀仓房木板、竹器。

谷蠹成虫体长 2.3～3 mm，近似长圆筒形，暗褐色至暗赤褐色，稍带光泽。头部下弯，隐在前胸背板之下。触角 10 节，鳃片状。前胸背板近圆形，中央隆起，上面有许多小瘤状突起（以同心圆排列）。鞘翅末端向下方斜削，掩盖住腹末（图 3-3）。

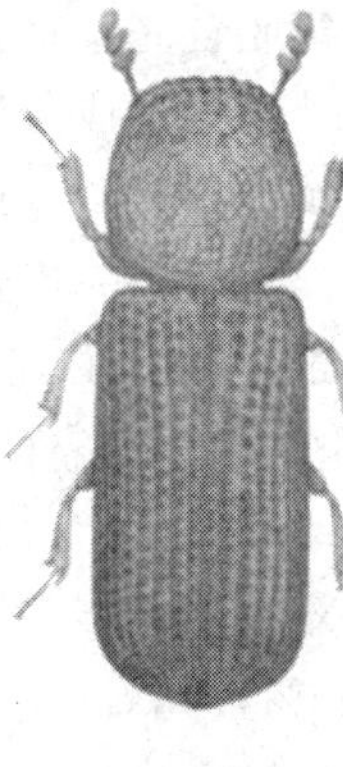

图 3-3 谷蠹成虫

谷蠹成虫在籽粒、木板、竹器或枯木树皮内越冬，产卵在蛀空的籽粒或籽粒裂缝中，有时亦产在包装物或墙壁缝隙内。成虫、幼虫均能破坏完整籽粒，幼虫尤喜食种胚，或终生生活在粉屑中。成虫能飞，寿命可长达 1 年。谷蠹抗干性和抗热性较强。生长最适温度为 27～34℃，但即使种子水分在 8%～10%，相对湿度在 50%～60%，温度达 35～40℃时，亦能生长繁殖，其耐寒能力较差，温度在 0.6℃，仅能生存 7 d，0.6～2.2℃时生存不超过 11 d。

5. 赤拟谷盗与杂拟谷盗

赤拟谷盗属鞘翅目拟步行虫科，国内各地均有分布。食性复杂，主要为害禾谷类、豆类、油料种子，以及面粉、米糠、干果、药材等 100 多种。以禾谷类、油料种子受害最多，以面粉受害最为严重。尤喜食种子的胚、破碎粒和碎屑粉末。由于赤拟谷盗成虫体内有臭腺能分泌臭液，使粮食带有腥臭气味，降低食用价值。

赤拟谷盗成虫体长 2.5～4.4 mm，扁平长椭圆形，赤褐色，有光泽，头扁宽，触角 11 节，末端 3 节膨大成小锤状。鞘翅上各有 10 条纵点行线（图 3-4）。

赤拟谷盗成虫喜黑暗，有假死性、群集性，常群集于包装袋的接缝处或围席的夹缝部位及籽粒碎屑中，这些地方也往往是它们越冬场所。因此使用过的装具、器材，应及时进行杀虫处理，对于防治赤拟谷盗有一定效果。

赤拟谷盗一年发生 4～5 代，生长繁殖最适温度为 27～30℃。蛹和卵较成虫和幼虫能耐高温，如在 45℃时，成虫经 7 h，幼虫经 10 h 死亡，而卵须经 14 h，蛹须经 20 h 才死亡，各虫态在 −6.7～3.9℃中经 5 d 死亡。

杂拟谷盗与赤拟谷盗生活习性相似，成虫形态特征差异在于触角，杂拟谷盗的触角从基部各节渐次膨大成棍棒状（图 3-5）。

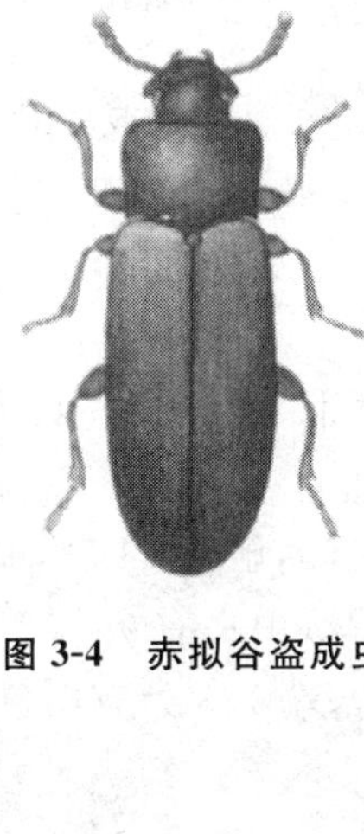

图 3-4 赤拟谷盗成虫

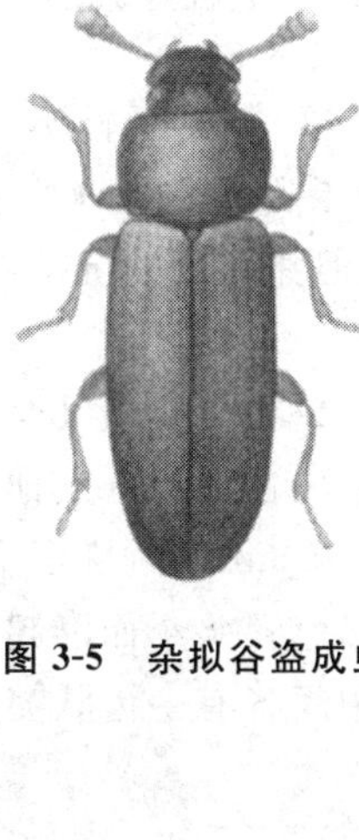

图 3-5 杂拟谷盗成虫

6. 锯谷盗

锯谷盗属鞘翅目锯谷盗科，分布遍及全世界，国内各地均有发现。锯谷盗食性复杂，主要为害稻谷，其次也食害小麦、玉米、油料种子等，以及面粉、干果、药材、烟草等。它喜食破碎粒，也能咬食完整籽粒外皮及胚。它是仓虫中分布最广，虫口数最大的一种。

锯谷盗成虫体长 2.5～3.5 mm，扁细长形，暗赤褐色至黑褐色，无光泽，头部略呈三角形。前胸背板近长方形，上有 3 条纵隆脊，两侧缘各有 6 个锯齿状突起（图 3-6）。

锯谷盗一年发生 2～5 代，以成虫在仓内缝隙中或仓外附近枯树皮、杂物下越冬。它的生育最适温度在 30～35℃，相对湿度为 80%～90%，成虫寿命长，可达 3 年以上。抗寒力强，成虫在－15℃条件下可活 1 d，－10℃可活 3 d，－5℃可活 13 d，0℃可活 22 d。抗热力较弱，52℃下 1 h 即死亡。锯谷盗对许多药剂、熏蒸剂的抵抗力很强，所以一般药剂与熏蒸剂对它防治效果不大。近年来用敌百虫防治取得很好杀虫效果，即用 0.002 5% 的稀释液封闭经 48 h 可达 100% 致死效力。

7. 大谷盗

大谷盗属鞘翅目谷盗科，分布遍及全世界，国内各地均有发现。大谷盗食性复杂，除为害稻谷、麦、玉米、豆类和油料种子外，还能破坏包装用品和木质器材。成虫啮食力强，甚至会自相残杀。

大谷盗成虫体长 6.5～10 mm，为较大的仓虫之一，体形扁平，长椭圆形，黑褐色，有光泽，口器与头部连合近似三角形，触角棒状。前胸背板宽大于长，前缘呈凹形，二角突出，后缘与鞘翅基部呈颈状连接。每鞘翅上有纵点条纹 7 条（图 3-7）。

图 3-6 锯谷盗成虫

图 3-7 大谷盗成虫

大谷盗一年发生 1～2 代，若条件不适合时，需经 2～3 年完成一代。成虫的耐饥、耐寒力均强，可在籽粒碎屑或包装品及木板缝隙中越冬，温度在 4.4～10℃时，能耐饥 184 d，在－9.4～－6.7℃时能生存数周，但卵及蛹的抗寒能力较弱。

8. 蚕豆象

蚕豆象属鞘翅目豆象科，分布遍及全世界，国内西北、华北、华中、华南大部分省区均有发生。蚕豆象主要为害蚕豆，也能为害其他豆类。

蚕豆象成虫体长 4～5 mm，近椭圆形，黑色，无光泽，触角 11 节，基部 4 节较细小为赤褐色，末端 7 节较粗大为黑色。头小而隆起，前胸背板后缘中央有灰白色三角形毛斑，前胸背板前缘较后缘略狭，两侧中间各有一齿状突起。鞘翅近末端 1/3 处有白色弯形斑纹，两翅并合时白色斑纹呈“⌒”形。腹部末节背面露出在鞘翅外，密生灰白色细毛(图 3-8)。

蚕虫象成虫在仓内不能蛀食豆粒，越冬后飞往田间产卵，以幼虫在豆粒内收获入仓后，继续在豆粒内生长发育蛀食豆粒，严重时被害率可达 90%以上。

蚕豆象一年发生 1 代，以成虫在豆内或仓内缝隙、包装物越冬为主，少量在田间杂草或砖石下越冬。成虫善飞，有假死性，耐饥力强，能 4～5 个月不食。

9. 豌豆象

豌豆象属鞘翅目豆象科，分布遍及全世界，国内大部分省区均有发生。

豌豆象成虫极似蚕豆象，主要不同点是：①灰褐色、前胸背板后缘中间的白色毛斑近似圆形；②鞘翅近末端 1/3 处的白色毛斑宽阔，两鞘翅的白色毛斑呈“八”形；③腹部末节露出翅外，外露部分背面有明显的“T”形白毛斑(图 3-9)。

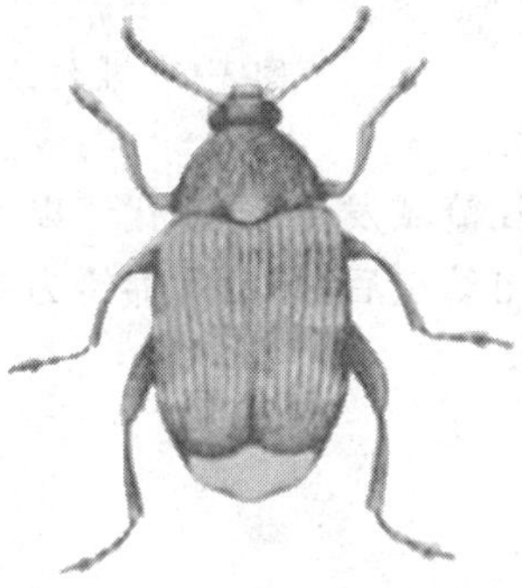

图 3-8 蚕豆象成虫

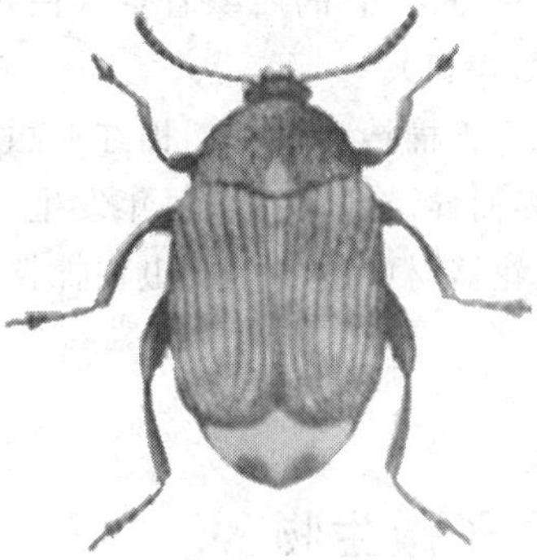

图 3-9 豌豆象成虫

豌豆象主要为害豌豆，使被害豌豆失去发芽力，重量损失可达 60%。豌豆象的生活习性和越冬场所与蚕豆象相似。

(二)鳞翅目害虫

1. 麦蛾

麦蛾属鳞翅目麦蛾科，是世界性害虫，也是我国稻麦产区的重要害虫。以小麦、水稻为害最重，其次是玉米和高粱。麦蛾属于严重的初期性仓库害虫之一。

麦蛾成虫大小因食料条件不同而差异较大，一般体长 4～6 mm，展翅宽 12～15 mm，生于玉米内的麦蛾体长可达 8 mm，展翅宽可达 20 mm。头、胸部及足呈银白色略带淡黄褐色，前翅竹叶形，后翅菜刀形，翅的外缘及内缘均生有长的缘毛。腹部灰褐色(图 3-10)。

图 3-10 麦蛾成虫

麦蛾以幼虫为害麦类、稻谷、玉米、高粱等，在野外也能蛀食禾谷类杂草种子。籽粒被害后，常被蛀成空洞，仅剩一空壳，其危害严重性仅次于玉米象、谷蠹。

麦蛾一年可发生 4～6 代，浙江省可发生 6 代；以第六代幼虫在麦粒内越冬，其生育最适宜温度为 21～35℃，在 10℃以下即停止发育，幼虫、蛹、卵在 44℃条件下经 6 h 即死亡。麦蛾自卵中孵出后，即钻入籽粒内为害直至化蛹、羽化为成虫，才爬出籽粒内，在种子堆表层或飞到仓房空间交配，再产卵于籽粒上。根据这一特性，采用种子堆表面压盖法，可防止麦蛾成虫交配和产卵，是防治麦蛾有效措施之一。

2. 棉红铃虫

棉红铃虫属鳞翅目麦蛾科，是世界性最重要的棉花害虫之一。此虫为多食性，还能寄生于 8 科 77 种植物上。

棉红铃虫成虫体长 6.5～7 mm，展翅宽 12 mm，棕褐色。前翅竹叶形，灰白色，翅面上有 4 条不规则的黑色横纹。后翅菜刀形，它的后缘着生灰白色长毛；足末端近黑灰色(图 3-11)。

图 3-11　棉红铃虫成虫

棉红铃虫为害棉铃和棉籽。棉红铃虫每年发生代数，因各地气候而异。黄河流域每年发生 2～3 代，长江流域发生 3～4 代。以幼虫在棉籽内、棉花仓库及运花器材中越冬。成虫在棉铃上产卵，孵出幼虫后，即钻入棉铃为害，第 3 龄后为害棉籽。

第二节　种子微生物

种子微生物是指寄附在种子上的所有微生物，其种类繁多，包括细菌、放线菌、真菌类中的霉菌、酵母菌和病原真菌等主要微生物类群。其中和贮藏种子关系最密切的主要是真菌中的霉菌，其次是细菌和放线菌。

一、种子微生物区系及变化

(一)种子微生物区系

种子微生物区系是指在一定生态条件下，存在于种子上的微生物种类和成分。种子上的微生物区系因作物种类、品种、产区、气候情况和贮藏条件等的不同而有差异。每克种子常带有数以千计的微生物，而每克发热霉变的种子表面寄附着的霉菌数目可达几千万以上。

微生物和种子的关系大体可以分附生、腐生和寄生三种。大部分是以寄附在种子外部为主，且多属于异养型，由于它们不能利用无机型碳源，无法利用光能或化学能自己制造营养物质，必须依靠有机物质才能生存，所以种子就成了微生物赖以生存的主要生活物质。

种子微生物区系，按其来源可相对地概括为田间(原生)微生物和贮藏(次生)微生物两类。前者主要指种子收获前在田间所感染和寄附的微生物类群，其中包括附生、寄生、半寄生和一些腐生微生物；后者主要是种子收获后，以各种不同的方式，在脱粒、运输、加工及贮藏期间，传播到种子上来的一些广布于自然界的霉腐微生物类群。因此，与贮藏种子关系最为密切的真菌，也相应地分为两个生态群，即田间真菌和贮藏真菌。

1. 田间真菌

田间真菌一般都是湿生性菌类，生长最低相对湿度均在 90%以上，谷类种子水分在 20%以上，其中小麦水分则在 23%以上。它们主要是半寄生菌，其典型代表是交链孢霉，广泛地寄生在禾谷类种子以及豆科、十字花科等许多种子中，主要寄生于种子皮下，形成皮下菌丝。当种子收获入仓后，其他贮藏霉菌侵害种子时，交链孢霉等便相应地减少和消亡。这种情况往往表明种子生活力的下降或丧失，所以交链孢霉等田间真菌的存在及其变化，同附生细菌的变化一样，可以作为判断种子新鲜程度的参考。显然，田间真菌是相对区域性概念，包括一切能在田间感染种子的真菌。但是一些霉菌，虽然是典型的贮藏真菌，却可以在田间危害种子。如黄曲霉可在田间感染玉米和花生，并产生黄曲霉毒素进行污染。

2. 贮藏真菌

贮藏真菌大都是在种子收获后感染和侵害种子的腐生真菌，其中主要的是霉菌。凡能引起种子霉腐变质的真菌，通常称为霉菌。这类霉菌很多，约 30 个霉菌属，如毛霉、根霉，但危害最严重而且普遍的是曲霉和青霉。它们生长的最低相对湿度都在 90%以下，一些干生性的曲霉可在 65%～70%时生长，例如灰绿曲霉可以在低水分种子上缓慢生长，可损坏胚部使种子变色，并为破坏性更强的霉菌提供后继危害的条件。白曲霉和黄曲霉的为害，是导致种子发热的重要原因。棕曲霉在我国稻、麦、玉米等种子上的检出率都不高。在微生物学检验中如棕曲霉的检出率超过 5%，则表明种子已经或正在变质。青霉可以杀死种子，使种子变色，产生霉臭，导致种子早期发热，生霉和霉烂。

(二)种子微生物区系的变化

种子微生物区系的变化，主要取决于种子含水量、种堆的温湿度和通气状况等生态环境以及在这些环境中微生物的活动能力。新鲜的种子，通常以附生细菌为最多，其次是田间真菌，而霉腐菌类的相对密度很小，在正常情况下，随着种子贮藏时间的延长，其总菌量逐渐降低，其菌相将会被以曲霉、青霉、细球菌为代表的霉腐微生物取而代之。芽孢杆菌和放线菌在陈种子上，有时也较为突出。贮藏真菌增加越多，而田间真菌则减少或消失越快，种子的品质也就越差。在失去贮藏稳定性的种子中，微生物区系的变化迅速而剧烈，以曲霉、青霉为代表的霉腐菌类，迅速取代正常种子上的微生物类群，旺盛地生长起来，大量地繁殖，同时伴有种子发热、生霉等一系列种子劣变症状的出现。

二、种子微生物的主要种类

种子微生物常见的种类主要有霉菌、细菌、放线菌和酵母菌。

(一)霉菌

种子上发现的霉菌种类较多，大部分寄附在种子的外部，部分能寄生在种子内部的皮层和胚部。霉菌对贮藏种子的损害作用不尽相同，其中以青霉属和曲霉属占首要地位，其次是根霉属、毛霉属、交链孢霉属、镰刀菌属等。

1. 青霉属

青霉属在自然界中分布广泛，是导致种子贮藏期间发热的一种最普遍的霉菌。

青霉属分 41 个系、137 个种和 4 个变种，有些菌系能产生毒素，使贮藏的种子带毒。危害小麦、水稻、玉米、花生、大豆等贮藏种子的青霉种类有橘青霉、纯绿青霉、草酸青霉和圆弧青霉等。

青霉生长的温湿度范围较宽，适宜于在含水量15.6%～20.8%的种子上生长，生长适温一般为20～25℃，但温度高达38℃、低至7℃也能生长，是低温状态下为害贮藏种子的主要霉菌，如纯绿青霉可在－3℃左右引起高水分玉米胚部点翠而霉坏。

青霉在种子上生长时，先从胚部侵入，或在种子破损部位开始生长，最初长出白色斑点，逐渐丛生白毛（菌丝体），俗称“生毛”，有轻微霉味。数日后产生青绿色孢子，因种类不同而渐转变成青绿、灰绿或黄绿色，集中在胚部十分明显，变为毛状或绒状，俗称“点翠”，有辛辣气味。

青霉分解种子中有机物质的能力很强，能引起种子“发热”“点翠”，并有很重的霉味。有些青霉能引起大米黄变，故称为大米黄变菌，多数青霉为中生性，孢子萌发的最低相对湿度在80%以上。青霉属均属于好氧性菌类。

2. 曲霉属

曲霉属分布极广，种类多，可分18个群、132个种和18个变种，为害种子的主要有灰绿曲霉、白曲霉、黑曲霉、黄曲霉等，是导致种子发热霉变的主要霉菌，其腐生性强，除能引起种子发霉变质外，有的种类还能产生毒素，如黄曲霉毒素对人、畜有致癌作用。

不同种类的曲霉。生活习性差异很大，大部分曲霉属于中温性，少数属高温性。白曲霉、黄白霉等的生长适温为25～30℃，黑曲霉的生长适宜温度为37℃，而烟曲霉嗜高温，其生长适温为37～45℃，45℃以上仍能生长，常在发热霉变中后期大量出现，促进种温的升高和种子败坏。对水分要求为干生性或接近干生性，灰绿曲霉群孢子萌发最低相对湿度仅为62%～71%，白曲霉为72%～76%，局限曲霉为75%左右，杂色曲霉为76%～80%。黄曲霉等属于中湿性菌，孢子萌发的最低相对湿度为80%～86%。曲霉属是低湿度条件下为害种子的主要霉菌。

曲霉在种子上菌落呈绒状，初为白色或灰白色，后来因菌种不同，在上面生成乳白、黄绿、烟灰、灰绿、黑色等粉状物。不同曲霉对种子的为害情况也不同，灰绿曲霉能在低温条件下，为害低水分种子；白曲霉易在水分14%左右的稻谷上生长；黑曲霉易在水分18%以上的种子上为害，并具有很强的分解种子有机质的能力，产生多种有机酸，使籽粒脆软、发灰，带有浓厚的霉酸气味；黄曲霉对水分较高的麦类、玉米和花生易于为害，当花生仁水分达到9%以上，温度适宜便可在其上发展。黄曲霉有很强的糖化淀粉的能力，使籽粒变软发灰，常具有褐色斑点和较重的霉酸气味。大部分曲霉是好氧性菌类，但少数能耐低氧。

3. 毛霉属

毛霉菌广泛分布在土壤中及各种腐败的有机质上，在高水分种子上普遍存在。为害贮藏种子的主要代表菌为黑毛霉、总状毛霉。

毛霉菌在种子上菌落疏松呈絮状，初为白色，渐变成灰色或灰褐色。毛霉属多为中温、高湿性菌类，生长最适宜的温度为20～25℃，生长最低相对湿度为92%。多数毛霉菌为好氧性菌类，少数具耐低氧性，在缺氧条件下可进行酒精发酵。毛霉具有较强的分解种子中的蛋白质、脂肪、糖类的能力，潮湿种子极易受毛霉属为害，而使种子带有霉味或酒酸气，并有发热、结块等现象。

4. 根霉属

根霉属是分布很广的腐生性霉菌，大都有不同程度的弱寄生性，常存在于腐败的种子、食物、谷物、薯类、果蔬上，其代表菌类有黑根霉、米根霉和中华根霉。

根霉菌在种子上菌落菌丝茂盛呈絮状，生长迅速，初为白色，渐变为灰黑色，表面生有肉眼可见的黑色小点。

根霉菌喜高温，孢子萌发的最低相对湿度为84%～92%。生长温度为中温性，黑根霉的生长适温为26～29℃，米根霉和中华根霉的生长适温为36～38℃。

根霉菌多数是好氧性菌类，在缺氧条件下不能生长或生长不良。但有的能耐低氧，如在缺氧储藏中，当水分过高或出现粮堆内部结露时则可能出现所谓“白霉”，即只生长白色菌丝而不产生孢子的米根霉等耐低氧的霉菌。

根霉菌具有很强的分解果胶和糖化淀粉的能力。有的类群如米根霉、中华根霉具有酒精发酵的能力。根霉在适宜条件下，生长迅速，能很快地导致高水分种子霉烂变质，其作用与毛霉属相似。黑根霉又是甘薯软腐病的病原菌，能使病薯软腐，是影响甘薯种薯安全贮藏的主要霉菌。

5. 交链孢霉属

交链孢霉也称链格孢霉，是种子田间微生物区系中的主要类群之一，是新鲜贮藏种子中常见的霉菌，其主要代表菌为细交链孢霉。

交链孢霉在种子上菌落绒状，灰绿色或褐绿色至黑色。交链孢霉嗜高湿、中温性，好氧。孢子萌发最低相对湿度为94%左右，在相对湿度100%时可大量发展。其菌丝常潜伏在种皮下，尤以谷类籽粒中较多。通常对贮藏种子无明显危害。当其他霉腐微生物侵入种子内部时，它的菌丝则因拮抗作用而衰退或死亡，故它的大量存在，往往与种子生命力强和发芽率高相关联。

6. 镰刀菌属

镰刀菌分布广泛，种类很多，也是种子田间微生物区系中的重要霉菌之一。许多种镰刀菌可引起植物病害和种子病害，在水分较高的条件下，能使种子霉变变质，破坏种子发芽力以及产生毒素，使种子带毒。其主要代表菌为禾谷镰刀菌。

镰刀菌在种子上菌落絮状、绒状或粉状，初为白色，后变为粉红色，橙红色或砖红色。镰刀菌多数是中温性，也有少数是低温性。孢子萌发的温度范围为4～32℃，大多数生长适温为23～28℃。孢子萌发的最低相对湿度为80%～100%。它是在低温下，导致高水分种子霉变的重要霉菌之一。

（二）细菌

种子上的细菌主要是球菌和杆菌，其主要代表菌类有芽孢杆菌属、假单胞杆菌属和微球菌属等类群中的一些种。常见的有黄色植生无芽孢杆菌、荧光假单胞杆菌和细球菌。陈种子或发过热的种子上，以腐生细菌为主，种子上细菌的数量超过霉菌，但在通常情况下对引起贮藏种子的发热霉变不如霉菌严重，而且其中有些细菌对种子还能起一定的有益作用。同时细菌是湿生性的，需要高水分的环境。

黄色植生无芽孢杆菌为植物上的附生菌，在新鲜种子上的数量约占种子微生物总量的80%～90%，一般对贮藏种子无明显危害，在种子与其他腐生霉菌有拮抗现象。随着种子贮藏时间的延长，霉菌数量的增加，细菌数量逐渐减少，因此可作为判断种子新鲜程度的指标。另外，黄色植生无芽孢杆菌具有合成维生素的能力，对种子形成和品质有一定的有益作用。

荧光假单胞杆菌在种子上经常发现，数量仅次于黄色植生无芽孢杆菌，对镰刀菌属霉菌有显著拮抗作用。一般对种子没有破坏作用，而能合成大量维生素及其他生长素。

细球菌多半是当种子变质后增多，与黄色植生无芽孢杆菌的存在互为消长，细球菌的增多表示种子已开始发生不良的变化。

(三)放线菌和酵母菌

放线菌属于原核微生物。大多数菌体是由分枝菌丝所组成的丝状体，以无性繁殖为主，在气生菌丝顶端形成孢子丝。放线菌主要存在于土壤中，绝大多数是腐生菌，在新收获的种子上数量很少，但在混杂有土粒的种子以及贮藏后期或发过热的种子上数量较多。

酵母菌在种子上的数量很少，偶然也有大量出现的情况，通常对种子品质并无重大影响，只有在种子水分很高和霉菌活动之后，才对种子具有进一步的腐解作用。

三、微生物与种子霉变

(一)种子微生物对种子的危害

微生物在种子上活动时，有些微生物可分泌毒素，毒害种子；有些微生物直接侵害和破坏种胚组织；有些微生物会引起种子堆发热；有些微生物也可分解种子，形成各种有害产物，造成种子正常生理活动的障碍等，从而导致贮藏种子生活力下降。

此外，在田间感病的种子，由于病原菌为害，大多数发芽率很低，即使发芽，在苗期或成株期也会再次发生病害。

(二)种子霉变

微生物不能直接吸收种子中各种复杂的营养物质，必须将这些物质分解为可溶性的低分子物质，才能吸收利用而同化。所以，种子霉变的过程，就是微生物分解和利用种子有机物质的生物化学过程。一般种子都带有微生物。但不一定就会发生霉变，因为除了健全的种子对微生物的危害具有一定的抗御能力外，贮藏环境条件对微生物的影响是决定种子是否霉变的关键。环境条件有利于微生物活动时，霉变才可能发生。

种子霉变是一个连续的统一过程，也有着一定的发展阶段。其发展阶段的快慢，主要由环境条件，特别是温度和水分对微生物的适宜程度而定。快者一至数天，慢者数周，甚至更长时间方能造成种子霉烂。

由于微生物的作用程度不同，在种子霉变过程中，可以出现各种症状，如变色、变味、发热、生霉以及霉烂等。其中某些症状出现与否，则决定于种子霉变程度和当时的贮藏条件。如种子(特别是含水量高时)霉变时，常常出现发热现象，但如种子堆通风良好，热量能及时散发而不大量积累，种子虽已严重霉变，也可不出现发热现象。种子霉变一般分为三个阶段：初期变质阶段、中期生霉阶段、后期霉烂阶段。在种子保管工作中，通常以达到生霉阶段作为霉变事故发生的标志。

1. 初期变质阶段

这是微生物与种子建立腐生关系的过程。种子上的微生物，在环境适宜时，便活动起来，利用其自身分泌的酶类开始分解种子，破坏籽粒表面组织而侵入内部，导致种子的“初期变质”。此阶段可能出现的症状有:种子逐渐失去原有的色泽,接着变灰发暗;发出轻微的异味;种子表面潮湿,有“出汗”“返潮”现象,散落性变差,用手插入种堆中有湿涩感;籽粒软化,硬度下降,并可能有发热趋势。

2. 中期生霉阶段

这阶段是微生物在种子上大量繁殖的过程。继“初期变质”之后,如种堆中的湿热不能排除并逐步积累,在籽粒胚部和破损部分开始形成菌落,而后可能扩大到籽粒的其他部位或全部。由于一般霉菌菌落多为毛状或绒状,所以通常所说种子的“生毛”“点翠”就是生霉现象。生霉阶段的种子已严重变质,有很重的霉味,具有霉斑,变色明显,营养品质劣变,还可能污染霉菌毒素。生霉阶段的种子生活力低,除不能作为种用外,也不宜食用。

3. 后期霉烂阶段

这阶段是微生物使种子严重腐解的过程。种子“生霉”后,其生活力已大大减弱或完全丧失,失去了对微生物为害的抵御能力,为微生物进一步为害创造了极为有利的条件。若环境条件继续适宜,种子中的有机物质遭到严重的微生物分解,种子霉烂、腐败,产生霉、酸、腐臭等难闻气息,籽粒变形,成团结块,最终完全失去利用价值。

第三节 鼠类

鼠类一般是指哺乳纲中的啮齿目动物。广义的鼠类指所有的鼠形类动物,还包括兔形目和食虫目的动物。全世界有鼠类动物 1 700 多种,在我国有鼠类约 170 种。鼠类有家栖、野栖、双栖三种类型。种子仓库发生的害鼠主要是家栖鼠。

一、鼠类的危害及其生活习性

(一)鼠类的危害

鼠类通过以种子为食对人类直接造成经济损失,同时也会传染疾病为害人类。鼠类是一种贪吃的动物,每只鼠每天要吃掉相当于它体重的 1/5～1/10 的食物。据估计,每年生产的粮食约有 5%被鼠夺去,全世界每年被损耗的粮食有 5 000 万 t,损失上亿美元,我国每年因鼠害损失的粮食估计为 1 500 万 t 之多。除直接食害种子外,鼠类还会通过其活动污染种子造成损失。

鼠类喜欢在种子仓库内打洞,破坏仓库建筑结构,同时污染仓库环境,为仓虫、微生物滋生提供便利条件。鼠类牙齿要定期磨,所以会啃咬种子仓库中的各种物体,造成破坏。

(二)鼠类的生活习性

在种子仓库为害的主要是家栖鼠,其生长发育很快,繁殖力很强,主要表现在性成熟早,妊娠期短,分娩后可立即发情,全年大部分时间都能繁殖,胎仔数多,年均可产 6～10 胎。

鼠类的感觉器官很发达。可利用敏锐的嗅觉去寻食求偶,并进行个体间的联系。鼠类经常在活动的路线上留下尿和生殖分泌物,鼠类就沿着这些有特殊气味的路线活动,形成光滑的鼠道。家栖鼠类的眼睛适应夜视，但视力很差，且为色盲。鼠类敏锐的味觉给灭鼠带来很大的困难，鼠类的听觉非常发达，能判断声音的来源，并可感知人类听不到的超声波，鼠类本身也能发出超声波，幼鼠睁眼前就靠发出的超声波和回音回巢。家栖鼠类的触觉非常发达，在黑暗复杂的环境中不断重复利用刚毛、触须的感觉活动判断方向，形成一条熟悉的跑道。

鼠类有很好的掘土打洞、攀登、咬啮、游泳、潜水等活动能力。常可通过马桶、下水道等潜入建筑物内。鼠类主要在夜间活动，黄昏和黎明前有两个活动觅食高峰。家栖鼠类都是杂食动物，可吃各种谷物、肉类、水果、垃圾、动物粪便等。鼠类有强烈的探索行为，常常远离巢区去探索新的更好的栖息地，但往往在几天内又返回原来熟悉的巢区。栖息地是鼠类生存的基本条件。一旦栖息地受到干扰或被破坏，鼠类即会被迫迁移到其他地点。在温带，鼠类有季节性的迁移，春季从室内迁往田野，冬季又迁回室内。高层和大型建筑物中鼠类也有类似的迁移现象。鼠类在探索环境的同时，也尝试环境中的食物。开始时取食量很少，每次尝试时间的间隔较长。随着取食量逐渐增加，间隔时间也不断缩短。鼠类摄食行为的另一种表现是搬拖食物，褐家鼠一天可搬拖数千克食物隐藏在洞内或其他隐藏的场所。

二、种子仓库发生的害鼠种类

种子仓库中的害鼠主要有褐家鼠、黄胸鼠、黑线姬鼠和小家鼠四种。

1. 褐家鼠

褐家鼠又名水老鼠、大家鼠。它体躯粗大，体长 150～250 mm，体重 250～500 g，除腹部灰白色外，全身是褐色。尾粗壮，比体躯短。鼻端圆钝，耳较短且有稀毛。褐家鼠为家、野两栖鼠种，分布范围广，危害极大。褐家鼠喜栖息于温度稳定潮湿的地方，鼠洞多建在屋基的周围、垃圾堆道路的两旁路面下，另外仓库地下室、墙基、下水道、船坞、港口码头以及河岸的冲积地，也是褐家鼠喜欢的栖息地。褐家鼠善于钻洞、挖沟，最深可达 1.5 m。不善于攀登。性凶猛，有同类残杀性。感觉灵敏、机警，行动狡猾，昼夜均外出活动。对水分要求高，常住在近水边。繁殖能力强，每年繁殖 6～10 胎，每胎产仔 5～14 只。褐家鼠的栖息场所不是固定不变的，往往因环境而异，有时可一个晚上奔走 100～150 m 获取食物，但通常只在 30 m 范围内活动。

2. 黄胸鼠

黄胸鼠又名黑鼠、屋顶鼠，个体比褐家鼠小，体长 130～190 mm，体重约 250 g。鼻端部尖锐，耳大无毛呈圆形，背毛棕褐色，腹毛土黄色，尾毛黑色，尾长过于体。黄胸鼠善于攀爬，可在粗糙墙壁上行走，也能在屋梁上奔跑，黄胸鼠喜栖息于高层隐蔽的场所，如屋顶、树木和灌木丛上，地面喜生活在堆放垃圾和杂物的场所以及货场和下水道内。其洞穴构造简单，主要在夜间活动，尤以黄昏和黎明为活动高峰。终年均能繁殖，每年繁殖 4～6 胎，每胎产仔 5～7 只，最多可达 13 只。可在无水的环境下生活 7 d 以上。黄胸鼠对环境中新出现的物体有恐惧回避行为，栖息场所、活动范围与褐家鼠相似。

3. 黑线姬鼠

黑线姬鼠又名田鼠、田姬鼠。体长 70～125 mm，体重 25～30 g，尾长约为体长的 2/3。背部有一条黑线，从尾直达头顶。背毛浅棕色，间杂黑色，腹毛灰白色。黑线姬鼠喜欢挖洞，常栖息在田野近水源的耕作地区，有贮粮习惯。季节迁移现象明显，通常冬季大量窜入仓库、住房中打洞做窝，危害种子或粮食，夏暖后迁至田间。多在黄昏、黎明时活动，白天很少外出，1 年繁殖 2～5 胎，每胎产仔 3～11 只。

4. 小家鼠

小家鼠又名小鼠、鼷鼠。体形较小，体长 60～100 mm，体重 10～20 g，尾长约为体长的 2/3。背面有黑灰色毛，腹部有灰白色毛。嘴短，鼻端尖，耳宽大具有短毛。小家鼠活动敏捷，善于攀登、跳跃，小家鼠喜栖息于干燥、食源近的场所，由于体形小，常在墙基、仓库、货物堆和保温层内打洞筑巢。鼠洞构造简单，洞口较多。贪食，耐渴力强，昼夜均进行活动。每年繁殖 6～8 胎，每胎产仔 4～8 只，多可产 11 只。小家鼠个体数量多，是种子仓库中数量最大的一群。小家鼠的活动范围只有几米，最长的活动距离也只有 30 余米。

本章小结

本章主要介绍了种子仓库害虫、种子微生物、鼠类等仓库有害生物及其危害性，详细阐述了常见种子仓库害虫的形态特征、种子微生物主要种类及特征、常见害鼠的生活习性等。

思考题

1. 简述玉米象、谷蠹、锯谷盗、大谷盗、麦蛾等主要仓虫的形态特征，并指出哪些是初期性仓虫？哪些是后期性仓虫。

2. 种子贮藏期间的主要霉菌有哪些？低温条件下为害种子的主要霉菌是哪些？低湿条件下为害种子的主要霉菌是哪些？

3. 种子霉变可分为哪三个阶段？达到哪个阶段是霉变事故发生的标志？

4. 种子仓库中的害鼠主要有哪些种类？

第四章　种子贮藏期间的变化及其影响因素

知识目标

◆ 知晓种子呼吸、种子后熟、种子结露、种子发热的概念。

◆ 熟悉影响种子呼吸、种子后熟的因素。

◆ 熟悉种子"三温三湿"变化规律、种子结露、发热发生的类型。

◆ 熟悉影响种子安全贮藏的因素及其后果。

能力目标

◆ 能够分析不同水分、不同含油量的种子密闭贮藏的优缺点。

◆ 能够分析不同季节发生种子结露、种子发热的原因及部位。

种子从收获后至播种前需经一段时间的贮藏，种子贮藏期限的长短，因作物种类、耕作制度及贮藏目的而不同。如翻秋播种的种子贮藏期短，贮备种子则要长一些，作为种质资源保存的种子贮藏期则更长。种子贮藏期间会因不同作物种类、种子不同含水量等以及不同的贮藏环境条件而发生不同的变化，了解种子贮藏期间的各种变化及影响种子贮藏的各种因素，对指导做好种子安全贮藏具有十分重要的意义。

第一节　种子呼吸作用与种子后熟

种子呼吸与种子后熟是种子贮藏期间种子内部发生的最常见的变化现象，了解贮藏期间因种子呼吸、种子后熟而发生的不同生理生化变化，通过采用科学的管理方法，可降低种子劣变速度，保持高水平的种子质量，为种子安全贮藏提供重要保证。

一、种子的呼吸作用

种子是活的有机体。每时每刻都在进行着呼吸作用，即使是非常干燥或处于休眠状态的种子，呼吸作用仍在进行。种子的呼吸作用与种子的安全贮藏有着非常密切的关系，因此了解种子的呼吸作用及其各种影响因素，对控制种子呼吸和做好贮藏工作有重要的实践指导意义。

(一)种子呼吸作用及发生的部位

1. 种子呼吸作用的概念

种子呼吸作用是指种子内部活的组织在酶和氧的参与下将本身的贮藏物质进行一系列的氧化还原反应,最后放出二氧化碳和水,同时释放能量的过程。种子的任何生命活动都与呼吸密切相关,呼吸的过程是将种子内贮藏物质不断分解的过程,它为种子提供生命活动所需的能量,促使有机体内生化反应和生理活动正常进行。种子的呼吸作用是贮藏期间种子生命活动的集中表现,因为贮藏期间不存在同化过程,而主要进行分解作用和劣变过程。

2. 种子呼吸作用发生的部位

种子呼吸是种子内部活组织特有的生命活动,如禾谷类种子中只有胚部和糊粉层细胞是活组织,所以种子呼吸作用是在胚和糊粉层细胞中进行。种胚虽只占整粒种子的3%～13%,但它是生命活动最活跃的部分,呼吸作用以胚部为主,其次是糊粉层。果种皮和胚乳经干燥后,细胞已经死亡,不存在呼吸作用,但果种皮和通气性有关,也会影响种子呼吸的性质和强度。

(二)种子呼吸的性质

种子呼吸的性质根据是否有外界氧气参与分为两类:有氧呼吸和缺氧呼吸(或无氧呼吸)。

有氧呼吸也即通常所指的呼吸作用,其过程可以简述如下:

$$\underset{\text{葡萄糖}}{C_6H_{12}O_6} + \underset{\text{氧气}}{6O_2} \rightarrow \underset{\text{二氧化碳}}{6CO_2} + \underset{\text{水}}{6H_2O} + \underset{\text{能量}}{2\,870.224\ \text{kJ}}$$

缺氧呼吸一般指在缺氧条件下,细胞把种子贮存的某些有机物分解成为不彻底的氧化产物,同时释放少量能量的过程。反应式如下:

$$\underset{\text{葡萄糖}}{C_6H_{12}O_6} \rightarrow \underset{\text{酒精}}{2C_2H_5OH} + \underset{\text{二氧化碳}}{2CO_2} + \underset{\text{能量}}{100.416\ \text{kJ}}$$

一般缺氧呼吸产生酒精,但马铃薯块茎、甜菜块根、胡萝卜和玉米胚进行无氧呼吸时,则产生乳酸,其反应如下:

$$\underset{\text{葡萄糖}}{C_6H_{12}O_6} \rightarrow \underset{\text{丙酮酸}}{2CH_3COCOOH} + 4H \rightarrow \underset{\text{乳酸}}{2CH_3CHOHCOOH} + \underset{\text{能量}}{75.312\ \text{kJ}}$$

种子呼吸的性质随外部环境条件、作物种类和种子品质而不同。干燥的、果种皮紧密的、完整饱满的种子处在干燥低温、密闭缺氧的条件下,以缺氧呼吸为主,呼吸强度低;反之则以有氧呼吸为主,呼吸强度高。种子在贮藏过程中两种呼吸往往同时存在,通风透气的种子堆,一般以有氧呼吸为主,但在大堆种子底部仍可能发生缺氧呼吸。若通气不良,氧气供应不足时,则缺氧呼吸占优势。含水量较高的种子堆,由于呼吸作用旺盛,释放能量多,如果通风不良,很容易导致堆内种温升高,缺氧呼吸占优势更会产生大量酒精,此类物质在种子堆内积累过多,往往会抑制种子呼吸,甚至使胚中毒死亡,因此含水量较高的种子堆,应注意及时通风,确保种子生活力和活力。

(三)衡量种子呼吸作用的指标

种子呼吸作用可以用两个指标来衡量,即呼吸强度和呼吸系数。

1.种子的呼吸强度

种子的呼吸强度是指一定时间内,单位重量种子放出的二氧化碳量或吸收的氧气量。它是衡量种子呼吸强弱的指标。

种子贮藏过程中,无论是哪种性质的呼吸,呼吸强度增强均是有害的。种子长期处在有氧呼吸条件下,放出的水分和热能,会加速种子内部贮藏物质的消耗和种子生活力的丧失。对水分较高的种子来说,在贮藏期间若通风不良,种子呼吸放出的一部分水汽就被种子吸收,而释放出来的热能则积聚在种子堆内不易散发出来,因而加剧种子的代谢作用;在密闭缺氧条件下呼吸强度越大,越易缺氧而产生有毒物质,使种子窒息而死。因此,对水分含量高的种子,入仓前应充分通风换气和晒干,然后密闭贮藏,由有氧呼吸转变为缺氧呼吸。干燥种子,由于大部分酶处于钝化状态,本身代谢作用十分微弱,种子内贮藏养料的消耗极少,即使贮藏在缺氧条件下,也不容易丧失发芽率。这就是种子生产实践中将干燥种子密闭贮藏的原因。

2.种子的呼吸系数

种子呼吸系数是指种子在单位时间内,放出二氧化碳的体积和吸收氧气的体积之比,是表示呼吸底物的性质和氧气供应状态的一种指标。

种子呼吸系数随着呼吸底物、氧气供应状况的不同而不同。如呼吸底物中氧/碳值等于1的(如碳水化合物),氧化完全,则呼吸系数为1,如氧/碳值小于1的(如脂肪和蛋白质),则呼吸系数小于1,呼吸底物为有机酸的,呼吸系数则大于1。当种子进行缺氧呼吸时,呼吸系数大于1。所以从呼吸系数的变化也可判定种子的呼吸状况。

(四)影响种子呼吸强度的因素

种子呼吸强度的大小,不仅与作物、品种、收获期、成熟度、种子大小、完整度和生理状态等内部因素有关,同时还受外部环境条件的影响。其中种子水分、外部温度和通气状况的影响最大。

1.种子水分

呼吸强度随着种子水分的提高而增强(图4-1)。潮湿种子的呼吸作用很旺盛,干燥种子的呼吸作用则非常微弱。因为酶随种子水分的增加而活化,把复杂的物质转变为简单的呼吸底物。所以种子水分越高,贮藏物质的水解作用越快,呼吸作用越强烈,氧气的消耗量越大,放出的二氧化碳和热量越多。可见种子中游离水的增多是种子新陈代谢强度急剧增加的决定因素。

2.温度

在一定温度范围内种子的呼吸作用随着温度的升高而加强。一般种子处在低温条件下,呼吸作用极其微弱,随着温度升高,呼吸强度不断增强,尤其在种子水分增高的情况下,呼吸强度随着温度升高而发生显著变化。但这种增长受一定温度范围的限制。在适宜的温度下,原生质黏滞性较低,酶的活性强,所以呼吸旺盛;而温度过高,则酶和原生质遭受损害,使生理作用减慢或停止,呼吸强度随之下降。如小麦种子,呼吸强度在0～55℃范围内逐渐增强,温度超过55℃,呼吸强度又急剧下降。

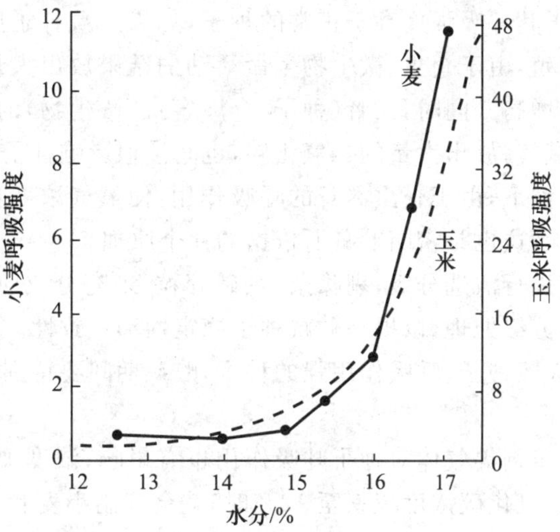

图 4-1 不同水分的玉米和小麦种子的呼吸强度[二氧化碳 mg/100 g(种子·h)]

(潘瑞炽等,1984)

水分和温度都是影响种子呼吸作用的重要因素,两者互相制约。干燥的种子即使在较高温度的条件下,其呼吸强度要比潮湿的种子在同样温度下低得多;同样,潮湿种子在低温条件下的呼吸强度比在高温下低得多。因此干燥和低温是种子安全贮藏和延长种子寿命的必要条件。

3. 通气状况

空气流通的程度可以影响呼吸强度与呼吸方式。不论种子水分高低,在通气条件下的呼吸强度均大于密闭贮藏。同时还表明种子水分和温度越高,则通气对呼吸强度的影响越大。但高水分种子,若处于密闭条件下贮藏,由于旺盛的呼吸,很快会把种子堆内部间隙中的氧气耗尽,而被迫转向缺氧呼吸,结果引起大量氧化不完全的物质积累,导致种子迅速死亡。因此,高水分种子,尤其是呼吸强度大的油料作物种子要特别注意通风。水分不超过临界水分的干燥种子,由于呼吸作用非常微弱,对氧气的消耗很慢,即使在密闭条件下,也能长期保持种子生活力。

通气对呼吸的影响还和温度有关。种子处在通风条件下,温度越高,呼吸作用越旺盛,生活力下降越快。生产上为有效地长期保持种子生活力,除干燥、低温外,进行合理的密闭或通风是必要的。

4. 种子遗传特性

种子的呼吸强度还受种子遗传特性的影响。一般而言,大胚的种子呼吸强度高于小胚种子。种子化学成分不同也影响种子的呼吸强度。油料种子的呼吸强度最高,其次为蛋白质种子,淀粉种子呼吸强度最低。同一作物种子,杂交种子的呼吸强度一般均高于常规种子。

5. 种子本身状态及品质

凡是未充分成熟的、不饱满的、损伤的、冻伤的、发过芽的、小粒的种子,呼吸强度高;反之,呼吸强度就低。因为未充分成熟、冻伤、发过芽的种子含有较多的可溶性物质,酶的活性也较高,损伤、小粒的种子接触氧气面较大,所以种子呼吸均比较旺盛,呼吸强度较高。

受潮后再干燥的因受潮后种子内部酶活化,即使再干燥后部分酶仍处于游离状态,生理活动比直接干燥的种子活跃,因此种子呼吸强度高于直接干燥的种子。含杂率的高低也影响种子呼吸强度,一般含杂率高的种子呼吸强度高。

发霉、虫蚀过的种子其呼吸强度高于正常的种子，如果贮藏种子感染了仓虫和微生物，一旦条件适宜时便大量繁殖，由于仓虫、微生物生命活动的结果放出大量的热能和水汽，间接地促进了种子呼吸强度的增高。同时，三者（种子、仓库害虫、微生物）的呼吸构成种子堆的总呼吸，那就会消耗大量的氧气，放出大量的二氧化碳，也间接地影响种子呼吸方式，从而加速种子生活力丧失。在密封条件下，由于仓虫本身的呼吸作用，使氧气浓度自动降低，而阻碍仓虫继续发生，即所谓自动驱除，这也是密闭贮藏所依据的一个原理。

为此种子入仓前应进行清选分级，剔除杂质、破碎粒、未充分成熟粒、不饱满粒与虫蚀粒，把不同状态的种子进行分级处理，以提高贮藏种子稳定性和一致性。凡受冻害、虫蚀的种子不能作为种子使用，而对大胚种子、呼吸作用强的种子，贮藏期间要特别注意干燥和通气。

6.化学物质

二氧化碳、氮气、熏蒸剂等气体对种子呼吸作用也有影响，浓度加大时还会影响种子发芽率。例如，种子间隙中二氧化碳浓度积累至12%时，就会抑制小麦和大豆的呼吸作用；若提高小麦种子水分，在二氧化碳浓度至7%时就有抑制作用。目前，有些粮食部门采用脱氧充氮或提高二氧化碳浓度等方法保管粮食，既可杀虫灭菌，一定程度上也抑制了粮食的呼吸作用。

（五）种子呼吸与贮藏的关系

呼吸作用是种子贮藏期间生理活动的集中表现。种子呼吸对种子既有有利的一面，也有不利的影响。种子呼吸为种子生命活动提供了能量，维持了种子的生命，其有利作用主要表现在通过呼吸作用可促进种子的后熟作用，不利方面主要有：①种子呼吸消耗了大量贮藏干物质，影响种子的重量和种子活力；②种子呼吸释放出大量的热量和水分易造成种堆发热霉变，丧失生活力；③缺氧呼吸会产生有毒物质，积累后会毒害种胚，降低或使种子丧失生活力；④种子呼吸释放的水汽和热量，使仓虫和微生物活动加强，加剧仓虫和微生物对种子的取食和危害。

因此，对于通过后熟的种子，在贮藏期间必须尽可能地降低种子的呼吸强度，把种子的呼吸作用控制在最低限度，就能有效地保持种子生活力和活力。种子贮藏管理工作所采取的一切措施（包括收获、脱粒、清选、干燥、仓房、种子品质、环境条件和管理制度等）都必须围绕降低种子呼吸强度和减缓劣变进程来进行，从而确保种子安全贮藏。

二、种子的后熟作用

（一）种子后熟的含义

1.种子后熟的概念

种子成熟应该包括两方面的内容，即种子形态上的成熟和生理上的成熟，只具备其中一个条件时，都不能称为种子真正的成熟。种子形态成熟后被收获，但种子内部的生理生化过程仍在继续进行，直到生理成熟。这段时期的变化实质上是成熟过程的延续，又是在收获后进行的，所以称为后熟。

种子后熟实际上是在种子内发生的准备发芽的变化。种子在后熟期间发生变化，主要是在质的方面，而在量的方面只减少而不会增加。从形态成熟到生理成熟变化的过程，称为种子后熟作用。完成后熟作用所需的时间，称为后熟期。

2.种子后熟和生理休眠的关系

种子后熟是生理休眠的一种状态，或是引起种子生理休眠的一种原因。

未通过后熟作用的种子，其发芽率低，不宜作为播种材料，否则出苗不整齐，影响成苗率。小麦籽粒未通过后熟，磨成面粉，影响烘烤品质；大麦籽粒未通过后熟，制成的麦芽不整齐，不适于酿造啤酒。

3.种子后熟期的长短

不同作物种子后熟期长短有差异，这是由作物品种的遗传特性和环境条件影响而形成的。一般而言，麦类作物种子后熟期较长，粳稻、玉米、高粱后熟期较短，油菜、籼稻基本无后熟期或很短，在田间就可完成种子后熟，在母株上就会发芽，称为“穗发芽”，如杂交稻种子就易发生“穗发芽”现象。

（二）影响种子后熟的因素

种子后熟时间的长短与外部环境有很大关系，其中温度、外界空气的相对湿度和通气状况的影响最为明显。

1.温度

通常在不超过45℃的温度条件下，温度高有利于种子细胞内部生理生化变化的进行，促进种子后熟的完成。反之，种子长期处于低温条件下，生理生化变化进行缓慢甚至停滞，阻碍种子的后熟作用，导致种子发芽率、整齐度变差。但有些林木种子的后熟需在低温下完成，如银杏、楝树、白蜡、栎树、山桃等林木种子需经低温（0～5℃）层积处理方能完成后熟。

2.空气相对湿度

外界空气的相对湿度与种子的后熟也有密切关系，一般而言，空气相对湿度低有利于种子水分向外扩散，从而促进种子的后熟。空气相对湿度高则不利于种子水分向外扩散，从而延缓种子的后熟进程。

3.通气状况

通气良好、氧气供应充足，有利于种子后熟作用的完成，而二氧化碳浓度高则会阻碍种子的后熟进程。含水量为15%的小麦种子于20℃分别在空气、氧气、氮气及二氧化碳中贮藏试验，结果以在二氧化碳中贮藏的种子通过后熟最迟。

（三）种子后熟与种子贮藏的关系

1.种子后熟引起种子贮藏期间的“出汗”现象

新入库的农作物种子由于后熟作用尚在进行中，细胞内部的代谢作用仍然比较旺盛，其结果使种子水分逐渐增多，一部分水分蒸发成为水汽，充满种子堆的间隙，一旦达到过饱和状态，水汽就凝结成微小水滴，附在种子颗粒表面，这就形成种子的“出汗”现象。当种子收获后，未经充分干燥就进仓，同时通风条件较差，这种现象就更容易发生。种子“出汗”现象如不及时处理，也很容易种子发热霉变，最后导致种子生活力的全部丧失。种子“出汗”现象主要发生在入库初期，种子未完成后熟，是种子发生生理变化的一种结果，属生理现象。因此新入库种子要加强管理，谨防种子“出汗”现象的发生或及时处理。

2.后熟造成仓内不稳定

种子后熟过程中，进行着旺盛的生理生化变化，引起种子堆内湿度增大，以致出现游离的液态水吸附在种子表面,从而会导致种子堆内水分的再分配现象,加剧局部种子的呼吸作用,如果没及时发现,就会引起种子堆的回潮发热,同时也为微生物造成有利的发育条件,严重时种子就可能霉变结块甚至腐烂。

3.后熟期种子抗逆力强

种子在后熟期间对恶劣环境的抵抗力较强,此时进行高温干燥处理或化学药剂熏蒸杀虫,对生活力的损害较轻。如小麦种子热进仓技术,就是利用未通过后熟的小麦种子抗性强的特点,在高温曝晒后趁热进仓密闭贮藏几天,达到杀灭仓虫的目的。

在生产实践中,为防止后熟期不良现象的发生,必须适时收获,避免提早收获使种子后熟期延长;入库前通过曝晒或热处理,使种子充分干燥,促进种子后熟能顺利完成;种子入库后勤管理,入库后 1 个月内勤检查,适时通风,降温散湿,确保种子安全贮藏。

第二节 种子温度和水分的变化

种子入库后,处于一个新的环境中,仓中的种子与周围环境构成了一个统一的整体,成为一个小型的生态系统。在这个生态系统中,对贮藏种子生命力影响最大的环境因子是温度和水分。一般情况下,大气温湿度的变化导致仓内温湿度发生相应变化,仓内温湿度的变化又导致种子温度和种子水分的变化。大气温湿度、仓内温湿度和种堆温湿度(水分)统称为"三温三湿",其变化规律主要指一年中和一天中温湿度的变化规律。如果种子温湿度变化偏离了这种变化规律,而发生异常现象,就有发热的可能,应采取必要的措施加以处理。所以掌握"三温三湿"的变化规律,对指导种子安全贮藏有着重要意义。

一、温度的变化

(一)种温的日变化

种温在一昼夜之间的变化叫种温日变化。一天当中,气温有一个最高值和最低值,通常中午 12 时到下午 2 时气温最高,凌晨 4 时左右气温最低。所以仓温和种温也有一个最高值和最低值,仓温的最高值和最低值较气温迟 1～2 h,随仓房结构与密闭情况不同而异,而种子是不良导体,传热缓慢,种温的最低、最高值出现时间比气温延迟 2～3 h。种温以每天上午 6～7 时最低,以后逐渐上升,下午 5～6 时最高,以后又逐渐下降。种温的日变化表现并不十分明显,仅对种子堆表层 15～30 cm 和沿壁四周有影响,变化幅度较小,一般在 1℃左右,种子堆表层 30 cm 以下几乎没有什么变化。上午 9 时或晚 9 时气温、仓温、种温最为接近。

(二)种温的年变化

种温在一年之中的变化称为种温年变化。种温的年变化较大,在正常情况下,随气温的变化而相应发生变化。每年 3～8 月气温处于上升阶段,种温也随着上升,但种温低于仓温和气温;9 月至次年 2 月气温处于下降阶段,种温也随着下降,但高于仓温和气温。种温升降的速度一般要比气温慢 0.5～1 个月,这种现象往往表现在当气温开始回升,而种温却还在继续下降，当气温开始下降，而种温却还会继续上升。如每年中1～2月气温最低，3月开始回升而种温在3月还会继续下降，因此最低种温出现在3月或以后；7～8月气温最高，9月开始下降，而种温在9月还会继续上升，因此最高种温出现在9月或9月以后。

种温的年变化程度在种子堆各层次之间也不同，各层次之间变化的幅度受种子堆的大小、堆放方式（包装与散装）、仓房结构严密程度以及作物种类等因素影响。小型种子堆、包装堆放、仓房密闭性能差的及孔隙度大的大粒种子，种温随气温变化较快，各层次间的温差幅度也较小，基本上随气温在同一幅度内升降。相反的条件下，种温随气温变化较慢，各层次间的温差幅度也较明显。以大型仓散装水稻种子为例，其最高、最低种温出现时间往往比仓温变化延迟一个月左右，各层的种温也均相应地延迟。上层种温变化较快，每月可升降5～6℃，中层次之，下层最慢，每月可升降3～4℃，因此各层间温差变幅较为明显。在一年当中，1～3月下层种温最高，中层其次，上层最低；6～10月上层最高，中层其次，下层最低；4～5月与11～12月时三层种温基本上平衡（图4-2）。

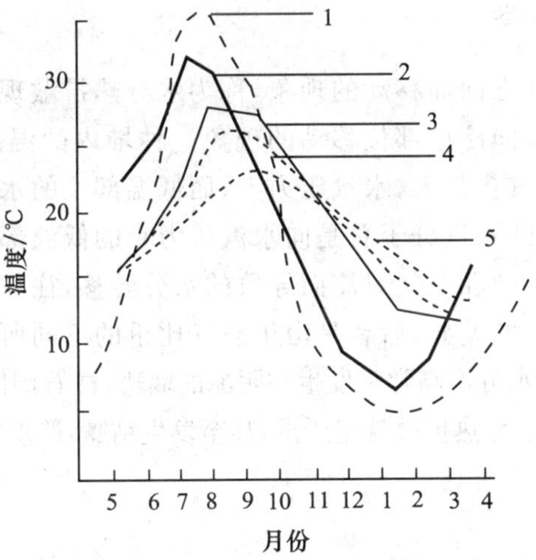

图4-2 平房仓库大量散装稻谷各层温度的年变化

（毕辛华，戴心维，1993）

1.气温 2.仓温 3.上层温度 4.中层温度 5.下层温度

在生产实践中，应根据种温变化的规律搞好种子仓库管理工作，如种温变化异常，需查清楚原因所在，并及时进行处理，以免造成不应有的损失。

二、水分的变化

（一）种子水分的日变化和年变化

种子水分在一昼夜之间的变化称为水分日变化。种子水分受空气湿度影响反应较快，变化也较大，在一天中凌晨2～4时最高，下午4～6时最低。种子水分变化范围在距种子堆表面15～20 cm，距种子堆表面30 cm以下者影响较小。

种堆内的水分主要受大气的相对湿度的影响而变化，在一年中的变化随季节而不同，在正常情况下，低温和梅雨季节的种子水分相对较高，夏、秋季种子水分相对较低。各层次的种子水分变化也各不相同，上层受大气相对湿度变化影响最大，影响深度一般在距种堆表层 30 cm 左右，中层和下层的种子水分变化较小，但下层近地面 15 cm 左右的种子易受地面水分影响，种子水分上升较快。实践表明：表面层和接触地面层的种子易受大气湿度的影响，水分增多时会发生结露，甚至发芽、发热、霉烂。种子结露现象多发生在每年 4 月和 11 月份的前后，必须引起种子仓库管理工作者注意。

(二)种堆水分分层

种堆内冷热空气对流会造成种堆水分分层现象。种堆内热空气因比重轻而上升，水汽也随着上升，水汽升至种堆表面遇冷空气，水汽达到饱和状态或相对湿度增大，上层种子吸湿，种子水分含量增加，从而产生种堆水分分层现象，此种现象常发生在秋冬季节。一般所说的种堆“结顶”，大都是由此产生和发展的结果。因此进入秋冬季节，要经常翻动种堆的表面层，使种堆内部水分向外散发，防止发生水分分层，从而预防种堆结露、“结顶”现象的发生。

(三)种堆内的水分热扩散

种堆水分按照热传递的方向而移动的现象，称为水分热扩散现象或湿热扩散现象，也就是种堆内水汽总是从温暖部位向冷凉部位移动的现象。种堆内的温度是不平衡的，常存在着温差，种温高的部位空气中水汽含量大，水汽压力大，而低温部位的水汽压力小，根据分子运动规律，水汽压力大的高温部位的水汽分子总是向水汽压力小的低温部位扩散移动，使低温部位水分增加。种堆水分的湿热扩散和空气对流而导致的水分转移，往往同时发生，不易区分。但发生原因前者是由于水汽压力的差异，后者是由于空气比重的不同所导致的。

水分热扩散造成的局部水分增高常常发生在阴凉的墙边、柱石周围、墙角、种堆的底部等部位。种堆中温差越大、时间越长，水分热扩散就越严重，甚至发生结露，严重影响贮藏种子的安全。

(四)种堆水分的再分配

种子水分能通过水汽的解吸和吸附作用而转移的现象叫作“水分再分配”。当高水分和低水分的种子堆在一起时，高水分种子解吸水汽，降低水分，并在籽粒间隙中形成较高的湿度，使低水分的种子吸附水汽而增加水分。经过再分配的种子水分，只会达到相对平衡，这是因为存在“吸附滞后效应”。影响种子水分再分配速度的主要因素是温度，温度越高，水分再分配(平衡)速度越快。所以在种子入库堆放时，必须把不同水分的种子分开(分仓)堆放，以防干燥的种子受潮，影响种子的安全贮藏。

第三节 种子结露和种子发热

一、种子结露

种子结露是种子贮藏过程中常见的现象。种子结露使种堆局部种子含水量急剧增加，生理活动随之增强，导致种子发芽、发热、虫害和霉变等种子变质。只要加强种子仓库管理，采取有效措施就可消除这种现象的发生。即使种子已出现结露现象，将种子进行翻晒干燥、去除多余水分，从而避免种子变质进一步发展，可以避免种子遭受损失或少受损失。因而，预防种子结露，是在种子贮藏期间仓库管理的一项经常性工作。

(一)种子结露的原因

结露是空气中的水汽量达到饱和状态后，凝结成水的现象。种子在贮藏过程中，当湿热的空气和较低温度的种子层相遇，种粒间隙的水汽量达到饱和状态时，水汽便凝结在种子表面，形成与露水相似的水滴，这就是种子的结露。开始出现结露时的温度称为露点温度，简称露点。因此，露点的定义是水分含量一定的空气达到饱和状态(相对湿度 100%)时所对应的温度。

当空气与种子之间存在温差，达到露点时就会发生种子结露现象。这是由于热空气遇到冷种子后，温度降低，使空气的饱和含水量减小，相对湿度变大。当温度降低到空气饱和含水量等于当时空气的绝对湿度时，相对湿度就达到 100%，此时在种子表面上开始结露。如果温度再下降，相对湿度超过 100%，空气中的水汽不能以水汽状态存在，在种子上的结露现象就越明显。种子结露是物理现象，一年四季都有可能发生。空气相对湿度越大，越容易引起结露；种子含水量越高，结露的温差变小，反之，种子越干燥，结露的温差变大，种子不易结露。种子含水量与结露温差的关系见表 4-1。

表 4-1 种子含水量与结露温差的关系(胡晋，2001)

种子含水量/%	10	11	12	13	14	15	16	17	18
结露温差/℃	12～14	10～12	8～10	7～8	6～7	4～5	3～4	2	1

(二)种子结露的发生与部位

种子结露一年四季均会发生，不同时间发生的结露出现的部位不同，根据发生部位不同可将种子结露类型分为种子堆表面结露、上层结露、地坪结露、垂直结露和种子堆内结露等。

1. 种子堆表面结露

种子堆表面结露多发生在开春后。春天气温回升，空气比较潮湿，这种湿热空气进入仓内首先接触种子堆表面，引起种子堆表面层结露，其深度一般由表面深至内部 3 cm 左右。

2. 种子堆上层结露

种子堆上层结露多发生秋、冬转换季节。此时外界气温下降，影响仓内种堆上层种子的温度也下降，而中、下层种子温度仍较高，热空气上升，遇到上层冷种子，二者造成温差引起上层结露，其部位距种子堆表面 20～30 cm 处。

3. 地坪结露

地坪结露常发生在经曝晒的种子未经冷却，直接堆放在未经防湿处理的地坪上，造成地坪湿度增大，引起接触地坪的种子结露，也有可能发生在距地坪 2～4 cm 的种子层，所以也叫下层结露。

4. 垂直结露

垂直结露发生在靠近内墙壁和柱子周围的种子，种子结露成垂直形发生。前者常见于圆筒仓的南面，因日照强，墙壁传热快，种子传热慢而引起结露；后者常发生在钢筋水泥柱子周围，这种柱子传热快于种子，使柱子或靠近柱子周围种子结露。木质柱子结露的可能小一点。其次房式仓的西北面也存在结露的可能性。

5. 种子堆内结露

种子堆内通常不会发生结露，如果种子堆内存在发热点，而热点温度又较高，则在发热点的周围就会发生结露。如仓库中害虫或微生物大量发生时，发生点的热量远远高于种子呼吸放出的热量，形成一个热点，与其他部分的种子产生较大的温差，就会形成结露，也叫窝状结露。另一种情况是两批不同温度的种子堆放在一起，或同一批经曝晒的种子入库时间不同，造成二者温差引起种子堆内夹层结露。

另外经过冷藏的种子温度较低，遇到外界热空气也会发生结露，尤其是夏季高温季节，从低温低湿库中提取种子，如未在缓冲间存放一定时间，很容易发生结露。还有应用塑料薄膜进行密封贮藏，有隔湿作用，但在有温差存在的情况下，便易凝结水珠，结露发生在薄膜温度高的一面。

二、种子发热

(一)种子发热的判断

在正常情况下，种温随着气温、仓温的变化而变化。如果种温不符合这种变化规律，发生异常高温时，这种现象称为种子发热。

种温究竟达到多高才算发热，没有统一的标准，如夏季种温达 35℃不一定是发热，而在气温下降季节则可能就是发热，这必须通过实践加以仔细鉴别。正常情况下，种子是否发热可以从以下几方面加以判断。

1. 种温与记录比较

同一层种温与前几次检查记录对照，如果是按“三温变化规律”变化，应不是发热。

2. 各检查点比较

同一批种子比较，各检查点间的温度应一致。

3. 种温与仓温比较

在春天气温上升季节，种温不正常的上升，其幅度超过日平均仓温 3～5℃时；在秋冬气温下降季节，种温长期不降甚至上升，均是发热的现象。

4. 检查的温度数据与早几年比较

一般情况下，相近年份同季节的温度变化相接近。

在判断种子是否发热时，除对温度对比分析外，还要检查种子的色、味、水分、虫霉发生情况，以做出正确的判断。

(二)种子发热的原因

种子本身呼吸放热和微生物活动的共同作用是导致种子发热的主要原因，另外仓虫活动、堆放不当、管理不科学等也会导致种子发热。

1. 种子呼吸放热

种子在贮藏期间仍在不断呼吸，释放出大量的热能，这些热量积聚在种子堆内又进一步促进种子的生理活动,放出更多的热量和水分,如此循环往复,如不及时采取散热处理,就会导致种子发热。这种情况多发生于新收获的或受潮的种子。

2.微生物的迅速生长和繁殖引起发热

在相同条件下,微生物释放的热量要远比种子要多。实践证明,种子发热往往伴随着种子发霉。

3.仓虫活动放热

仓虫大量聚集在一起,其呼吸和活动摩擦会产生热量。害虫达 100～200 头/kg,能使种温升至 38.5℃,每千克种子中有 100～170 头谷蠹,种温能达 40℃。害虫在 30 头/kg 以下对种温影响不大。

4.种子堆放、管理不合理发热

种子堆各层之间或局部与整体之间温差较大,造成水分转移、结露等情况,也能引起种子发热。仓房贮藏条件差:如封闭不严密、发生雨水渗漏,引起种子吸湿返潮或管理不当,也会引起种子发热。

总之,种子堆发热是种子本身的生理生化特点与环境条件、管理措施等综合作用的结果。

(三)种子发热的种类

根据种子堆发热部位,发热面积的大小可分为以下 5 种发热类型。

1. 上层发热

一般发生在近表层 15～30 cm 厚的种子层。发生时间一般在初春或秋季。秋季气温下降,新入仓种子的后熟呼吸旺盛,放出大量水汽。外界气温逐渐下降影响到仓壁,使靠仓壁的种温和仓温随之降低,近墙壁的空气形成一股气流向下流动,由于种堆中央受气温影响小,种温仍较高,形成一股向上气流,因此向下的气流,经过底层,由种子堆的中央转而向上,通过种温较高的种子堆中心层,再到达顶层中心较冷部分,与四周的下降气流形成回路。在此气流循环回路中,种子堆中水分随气流流动,热水汽向上运动在上层遇冷而凝结,此部位水分增高,使种子和微生物呼吸增强,引起发热(图 4-3)。若不及时采取措施,顶部种子层将会发生败坏。初春气温逐渐上升,而经过冬季的种子层温度较低,两者相遇,上表层种子容易造成结露而引起发热。

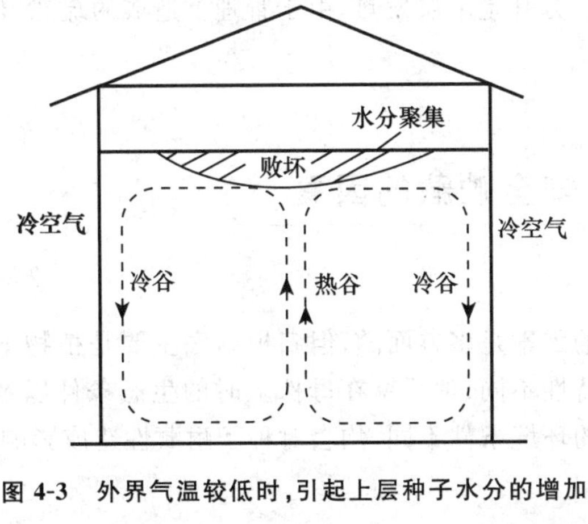

图 4-3　外界气温较低时,引起上层种子水分的增加

2. 下层发热

发生在接近地坪的一层种子。多半由于晒热的种子未经冷却就入库，遇到冷地坪发生结露引起发热，或因地坪渗水使种子吸湿返潮而引起发热。开春后，热空气沿仓壁上升，冷空气在中心部位下沉，形成回流。在此气流循环中，种子堆中水分随气流流动，遇地坪较冷种子层而凝结，从而使下层种子水分增高，引起种子堆发热(图 4-4)。

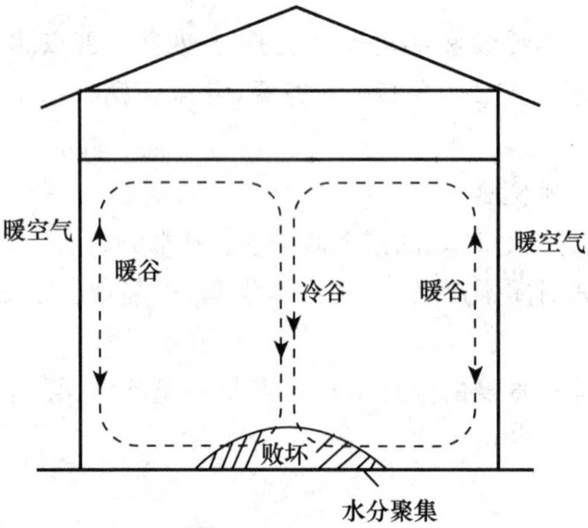

图 4-4 外界气温较高时，引起底层种子水分的增加

3. 垂直发热

在靠近仓壁、柱子等部位，当冷种子遇到热仓壁或热种子接触到冷仓壁或柱子形成结露，并产生发热现象，称为垂直发热。前者发生在春季朝南的近仓壁部位，后者多发生在秋季朝北的近仓壁部位。

4. 局部发热

这种发热通常呈窝状形，发热的部位不固定，多半由于分批入库的种子品质不一致，如水分相差过大，整齐度差或净度不同等所造成。某些仓虫大量聚集繁殖也可以引起种子堆发热。

5. 整仓(全囤)发热

上述四种发热现象中，无论哪种发热现象发生后，如不迅速处理或及时制止，都有可能导致整仓(整囤)种子发热。尤其是下层发热，由于管理上造成的疏忽，最容易发展为全仓(全囤)种子发热。

第四节 影响种子安全贮藏的因素

影响种子安全贮藏的因素是多方面的，但归根结底主要是植物本身的遗传特性和它所处的环境条件。种子本身特性不同、种子留在母株上时的生态条件以及收获、脱粒、干燥、加工、贮藏和运输过程中所处的环境条件不同，均会对种子耐藏性造成影响。

一、种子本身特性

在自然界近50万种植物中，半数以上是种子植物，地球上只有种子植物才能产生种子。种子植物有被子植物与裸子植物两大类。不同植物形态既有相似之处，也存在千差万别。同样，在化学成分、生理特性、物理特性方面亦是如此。因此种子的耐藏性不仅与遗传有关，还与种子的形态构造、化学成分、生理状态、物理性等有关。

(一)种子遗传的影响

植物不同种之间存在耐藏性的差异。绝大部分已知或估计存活超过500年的种子都是硬实：美人蕉属、羽扇豆属；超过百年的有：合欢属147年，山扁豆属158年，三叶草属100年，均属豆科；花生虽属豆科，但寿命较短。

不同作物间存在明显差异，禾谷类种子一般寿命较短，葫芦科种子则寿命较长；而同是豆科种子，绿豆和紫云英种子寿命比大豆和花生长得多。

根据澳大利亚专家 Ewart A. J. 于1908年提出的分类法，种子寿命大致可分为长命种子(15年以上)，常命种子(3～15年)以及短命种子(3年以下)三大类：常见的长命类作物种子有蚕豆、绿豆、紫云英、豇豆、小豆、甜菜、陆地棉、烟草、芝麻、丝瓜、南瓜、西瓜、甜瓜、茄子、白菜、萝卜及茼蒿等；常命类作物种子有水稻、裸大麦、小麦、高粱、粟、玉米、荞麦、油菜、亚洲棉、向日葵、大豆、菜豆、豌豆、番茄、菠菜、葱、洋葱、大蒜及胡萝卜等；短命类作物种子有甘蔗、花生、黄麻、辣椒、茶等。

另外，据研究，同一作物不同品种间的耐藏性也存在明显差异。同一品种的种子之间，其个体也不是同时丧失生活力的。

(二)种子的外部性状

目前地球上分布的种子植物约有25.5万种，其中绝大部分是被子植物，裸子植物仅有700余种。从种子外部性状看，各种植物种子不仅外形千姿百态，颜色也丰富多彩，大小差异悬殊。

1. 种子外部形态

常见的种子有球形、椭圆形、肾脏形、纺锤形、卵形或圆锥形等各种形态。凡种子的颗粒比较大，形状近球形而表面光滑，则种子孔隙度大，密度小；散落性较好。

孔隙度大的种子堆空气流通较畅，产生的热量和水汽容易散发；投药熏蒸时，毒气容易深入到种子堆的内部。种子散落性好，则对仓库侧压力大，散装堆放不宜过高。

2. 种子色泽

种子表面有的光滑发亮，也有的暗淡或粗糙。种子颜色丰富多彩，这主要是种子含有各种不同的色素，从而呈现各种不同的颜色及斑纹，有的鲜明，有的黯淡，有的富有光泽。

一般随着贮藏时间的延长，种子颜色会变深，色泽变暗。如蚕豆种子随着贮藏时间延长，种子颜色由白色或青色变成褐色乃至红色。

凡深色种皮的品种，其种子寿命较浅色品种为长。如红皮小麦比白皮小麦品种寿命长，黑皮大豆寿命长于黄皮大豆。

3.种子大小

种子大小、硬度、完整性等因素均对种子耐藏性产生影响,因为这些因素归根结底影响着种子的呼吸强度。小粒、瘦粒种子、破损种子,其比面积大,且胚部占整粒种子的比率较高,因而呼吸强度明显高于大粒、饱满和完整的种子,其耐藏性较差。

(三)种子的内部构造

不同作物种子形状大小差异悬殊,非常多样化,但从种子的内部构造进行观察和研究,则绝大多数种子的构造,基本上具有共同之点,即每颗种子都由果(种)皮、胚和胚乳三个主要部分所组成。

1.种皮结构

种皮(有时包括果皮及其附属物)是空气、水分、营养物质进出种子的必然通道,也是微生物侵入种子的天然屏障。凡种皮结构坚韧、致密、具有蜡质和角质的种子,尤其是硬实,其耐藏性较好。

种皮的保护性能也影响到种子收获、加工、干燥、运输过程中遭受机械损伤的程度,凡遭受严重机械损伤的种子,其耐藏性将明显下降。

2.种胚性状

在相同条件下,一般大胚种子或者胚占整个籽粒比例较大的种子,其寿命较短。胚部营养好,结构疏松柔软,易吸湿,水分高,很容易遭受仓虫和微生物的侵袭。在禾谷类作物中,玉米种子的胚较大,且含脂肪多,因此较之其他禾谷类种子难以贮藏。

(四)种子的化学成分

种子因类型、作物和品种不同,化学成分存在明显的差异。种子中的贮藏物质是最主要的化学成分,在种子的总干重中占了很大的比率,它不仅是幼苗初期生长所必需的养料及能源,而且不同贮藏物质的含量、性质及其在种子中的分布状况,又会影响种子的生理特性、耐藏性、加工品质和营养价值。

1.种子的营养成分

种子的营养成分主要包括糖类、脂类物质和蛋白质。糖类和脂肪是呼吸作用的基质,蛋白质主要用于合成幼苗的原生质和细胞核。在糖类或脂肪缺乏时,蛋白质也可通过转化作用成为呼吸基质。

脂肪较其他两类物质更容易水解和氧化,常因酸败而产生大量有毒物质,如游离脂肪酸和丙二醛等,对种子生活力造成巨大威胁。因此,含油量高的种子比淀粉种子和蛋白质种子较难贮藏。

含油酸、亚油酸等不饱和脂肪酸较多的种子更难贮藏,因为它们较之硬脂酸、软脂酸等饱和脂肪酸更容易氧化分解。如同属豆科植物的绿豆和蚕豆要比花生和大豆寿命长得多,因为前者含有较多的淀粉和蛋白质,后者含有大量的脂肪。这是它们寿命差异较大的重要原因之一。

2.水分

种子水分是种子生理代谢作用的介质和控制开关。在种子发育、成熟、发芽以及收获以后的不同时期,种子的物理性质和生化变化都和水分的状态及含量有密切关系。

种子的生命活动必须在游离水存在的状况下才能旺盛进行。当种子水分减少至不存在游离水时，种子中的酶首先是水解酶就成为钝化状态，种子的新陈代谢降至很微弱的程度。当游离水出现以后，酶就由钝化状态转变为活化状态，这个转折点的种子水分(即种子的结合水达到饱和程度并将出现游离水时的水分)称为临界水分，其含量因作物种类而不同。在一定温度条件下，种子中出现游离水以后，种子就不耐贮藏，种子的活力和生活力很快降低和丧失，而在临界水分以下，则一般认为可以安全贮藏。禾谷类种子贮藏的安全水分一般为12%～14%，油料作物种子为8%～10%甚至更低，取决于其含油量。安全水分受温度的影响而不同，各地区应规定不同标准。南方温度高，安全水分应略低于北方。

(五)种子的生理状态

种子若处于活跃的生理状态，其耐藏性是很差的。生理状态活跃的明显指标是种子呼吸强度增强。凡未充分成熟的种子，受潮受冻的种子，尤其是已处于萌动状态的种子，或者发芽后又重新干燥的种子，均由于旺盛的呼吸作用而寿命大大缩短。因此种子入仓前应该进行清洗分级，剔除杂质、破碎粒、未成熟粒、不饱满粒与虫蚀粒，把不同状态的种子进行分级，以提高贮藏稳定性。凡受冻、虫蚀过的种子不能作种用，而对大胚种子、呼吸作用强的种子，贮藏期间要特别注意干燥和通气。

新入库的农作物种子由于后熟作用尚在进行中，细胞内部的代谢作用仍然比较旺盛，其结果使种子水分逐渐增多，一部分蒸发成为水气，充满种子堆的间隙，一旦达到过饱和状态，水气就凝结成微小水滴，附在种子颗粒表面，这就形成种子的“出汗”现象。当种子收获后，未经充分干燥就进仓，同时通风条件较差，这种现象就更容易发生。如果没及时发现，就会引起种子回潮发热，同时也为微生物造成有利的发育条件，严重时种子就可能霉变结块甚至腐烂。但种子在后熟期间对恶劣环境的抵抗力较强，此时进行高温干燥处理或化学药剂熏蒸杀虫，对种子生活力的损害较轻。

(六)种子的贮藏特性

正常型种子具有适于干燥低温贮藏的特性。一般来说，种子水分和贮藏温度越低，越有利于延长种子寿命。大多数农作物、蔬菜和牧草种子属于这一类型。

顽拗型种子具有不耐低温贮藏和不耐脱水干燥的特性。一般来说，脱水干燥会造成种子损伤，0℃以下低温会引起冻害，而造成种子死亡。如茶籽、板栗、咖啡、可可和橡胶等林木种子。

二、种子贮藏的外部环境因素

种子贮藏离不开环境，环境因素和种子安全贮藏紧密联系在一起，组成不可分割的统一体。改善环境因素，可使难贮藏的种子大大延长寿命；反之，环境条件变劣，则可使长命种子很快丧失生活力。

(一)温度

贮藏温度是影响种子安全贮藏的关键因素。在水分得到控制的情况下，贮藏温度越低，正常型种子的寿命就越长，即使进行－196℃的液氮处理，种子也不会丧失生活力。反之，高温对种子安全贮藏十分不利。

首先，在0～55℃范围内，种子的呼吸强度随着温度上升而增加；再则，温度增高有利于仓虫和微生物活动以及脂质的氧化和变质。若温度再上升，则能引起蛋白质变性和胶体的凝聚，使种子的生活力迅速下降。若种子水分偏高又处于高温条件下，种子会很快死亡。这就是我国南方种子贮藏过夏较为困难的原因。

Harrington也曾指出关于温度与种子寿命关系的规律：在0～50℃范围内，温度每上升5℃，种子寿命缩短一半（后经Roberts等修正为温度每上升6℃，种子寿命缩短一半）

贮藏温度也影响仓虫的生命活动，仓虫能正常生长、发育和繁殖的温度范围，一般为15～35℃。45～48℃、48～52℃是仓虫的停育高温区、致死高温区，8～15℃是害虫可以开始生长发育的温度，而－4～8℃、－4℃以下则为仓虫的停育低温区、致死低温区。

在种子微生物区系中，以中温性微生物最多，其中包括绝大多数的细菌、霉菌、酵母菌以及植物病原真菌。大部分侵染贮藏种子引起变质的微生物在28～30℃生长最好。高温性和低温性微生物种类较少，只有少数霉菌和细菌。一般微生物对高温的作用非常敏感，在超过其生长最高温度的环境中，在一定时间内便会死亡。但高温处理法不宜在种子上应用。

种子微生物在生长最适温度范围以下，其生命活动随环境温度的降低而逐渐减弱，以致受到抑制，停止生长而处于休眠状态。一般微生物对低温的忍耐能力（耐寒力）很强。因此，低温只有抑制微生物的作用，杀菌效果很小。

一般情况下，把种温控制在20℃以下时，大部分侵染种子的微生物的生长速度就显著降低；温度降到10℃左右时，发育更迟缓，有的甚至停止发育；温度降到0℃左右时，虽然还有少数微生物能够发育，但大多数则是非常缓慢的。因此，在种子贮藏中，采用低温技术具有显著的抑制微生物生长的作用。

（二）湿度

在贮藏环境条件下，种子水分随着贮藏环境湿度而变化。因为种子若不是完全密闭贮藏在容器内，它必定和周围环境的湿度产生交换而达到自动平衡。如果环境湿度较高，种子将会吸湿而使水分增加，而种子水分是影响贮藏种子寿命的最关键因素。种子水分越高，种子的寿命就越短，尤其当种子水分超过安全贮藏水分时，种子寿命大幅度下降。

Harrington(1972)曾指出：当种子水分在5%～14%范围内，每上升1%的水分，种子寿命缩短一半；后经Roberts等修正为每上升2.5%水分，寿命缩短一半。

多数仓虫适宜在种子含水量13%以上及空气湿度70%以上的条件下生活。

一般来说，只要把种子水分降低并保持在不超过相对湿度65%的平衡水分条件下，便能抑制种子上几乎是全部微生物的活动（以干生性微生物在种子上能够生长的最低相对湿度为依据）。虽然在这个水分条件下还有极少几种灰绿曲霉能够活动，但发育非常缓慢。因此，一般情况下，相对湿度65%的种子平衡水分可以作为长期安全贮藏界限，种子水分越接近或低于这个界限，则贮藏稳定性越高，安全贮藏的时间也越长。反之，种子贮藏稳定性越差。

（三）透气状况

据研究，氧气会促进种子的劣变和死亡，而氮气、氦气、氩气和二氧化碳则延缓低水分种子的劣变进程，但高水分种子则加速劣变和死亡。氧气的存在促使种子呼吸作用和物质的氧化分解加速进行，不利于种子安全贮藏。因此，在低温低湿条件下，采取密闭方式，使种子的生命活动维持在最微弱的状态下，可以延长种子的寿命。但必须注意，当种子水分和贮藏温度较高情况下，采用密闭的方法，会使处于旺盛呼吸的种子被迫转入缺氧呼吸，因而产生大量二氧化碳和酒精，使种子很快窒息死亡。遇到这种情况，应该立即采取通风摊晾，使种子水分和温度迅速下降。

高水分种子，若处于密闭条件下贮藏，由于旺盛的呼吸，很快会把种子堆内部间隙中的氧气耗尽，而被迫转向缺氧呼吸，引起大量醇、醛、酸类物质积累，导致种胚中毒死亡。因此，高水分种子，尤其是呼吸强度大的油料作物种子要特别注意通风。

水分不超过临界水分的干燥种子，由于呼吸作用非常微弱，对氧气的消耗很慢，密闭条件下有利于保持种子生活力。

气体成分对仓虫的活动和生存有很大影响。仓虫需要氧气进行呼吸作用，没有氧气，仓虫就不能生存。气调贮藏就是改变仓虫生存环境中氧气的含量，达到抑制和杀死仓虫的目的。常用的方法有密封容器内抽真空、充氮气、充二氧化碳贮藏等。

种子上带有的微生物绝大多数是好气性微生物（需氧菌）。引起贮藏种子变质霉变的霉菌大都是好气性较强的微生物（如青霉和曲霉等）。缺氧的环境对其生长不利，密闭贮藏能限制这类微生物的活动，减少微生物传播感染以及隔绝外界温湿度不良变化影响的作用，所以低水分种子采用密闭保管的方法，可以提高贮藏的稳定性和延长安全贮藏期。

种子微生物一般能耐低浓度的氧气和高浓度的二氧化碳的环境，所以一般性的密闭贮藏对霉菌的生长只能起一定的抑制作用，而不能完全制止霉菌的活动。此外，还应该注意到种子上的嫌气性微生物的存在，如某些细菌、酵母菌和毛霉等。

在生产实际中，高水分种子保管不当（如密闭贮藏），往往产生酒精味和败坏，其原因是由于这类湿生性微生物在缺氧条件下活动的结果，所以高水分种子不宜采用密闭贮藏。

种子堆内进行通风也只有在能够降低种子水分和种子堆温湿度的情况下才有利，否则将更加促进需氧微生物的发展。因此，种子贮藏期间做到干燥、低温和密闭，对长期安全贮藏是最有利的。

（四）光照

强烈的日光中紫外线较强，对种胚有杀伤作用，且强光与高温相伴随，种子经强烈而持久的日光照射后，也容易丧失生活力，因此要久藏的作物种子不宜曝晒过度，即使是有稃壳紧紧包住的水稻种子，亦往往由于曝晒或烘干时温度过高而发生爆腰（即米粒中部发生裂痕）和增加裂壳现象，这种现象必然会影响种子的寿命。

（五）微生物及仓库害虫

真菌和细菌的活动，能分泌毒素并促使种子呼吸作用加强，加速其代谢过程，因而影响其生活力。发生这种现象的原因，不仅因为微生物具有呼吸作用，还因为被感染的组织要比健全组织的呼吸强度大。仓库害虫对于种子堆呼吸作用的影响，是由于它们破坏了种子的完整性和仓库害虫本身的呼吸作用。微生物和仓虫生命活动的产物（热能和水分）都是促进种子呼吸作用和种子发热的重要因素，并能加速它本身的繁殖和活动，因而直接影响种子的寿命。

本章小结

本章主要介绍了种子呼吸与种子后熟的概念，阐述了影响种子呼吸、种子后熟的因素，重点阐明了种子呼吸、种子后熟对种子贮藏的影响；阐明了种子贮藏期间“三温三湿”变化规律以及种子结露、发热发生的原因与部位，最后从种子本身特性与外部环境两个方面综述了影响种子安全贮藏的主要因素及造成的结果。

应用案例

塑料袋密封贮藏种子

能否采用塑料袋密封贮藏种子，应视种子含水量、种子种类等因素综合考虑。一般而言高水分种子，若采用塑料袋密闭贮藏，由于旺盛的呼吸，很快会把塑料袋内的氧气耗尽，而被迫转向缺氧呼吸，引起大量醇、醛、酸类物质积累，导致种胚中毒死亡，尤其是外界温度较高的情况下，劣变速度更快。水分不超过临界水分的干燥种子，由于呼吸作用非常微弱，对氧气的消耗很慢，密闭条件下有利于保持种子生活力，可采用塑料袋密封贮藏，但油料作物种子比淀粉类种子呼吸强度大，要特别注意，必须降到安全水分下方能用塑料袋密封贮藏。

思考题

1. 何为种子的呼吸作用？种子呼吸发生的部位及影响种子呼吸的主要因素是什么？
2. 密封贮藏是否对种子有利？试述理由。
3. 种子后熟与种子安全贮藏有何关系？
4. 简述“三温三湿”的含义。何为湿热扩散？
5. 何为种子结露？不同结露发生的时间有何不同？
6. 何为种子发热？种子发热有哪些种类？

第五章　种子仓库常见有害生物的控制

知识目标

◆ 了解影响仓虫、微生物生长发育的因素。

◆ 了解仓库害虫防治的策略与原则。

◆ 熟悉仓库害虫的各种防治方法。

◆ 熟悉微生物控制技术及鼠类防治方法。

能力目标

◆ 能够做好清洁卫生防治。

◆ 能够利用适当时机开展高温杀虫或低温杀虫。

◆ 能够安全熟练地开展磷化铝熏蒸工作。

◆ 能够熟练开展化学药剂灭鼠工作。

第一节　种子仓库害虫防治

在了解种子仓库害虫为害方式、传播途径及不同仓库害虫形态特征的基础上，还要全面掌握种子贮藏期间影响种子仓库害虫生长发育的内外环境，才能采取有效的防控措施，减少或避免仓库害虫的危害，确保种子安全贮藏。

一、影响仓虫生长发育的因素

仓库害虫的生长发育与外界温湿度、取食的种子种类、人为活动、天敌等因素有关。

(一)温度

昆虫是变温动物，它的体温基本上取决于周围的环境温度。环境温度变化直接影响其生长发育、新陈代谢等生命活动，主要表现在：①影响仓虫的发育速度。在适宜温度范围内，随着温度的升高，仓虫发育速度加快；②影响仓虫全年发生代数和种群密度。如玉米象在北方寒冷地区每年发生 1～2 代，在南方温暖地区每年则发生 3～5 代。在最适宜仓虫生长发育温度范围内，仓虫的种群密度也大大增加；③影响害虫分布地域。有些仓虫不耐低温，不能在北方寒冷地区生长，仅限于南方温暖地区。

(二)湿度

湿度对仓虫的影响与温度同等重要。一方面直接影响仓虫的水分来源，另一方面影响种子的含水量，也间接地影响仓虫的水分来源。

水是仓虫进行生理活动的重要介质，缺少水分则仓虫不能进行正常的生理活动，因此干燥是多数种子安全储存的重要条件之一。多数仓虫均适宜在潮湿环境中存活，种子含水量13%以上、相对湿度70%～90%是多数仓虫生存与繁殖的最适宜湿度。但是，高湿度(如相对湿度达到100%)也不利于仓虫的生存与繁殖，因为高湿度会妨碍其热量调节。

(三)种子种类

仓虫吃了最适合与嗜食的食料能使其生长发育加快，繁殖率增高，死亡率降低。这是由于不同的种子类型对不同的害虫具有不同的营养价值。

锯谷盗种群在小麦和大米中生长最好，在稻谷和玉米中生长较差，在绿豆中生长最差。

不同种类的种子对仓虫取食的影响是不同的。根据一般仓虫取食范围的宽窄可分为：

(1)单食性一般只危害一种种子。如豌豆象只危害豌豆。

(2)寡食性以相近科属的植物及其种子为食，如绿豆象只吃含脂量不丰富的豆类(如绿豆、赤豆、豌豆、菜豆、蚕豆等)。

(3)多食性可以多种植物种子为食。如谷蠹能食多种禾谷类、油籽、豆类及其他种子。

(4)杂食性是以各种各样的动植物质为食料的。如皮蠹、螨类。

(四)仓虫天敌

仓库害虫的天敌是指捕食或寄生于仓库害虫的昆虫、螨类、病原微生物和其他节肢动物。仓虫天敌在控制仓虫种群的增长方面，具有一定的作用。据统计全世界仓库益虫有186种，国内常见报道的有7～8种。如米象金小蜂是一种寄生性天敌，能够限制玉米象、谷蠹种群增长，使之不能造成危害，麦蛾茧蜂可抑制印度螟蛾的发生。黄色花蝽是一种捕食性天敌，可抑制谷蠹、锯谷盗、赤拟谷盗、杂拟谷盗、印度谷蛾幼虫、烟草甲、麦蛾等害虫。

(五)气体成分

气体成分对仓虫的活动和生存有很大影响。仓虫需要氧气进行呼吸作用，没有氧气，仓虫就不能生存。气调贮藏就是改变仓虫生存环境中氧气的含量，达到抑制和杀死仓虫的目的。

二、仓库害虫防治的策略与原则

仓库害虫防治采取“预防为主，综合防治”的策略，防是基础，治是防的具体措施，两者密切相关。综合防治是将一切可行的防治方法，尤其是生物防治和化学防治统一于防治计划之中，以便彻底消灭仓库害虫，确保种子安全贮藏，并力求避免或减少防治措施本身在经济、生态、社会等方面造成的不良后果。

综合防治的主要手段包括：一是限制仓虫的传播；二是改变仓虫的生活环境条件；三是提

高贮藏种子的抗虫性；四是直接消灭仓虫。

仓虫防治的基本原则是“安全、经济、有效”，“安全”是前提，要确保人和种子均安全，“经济”是基本要求，“有效”是目的。

三、仓库害虫的防治方法

仓虫防治方法多种多样，主要有农业防治、检疫防治、清洁卫生防治、机械物理防治、化学药剂防治及生物防治等。

(一)农业防治

有些仓虫如麦蛾、豌豆象、蚕豆象等在田间就开始为害作物种子，还有些仓虫可以在田间越冬，所以采取农业防治是很有必要的。农业防治是利用农作物栽培过程中一系列的栽培管理技术措施，有目的地改变某些环境因子，以避免或减少害虫发生危害，达到保护作物和防治害虫的方法。应用抗虫品种防治仓虫就是一种有效的方法。

(二)检疫防治

严密的动植物检疫制度，是防止国内外传入新的危险性仓虫种类和限制国内危险性仓虫蔓延传播的最有效方法。随着对外贸易和市场经济的发展，种子的进出口贸易日益增加，国内各地区间种子的调运也日益频繁，各地应严格根据国家颁布的国内、国外植物检疫法令和条例，对国家输出、输入及省际间调拨的种子及附属物等进行严格的检查和检验，认真做好检疫防治。

(三)清洁卫生防治

清洁卫生是基本而重要的防治方法。清洁卫生工作可以清除虫源、造成不利于仓虫生存的环境条件，包括清除食源、隐匿场所，从而隔离仓虫的活动和抑制其生命力，使仓虫无法生存、繁殖而死亡。尤其是在冬季清除虫源，效果更好，因为越冬害虫是来年的基数害虫，清除它们就为来年的防治工作打下了良好的基础。清洁卫生防治不仅有防虫与治虫的作用，而且对限制微生物的发展也有积极作用。

清洁卫生防治必须建立一套完整的清洁卫生制度，做到“仓内面面光，仓外三不留（垃圾、杂草、污水）”，还应注意与种子接触的工具、机器等物品的清洁卫生，以防再次感染。具体可按清洁、改造、消毒、隔离四个步骤进行。

1. 清洁工作

仓内外四周的垃圾、蜘蛛网、残留的种子、糠屑等都是仓虫隐蔽与栖息的好地方，必须彻底清除掉。清除出来的垃圾、废品应及时处理，仓内不要存留不应用的物品和其他易为仓虫躲藏的物品。

器材库、检验室、晒场以及其他附属建筑物等也必须全面彻底清扫。晒场必须平整、坚实，不堆放砖块、瓦砾及其他废料物品。

仓库内一切包装工具，所用的机械以及其他器材等，均应经常清理，保持清洁并要专仓保管。

2. 改造工作

仓内裂缝、孔隙及大小洞穴等残破地方，是仓虫喜欢潜伏、产卵、繁殖的场所，又因为这些地方凹凸不平，不易清扫，因此要采用剔刮、嵌缝、粉刷等办法来改变仓库的面貌，消除害虫的栖息场所，以利于检查时容易发现仓虫。

3. 消毒工作

消毒是在清洁基础上进行的。因为有些害虫喜欢躲藏在仓内或工具上极细小的缝隙内，不易被人们发现，给害虫以漏网的机会。同时因害虫个体小，清扫后难免还有少数残存下来，这些残存的害虫有相当的耐饥能力，在既不活动又不取食的情况下，也能存活很长时间。所以清洁以后，必须对整个仓库和用具用化学药剂进行消毒，以便弥补清洁工作的不足，直接消灭害虫。

4. 隔离工作

仓库或临时存放种子的场所内外经清洁、改造、消毒工作后，还要防止仓虫的再度感染，也就是要做好隔离工作。这样也可以将已经发生的仓虫，限制在一定范围内，便于集中消灭。

同时还应做到有虫的和无虫的、干燥的和潮湿的种子分开贮藏。未感染虫害的种子不进入未消毒的仓库贮藏。包装器材及仓储用具，应保管在专门的器材房里。已被虫害感染的工具包装等不应与未被感染的放在一起，更不能在未感染害虫的仓内和种子上使用。工作人员在离开被仓虫感染的仓库和种子时，应将衣服、鞋帽等加以整理清洁检查后，才可进入其他仓房，以免人为地传播仓虫。

(四)机械和物理防治

1. 机械防治

机械防治是利用人力操作或动力机械设备，将害虫从种子中分离出来，而且还可以使害虫经机械作用撞击致死。经过机械处理后的种子，不仅可消除仓虫和螨类，而且还可把杂质除去，降低种子水分，提高种子质量，有利于种子保管。机械防治目前应用最广的还是风车除虫和过筛除虫。

风车除虫是根据仓虫和种子的相对密度不同，在一定的风力作用下，使害虫与种子分离。过筛除虫是根据种子与害虫的大小、形状和表面特性不同，通过筛面的相对运动把它们分离开来。常用的筛子有振动筛和淌筛(溜筛)两种。

机械防治需注意，除虫前需检查所发生的虫种及虫期，对于虫卵及隐藏在籽粒里面的幼虫，机械防治是无效的；机械除虫的场地四周应喷布防虫线，以阻止害虫逃散，清理的虫杂应立即集中焚毁或深埋；在机械操作中还应注意不要损伤种子。

2. 物理防治

物理防治是指利用自然的或人工的高温、低温及气体、声、光、射线等物理因素，破坏仓虫的生殖、生理机能及虫体结构，使之失去生殖能力或直接消灭仓虫。此法简单易行，还能杀灭种子上的微生物，通过热力降低种子水分，通过冷冻降低种堆的温度，利于种子安全贮藏。目前应用较多的有高温杀虫法、低温杀虫法等温控防治方法以及改变气体成分、含量等气控防治方法，其他还有电离辐射、光能灭虫、声音治虫、臭氧杀虫等方法。

(五)化学药剂防治

化学药剂防治是指利用有毒的化学药剂破坏害虫正常的生理机能或造成不利于害虫和微生物生长繁殖的条件,从而使害虫和微生物停止活动或致死的方法,具有高效、快速、经济等优点。由于药剂的残毒作用,还能起到预防害虫再次感染的作用。化学药剂防治法虽有较大的优越性,但使用不当,往往会影响种子播种品质和工作人员的安全,因此只能作为综合防治中的一项技术措施。

化学药剂防治所用的药剂种类较多,常用的药剂主要有磷化铝、磷化锌、氯化苦、敌百虫、马拉硫磷、锌硫磷、溴氰菊酯等。使用化学药剂时,要注意掌握时机,适时施药,要根据害虫种选用化学药剂。如锯谷盗对氯化苦抵抗力强,而对磷化铝抵抗力弱,防治以锯谷盗为主的害虫时,则应选用磷化铝。又如防治以蛾类为主的害虫,因蛾类大多在种堆表面空间及表层活动,就可选择钻透性不强但毒力较大且价格便宜的敌敌畏。

(六)生物防治

利用害虫的天敌或生物学特性去防治害虫的方法称为生物防治。害虫的天敌主要包括天敌昆虫(捕食性及寄生性昆虫)、昆虫病原体(病毒、细菌、真菌、原生动物等)和食虫脊椎动物等。害虫的生物学特性主要包括利用昆虫不育性(包括辐射不育、化学不育、遗传不育等)、昆虫激素及类似物、昆虫信息素、植物抗虫性等来防治害虫。生物防治具有有效控制害虫、不污染环境、改善生态系统、降低防治费用等多种优点,作为害虫综合治理的重要组成部分,是今后有效控制害虫发展的方向。

四、仓库害虫物理防治技术

(一)高温杀虫技术

仓虫是变温动物,高温对仓虫有抑制和致死的作用,绝大多数仓虫在45～48℃时,会处于热昏迷状态,如果较长时间地处在这个温度范围内会导致仓虫死亡,而当温度升至48～52℃时,对所有仓虫在较短时间内均会致死。高温杀虫法就是利用这个原理杀死害虫,具体可采用日光曝晒杀虫或烘干杀虫。

1. 日光曝晒杀虫法

日光曝晒杀虫方法简易、安全且成本低,为我国广大农村所采用。夏季日照长,温度高,一般可达50℃以上,日光曝晒不仅能大量地降低种子水分,而且能达到直接杀虫的目的。为提高晒种效果,应做到晒种先晒场,因为种子曝晒在日光下,水分就从上、下两方面散发出来。如果场地的温度低于种温,那么此时从种子中散发出来的水分不仅不能向空气散发,反而会凝结在近地面的种子上,达不到晒种降水的目的。为避免这种现象的发生,晒种时应做到薄摊勤翻,摊晒厚度为3～5 cm,夏季高温季节可适当增至8～9 cm。摊晒面成波浪形,可增加日光曝晒面积,提高晒种效果。其次,曝晒时应在晒场周围喷撒防虫线,防止仓虫受热后逃出晒场躲藏起来。

2. 烘干杀虫法

烘干杀虫法是利用人工加温干燥的方法使种子提高温度,达到降低水分,杀死仓虫的目的。进行人工干燥时必须严格控制种温和加温时间，否则会影响发芽率。据实践经验，种子水分在17%以下，出机种温不宜超出42～43℃，受热时间应在30 min以内。如果种子水分超过17%时，必须采用二次干燥法。

（二）低温杀虫技术

利用冬季冷空气杀虫即为低温杀虫法。一般仓虫处在温度8～15℃就停止活动，如果温度降至－4～8℃时，仓虫发生冷麻痹，而长期处在冷麻痹状态下就会发生脱水死亡。此法简易，一般适用于北方。采用低温杀虫法应注意种子水分，种子水分过高，会使种子发生冻害而影响发芽率。一般种子水分为20%不宜在－2℃下冷冻，18%不宜在－5℃下冷冻，17%不宜在－8℃下冷冻。冷冻以后，趁冷密闭贮藏，对提高杀虫效果有显著作用。在种温与气温差距悬殊的情况下进行冷冻，杀虫效果特别显著，这是因为害虫不能适应突变的环境条件，生理机能遭到严重破坏而加速死亡。具体可采用仓外薄摊冷冻和仓内冷冻杀虫两种方法。

仓外薄摊冷冻做法是在寒冷晴朗的天气，气温必须在－5℃以下，在下午5时以后，将种子出仓冷冻，摊晾厚度以6～10 cm为宜；如果在－10～－5℃的温度下，只要冷冻12～24 h即可达到杀虫效果。进仓时最好结合过筛，除虫效果更好。有霜天气应加覆盖物，以防冻害。

仓内冷冻杀虫的做法是在气温达－5℃以下时，将仓库门窗打开，使干冷空气在仓内对流，同时结合耙沟，翻动种子堆表层，使冷空气充分引入种子堆内，提高冷冻杀虫效果。

（三）气控防治技术

气控防治是人为地改变种堆中的气体成分，造成不利于害虫生长的环境条件，以达到防治害虫的目的。实践证明，一般当种堆中氧气的浓度降到8%以下时，就能抑制害虫的生长发育；氧气浓度控制在2%以下时，害虫便会很快死亡；当种堆中二氧化碳浓度上升到40%～50%时，也会使害虫中毒及因氧气相对减少而窒息死亡。通常采用塑料薄膜密闭自然缺氧或充二氧化碳或氮气等气控措施以达到杀虫目的。

五、仓库害虫化学药剂防治技术

（一）磷化铝熏蒸技术

磷化铝是目前种子仓库最常用的熏蒸剂，熏蒸剂就是利用易于挥发的药剂蒸气，通过害虫的呼吸系统或由体壁的膜质透入虫体，使害虫迅速中毒死亡的化学药剂。磷化铝是一种高效、低残毒、穿透力强的熏蒸杀虫剂，其熏蒸起杀虫作用的是磷化氢气体。

1. 磷化铝的理化性质

磷化铝化学分子式为AlP，用赤磷和铝粉烧制而成，工业品为灰绿色或褐色固体，无味，易潮解。剂型有片剂或粉剂，种子仓库熏蒸常用片剂。磷化铝片剂一般为直径2 cm，厚度为0.5 cm的圆片，含磷化铝56%以上，氨基甲酸铵34%左右，石蜡4%左右。磷化铝粉剂一般含磷化铝80%～90%。磷化铝能从空气中吸收水汽而逐渐分解产生磷化氢。化学反应式如下：

$$\underset{\text{磷化铝}}{AlP} + \underset{\text{氨基甲酸铵}}{NH_2COONH_4} + \underset{\text{水}}{3H_2O} \rightarrow \underset{\text{氢氧化铝}}{Al(OH)_3} + \underset{\text{磷化氢}}{PH_3\uparrow} + \underset{\text{二氧化碳}}{CO_2\uparrow} + \underset{\text{氨}}{2NH_3\uparrow}$$

磷化氢分子式为 PH_3，是一种无色剧毒气体，有乙炔气味或鱼腥样臭味。气体相对密度为 1.183，略重于空气，但比其他熏蒸气体为轻。磷化氢气体易自燃，当每升体积中磷化氢浓度超过 26 mg 便会燃烧，有时还会有轻微鸣爆声。发生自燃的原因，主要是药物投放过于密集，磷化氢产生量大，或者空气湿度大有水滴，使反应加速，产生磷化氢多，其中形成少量不稳定的双磷，遇到空气中的氧气发生火花。磷化氢燃烧后产生无毒的物质五氧化二磷，药效降低。如果周围有易燃物品，容易酿成火灾，所以投药时要注意。为了预防磷化氢燃烧，在制作磷化铝片剂时，通常掺放 1/3 比例的氨基甲酸铵和其他辅助物。氨基甲酸铵潮解后产生氨和二氧化碳气体，能起辅助杀虫作用，同时还可起到防止磷化氢自燃的目的。磷化氢的渗透性和扩散性比较强，在种子堆内的渗透深度可达 3.3 m 以上，而在空间扩散距离可达 15 m 远，所以使用操作较为方便。

磷化氢能与某些金属起化学反应，特别对铜和铜合金比较敏感，在高温高湿的情况下能严重腐蚀铜、铜合金、黄铜、金和银，而对铁、钢、镍、铝无腐蚀，在相对湿度 90%的情况下，能与锌发生反应。因此，所以仓库内烟感及红外探头、摄像头、蓄电池、充电器、叉车、电话、除湿机等熏蒸前必须移走，移不走的如：开关、插座、接线盒、控制系统线路板盒、行程开关等要用石蜡、黄油密封或用塑料薄膜密封（整仓熏蒸情况下）或安装在库外。

2. 用药量及使用方法

磷化铝片剂每片约重 3 g，能产生磷化氢气体 1 g。磷化铝片剂用药量：种堆为 6～9 g/m^3，仓库空间为 3～6 g/m^3，加工厂或器材为 4～7 g/m^3。磷化铝粉剂用药量：种堆为 4～6 g/m^3，仓库空间为 2～4 g/m^3，加工厂或器材为 3～5 g/m^3。投药时应分别计算出仓库种堆用药量和空间用药量，二者相加之和即为该仓库总用药量，对于加工厂或器材用药量需按实另行计算。投药后，一般密闭 3～5 d，即可达到杀虫效果，然后通风 5～7 d 排除残留毒气。

投药方法根据种子包装或是散装而不同。包装种子在包与包之间的地面上，先垫好边长为 15 cm 的塑料布或铁皮板后再投药或将药物放入口径较大的罐头瓶、罐头铁壳内等，以便收集药物残渣。散装种子投在种子堆上表面，与上述同样要求垫好塑料布或铁皮板后将药物散放在上面或将药物放入口径较大的罐头瓶、罐头铁壳内即可。

磷化氢的杀虫效果决定于仓库密闭性能和种温。仓库密闭性好，杀虫效果显著，反之效果差，毒气外逃还会引起中毒事故。所以投药后不仅要关紧门窗，还要糊 3～5 层纸张将门窗封死。温度对气体扩散力影响较大，温度越高，气体扩散越快，杀虫效果越好。如果温度较低，则应适当延长密闭时间。通常是当种温在 20℃以上时，密闭 3 d。种温在 16～20℃时，密闭 4 d。种温在 12～15℃时，则要密闭 5 d。温度过低，不宜进行种子熏蒸。

3. 磷化铝药剂的分解时间和分解形态

磷化铝药片在仓库温度 25℃、湿度 75%左右的条件下，4 h 就开始分解成开花馒头状，7 h 时后呈豆渣状，10 h 后呈粉末状。此时磷化氢气体从库内扩散到库外的乙炔气味最大，在周围 30 m 内的毒气对人、畜有害。磷化铝分解盛期为施药后 4～10 h。为确保安全，在施药后 30 h 内，施药区周围 30 m 内不准有人、畜。

4. 磷化氢的检测

为了解仓库门窗缝隙不同密封程度的漏气散毒情况，以及熏蒸结束后通风排毒的残留情况，常可用硝酸银试纸变色法进行检测。

在施药后的 5～6 h，即散毒盛期时，可用 3%～5%的硝酸银试纸，以不同时间的显色反应检测门窗的漏气散毒情况。

①门窗缝隙密封严密的，硝酸银试纸 3 min 无显色反应，仍为白色，说明缝隙严密无散毒漏气存在。

②门窗缝隙豆瓣大小的，硝酸银试纸 40 s 呈浅黄色反应，2 min 硝酸银试纸边缘呈深黄色反应。门窗缝隙大于豆瓣大小的，硝酸银试纸 30 s 呈线黄色反应，1.5 min 试纸边缘呈深黄色。说明，仓库门窗缝隙有豆瓣大，其散毒时间超过 1 min 就有使人、畜中毒的危险。

③门窗缝隙灰土未扫干净的漏缝处，硝酸银试纸经 20～40 s 就呈棕黑色反应，这是引起人、畜中毒的浓度反应。说明门窗缝隙的灰土必须扫干净，否则极易引起人、畜中毒。

④门窗缝隙大，硝酸银试纸在空气中经 7 s 就变黑色，则表示空气中毒气浓度已能引起人中毒。反应式如下：

$$\underset{\text{磷化氢}}{PH_3} + \underset{\text{硝酸银}}{3AgNO_3} \rightarrow \underset{\text{硝酸}}{3HNO_3} + \underset{\text{磷化银}}{Ag_3P}\downarrow \text{（黑色沉淀）}$$

磷化氢在空气中的允许浓度为 0.3 mg/m^3，人体在 7 mg/m^3 浓度空气中停留 6 h 就有中毒症状，在 400～590 mg/m^3 浓度中停留 1h 就有生命危险。磷化氢气体浓度达到 2 700 mg/m^3 能立即导致人体死亡。

5.磷化铝熏蒸操作技术

正确进行磷化铝熏蒸操作，是确保人体生命和种子安全的基础。熏蒸前对害虫种类、虫期、密度、分布等情况做检查，对种堆及空间体积进行认真测算，对仓库进行查漏补洞，严密糊封。在熏蒸过程中还应注意以下方面：

①磷化氢为剧毒气体，很容易引起人体中毒，使用时要特别注意安全。磷化铝一经暴露在空气中就会分解产生磷化氢，因此，开罐取药前必须戴好配套的防毒面具，切勿大意，同时要求参加熏蒸人员穿工作服、戴手套，熏蒸后及时换洗。另外熏蒸人员在分药、投药、散毒、检测、处理残渣过程中均必须佩戴防毒面具。

②门窗密封不严，不仅对人、畜有生命安全威胁，还影响熏蒸效果。因此熏蒸前要糊 3～5 层纸张将门窗封死，只留一扇门进出。为防磷化氢腐蚀，仓库内如有开关、插座、接线盒、控制系统线路板盒、行程开关等要用石蜡、黄油密封或用塑料薄膜密封。

③为防止发生自燃，须做到分散投药，投药点间的间距在 1.3 m 以上，每个投药点药剂不能过于集中，每点片剂不超过 50 片，粉剂不超过 100 g。片剂要均匀摆放，片与片之间要有一定间隔，不能重叠，粉剂应薄摊均匀，厚度不宜超过 0.5 cm。磷化铝发生燃烧冒烟时，可用干沙覆盖药面灭火，严禁用水浇灭。

④投药时应注意人身安全，投药顺序从里到外，投药完成后应清点人数，大家全部出仓后再封闭门户。

⑤药物不能遇水，也不能投放在潮湿的种子或器材上，否则也会自燃。

⑥为提高药效和节省药物，可在种子堆外套塑料帐幕以减少空气。但是帐幕不能有漏气的孔洞。

⑦种子含水量过高时进行熏蒸易产生药害，会影响种子的发芽率。磷化氢熏蒸对种子含水量的要求可见表 5-1。

表 5-1　磷化氢熏蒸时种子含水量的上限(胡晋,2001)

作物	种子含水量/%
芝麻	7.5
油菜	8.0
花生果	9.0
棉籽	11.0
籼稻、小麦、高粱、蚕豆、绿豆、荞麦	12.5
大豆	13.0
大麦、玉米	13.5
粳稻	14.0

⑧正确选定施药时间。根据其分解特性,磷化铝在雨季用药时,只要施药后 4～10 h 内不遇雷雨大风就可以基本避免着火。故要根据天气预报掌握施药时间。

⑨为了解仓库门窗缝隙不同密封程度的漏气散毒情况,在施药后的 5～6 h,即散毒盛期时,可以用硝酸银显色法,检测门窗的漏气散毒情况。熏蒸通风后,排毒是否彻底也可用硝酸银显色法检查。

⑩熏蒸结束后,应将磷化铝残渣统一收集后远离水源深埋地底。

另外,熏蒸场所周围 15～20 m 内不得有居民、家畜和家禽。熏蒸期间应在仓库、工厂及露天垛四周设警戒线,挂上明显的熏蒸标志,以免有人误入,造成不必要的中毒事件,熏蒸密闭后充分散毒前,无特殊情况,不允许人员进入。

6.磷化氢中毒处理

发现磷化氢中毒,应立即脱离中毒现场,安静卧床休息。凡有症状者,至少观察 24～48 h。对意识障碍、呼吸困难的患者,立即给以氧气吸入。对重度中毒患者,尤其是有脑水肿、中毒性肺水肿的患者,早期使用糖皮质激素,可减轻毛细血管内皮细胞损害,减少渗出,减轻水肿。凡有昏迷、抽搐等脑水肿表现者,及时给以脱水治疗,常用 20%甘露醇 200～400 mL(1～2 g/kg)快速静脉注射(15 min 内推注完),每 4～6 h 一次,亦可与 50%葡萄糖注射液 60～80 mL 交替注射。重者加用速尿静脉注射,强化脱水治疗,酌情控制液体进量。

(二)防虫磷防治技术

防虫磷是指用纯度 95%以上的马拉硫磷原药加工成的制剂,为区别于低纯度的农用马拉硫磷而改名为防虫磷。防虫磷的制剂有乳剂与粉剂。乳剂指的是用高纯度马拉硫磷经脱臭处理,加入乳化剂后浓度为 70%的乳油,粉剂含量有 1.2%、1.5%、1.8%。马拉硫磷是一种高效、低毒、低残留的有机磷杀虫剂,具有触杀和胃毒作用,也有微弱的熏蒸作用。在实践中常用作粮食、种子防护剂,它在昆虫体内混合功能的氧化酶作用下,变成毒性更强的氧化马拉硫磷,并强烈抑制昆虫神经系统胆碱酯酶的活性,扰乱神经传动过程的正常传递,使昆虫中毒死亡。人体内由于存在羧酸酯酶,它能把马拉硫磷分解为无毒的马拉硫磷单酸和二酸,因此对人体基本无毒害。防虫磷在碱性溶液中极易分解失效,使用时不能接触到混凝土、石灰等碱性物质。使用防虫磷后的种子,一般经半年以后,其浓度可降到卫生标准 8 mg/kg 以下,且不影响种子生活力，与磷化铝穿插使用，有很好的预防效果。

防虫磷的使用方法有载体法、喷雾法、直接拌粉法等。载体法是将防虫磷乳剂原液拌和在其他物体上，简称载体（通常用谷壳或麦壳作载体）。用载有防虫磷的谷壳拌入种子内就能起到防治害虫的作用。喷雾法是将已稀释的防虫磷药液用喷雾器分若干次直接喷洒在种子上以防治害虫的一种方法。

1. 载体法

在施药前几天，按种子重量的0.1%比例选用干燥的稻壳（或砻糠），薄摊在室内地上，按每0.5 kg防虫磷乳剂拌15 kg干稻壳的比例，先均匀地拌好制成“防虫磷药壳”，在室内堆成堆，放置数日，待药剂充分扩散后使用。每千克载体稻壳可处理种子1 000 kg，如果种子重量超过1 000 kg，可按此比例增加载体谷壳。处理时可将载体与全部种子拌和，或将载体与上层厚度为30 cm的种子的拌和，其用量都需根据种子实际重量计算。

在易感染、害虫集聚的仓库门口、窗口、墙角、粮堆向阳面以及单面密封的粮堆与仓库墙面接触处拌上“防虫磷药壳”，可起重点防护作用，收到防止害虫感染的好效果。

2. 喷雾法

喷雾法是将防虫磷乳剂原液用超低量喷雾器以20～30 mg/kg剂量直接喷在种子上，边喷边拌，要拌和均匀。一般的喷雾处理，药液和种子数量的比例是每1 000 kg种子喷洒1 kg药液。与载体法一样，可以处理全部种子或处理上层部位30 cm厚的种子层。

喷雾处理时，如种子数量不太多，可先将要处理的种子在扫净的地坪上摊开平铺一层，厚度为10 cm左右，用喷雾器在种堆表面上均匀喷雾，然后翻动种子使药液混入种堆中，完毕后再喷一层，再次翻动种堆，如此反复，直到药液完全喷完为止。一般情况下药液可匀开作三次喷雾，翻动后，种子倒入仓内散装或囤装储藏。如种子处理的数量大，可用边进种边施药的方法，将种子倒入仓内或围囤内，倾倒时尽量将种子撒开成薄层，厚度不超过20 cm，边进种子边喷洒，直到装满。这种施药方法较难控制的是施药数量，要尽量均匀施药，不能前多后少，或前少后多，甚至种子未进完药已用完，这样都会影响防治效果。种子入库完毕后，耙平种堆表面，在上再均匀喷上一层药液，以加强防虫效果。

3. 直接拌种法

每1 000 kg种子，用1.8%粉剂1～1.5 kg，或1.5%粉剂1～1.8 kg，或1.2%粉剂1～2 kg，撒施拌入种子中。

以上方法处理种子，一般在6个月内不会生虫，防虫效果以全部处理较上层处理为好，载体法又比喷雾法为好。如果与磷化铝配合使用效果更好，在磷化铝熏蒸之后，再以载体法处理上层种子，则可延长防虫期3～6个月。低温干燥也有利于提高防虫磷的效果。

必须注意，防虫磷虽可用于原粮和种子防治多种仓库害虫，但对谷蠹防治效果较差。另外，防虫磷是一种防护剂，主要用于防虫，虫口密度在1头/kg以下，处理效果显著，害虫大量发生时处理效果不很显著，所以使用防虫磷应该在种子入库的同时随即处理为好；防虫磷以原液随用随配为好，不宜加水稀释。由于其热稳定性较差，在我国南方和北方的用药量差异较大，一般在北方使用浓度为10～20 mg/kg，南方为30 mg/kg以上；载体不宜放在高温下曝晒，以免降低药效；种子含水量对药效持效期有明显影响，含水量在17.6%时，1个月后仅滞留22.7%；含水量12.5%时，则1个月后滞留50%～54.4%，所以处理的种子必须保持干燥。

(三)敌敌畏杀虫技术

敌敌畏是敌百虫经强碱处理制成,属有机磷制剂,具有胃毒、触杀和熏蒸作用。目前常用的有50%、80%乳油,原油为无色油状液体,略有芳香气味,挥发性较强,遇水后逐步分解,在碱性溶剂中分解较快。因此在使用时必须随配随用,切忌与碱性物质混用,以免降低药效。敌敌畏杀虫范围广,作用迅速、残效期短,常用作空仓消毒,也可用于实仓消毒。

敌敌畏用于空仓消毒,操作时只要戴碱性口罩,穿上工作服即可,密封好门窗,只留下一个门在施药时进出。一般情况下采用80%敌敌畏乳油,用药量为0.2~0.3 g/m^3。施药后将仓房密闭2~3 d,然后通风1~2 d,进行清扫后即可将种子入库。施药方法有悬挂熏蒸、喷雾和热蒸等方法。悬挂熏蒸法就是在仓内以3 m左右为行距、离地面2 m高处拴上麻绳,绳上1~2 m的间距挂上用80%敌敌畏乳油浸透浸渍药剂的纱布条或报纸条,也可用旧麻袋或旧棉毯。此法在短时间内挥发量小,药效持续时间长,易于杀死耐受性较强的虫种。而采用喷雾法可减少用药量,将80%的敌敌畏乳油稀释200倍液,用喷雾器由内向外进行喷洒,仓角等隐蔽部位适当多喷一些。此法易增加仓内湿度,且仓顶杀虫效果差。热蒸法杀虫效果最好,可达100%。该法利用敌敌畏沸点为74℃,加热易汽化的特点,使气雾弥漫空间、致毒剂能渗入仓内缝隙洞孔达到杀虫的目的。具体操作时根据用药量,采用电热杯,每杯药液500 g左右,均匀分布仓内,操作人员在仓外开启电源加热,待基本汽化完毕,切断电源,停止加热即可。

敌敌畏也可用于实仓消毒,一般情况下采用80%敌敌畏乳油,用药量为0.3~0.4 g/m^3。可采用悬挂和高峰诱杀两种方法。据浙江省余杭粮管所仓内试验,采用上述两法防治麦蛾,米象等害虫,效果可达95%以上。悬挂法一般用80%敌敌畏,喷洒在麻袋片上(在仓外操作),以喷湿为度,然后将麻袋片悬挂在仓内绳索上,密闭72 h,即可达到杀虫效果。高峰诱杀法是先将米糠炒香,拌入80%敌敌畏,以手捏成形为度(约1 kg敌敌畏拌4 kg米糠)。用此诱饵一小撮放在仓内以种子叠起来的峰尖上,然后把门窗密闭起来,害虫食后大部分死在峰尖附近,经3~5 d后即可清除。使用时应注意,敌敌畏对人体有毒害作用,使用时必须注意安全;绝对禁止药剂与种子接触,避免污染而影响种子生活力;高峰诱杀法的高峰约30 cm,清理时应将诱饵和接触到诱饵的部分种子去除销毁,以免家禽误食中毒。

六、仓库害虫生物防治技术

(一)捕食性天敌防治技术

利用捕食性天敌进行生物防治,如目前已知黄色花蝽可以捕食烟草甲等15种储粮害虫。它最喜捕食锯谷盗、赤拟谷盗、烟草甲和印度谷螟的幼虫。当赤拟谷盗各虫态都存在时,黄色花蝽多半集中捕食不能运动的卵和蛹,它只攻击少数幼虫和更少的成虫。仓双环猎蝽也是一种半翅目的捕食性昆虫,它的成虫对于赤拟谷盗、锯谷盗及长角扁谷盗等的繁殖具有一定控制的能力。据试验,在5对锯谷盗中加入1对猎蝽,经过11 d后,锯谷盗全部被消灭,而对照中锯谷盗的数量却增加了14倍。与黄色花蝽一样,仓双环猎蝽仅能够捕食在种子外部生活的害虫,但对藏在种子内部的幼虫及蛹则无法捕食。如猎蝽能捕食在种子外生活的谷蠹成虫、玉米象成虫及麦蛾成虫,但不能捕食藏在籽粒内的三种害虫的幼虫和蛹。此外,猎蝽由于个体较大,不易钻入种堆内部捕食害虫,猎蝽成虫在小麦堆内只能下钻1 cm,其低龄若虫在小麦种子堆内只能钻入 2～3 cm。总之，仓双环猎蝽仍不失为有效的防治储粮害虫的生物防治剂。它的捕食能力极强，捕食范围广，成虫寿命又长，可以用在货栈、空仓及加工厂等处捕杀害虫。

(二)寄生性天敌防治技术

利用寄生性天敌进行生物防治，麦蛾茧蜂可蜇死二龄以后的蛾类幼虫，寄生于三龄以后的幼虫，对吐丝结网、结茧的幼虫及袋中的幼虫均能寄生。米象金小蜂可以寄生于米象、玉米象和谷象的幼虫和蛹体内，每一雌虫一生可产卵 30～87 粒，幼虫取食寄主体液，最后化蛹、羽化，寄主因被寄生而死。当玉米象幼虫的虫口密度接近 600 头/kg 时，分别接入雌雄米象金小蜂 10 对和 20 对，2 个月以后的控害效果分别为 71.63%和 90%以上。

(三) 昆虫信息素和引诱剂防治技术

利用昆虫信息素或引诱剂防治仓库害虫的方法有 3 种：

1. 诱捕法

用性引诱剂或聚集信息素将害虫引诱到诱捕器中，定时取出杀死或在诱捕器内同时放有杀虫剂将虫杀死。但这种方法不能彻底消灭害虫。

2. 感染法

用性引诱剂或聚集信息素将害虫引诱到一个感染源，如昆虫病原微生物源或化学不育剂源，使害虫与之接触后再返回到害虫群体中去，通过传染疾病或不育而达到控制目的。

3. 迷向法

在仓房空间充满性信息素，打乱害虫正常求偶行为和交配。因为雄虫在高浓度人为施放的性信息素中很难找到雌虫所在位置。

(四)昆虫不育技术防治

释放不育性害虫到仓库中，或用化学不育剂使害虫产生不育，不育性害虫与正常害虫进行交配竞争，使害虫 F_1 代数量减少，再释放不育性害虫与 F_1 代正常害虫进行交配竞争，产生更少的 F_2 代，以此控制害虫数量。产生不育性害虫的方法有多种，如利用射线辐照或使用化学不育剂等。

生物防治技术方兴未艾，必将在今后仓库害虫的综合防治中占据重要地位。

第二节 种子微生物控制

在了解种子微生物主要种类及种子微生物与种子霉变的基础上，同样需掌握影响贮藏种子微生物的主要因素，才能有针对性地采取控制措施，创造适宜的贮藏条件，确保种子安全贮藏。

一、影响贮藏种子微生物的主要因素

微生物在贮藏种子上的活动主要受贮藏时水分、温度、空气及种子本身的状况和理化性质

等因素的影响和制约。此外，种子中的杂质含量，害虫以及仓用器具和环境卫生等对微生物的传播蔓延也起到相当重要的作用。

(一)种子水分和空气湿度

种子水分和空气湿度是影响微生物生长发育的重要条件。不同种类的微生物对水分的要求和适应性是不同的。据此可将微生物分为干生性、中生性和湿生性三种类型，见表 5-2。

表 5-2　不同微生物的生长最低相对湿度和生长最适相对湿度　%

微生物类型	生长最低相对湿度	生长最适相对湿度
干生性微生物	65～80	95～98
中生性微生物	80～90	98～100
湿生性微生物	90 以上	接近 100

几乎所有的细菌都是湿生性微生物，一般要求相对湿度均在 95%以上。放线菌生长所要求的最低相对湿度，通常为 90%～93%。酵母菌也多为湿生性微生物，它们生长所要求的最低相对湿度范围是 88%～96%，但也有部分酵母菌是中生性微生物。与贮藏种子关系密切的霉菌，三种类型均有，其中为害最大的霉腐微生物都是中生性的，如青霉和大部分曲霉等。干生性微生物几乎都是一些曲霉菌，主要有灰绿曲霉、白曲霉、局限曲霉、棕曲霉、杂色曲霉等。根霉、毛霉等则多为湿生性微生物。

不同类型微生物的生长最低相对湿度界限是比较严格的，而生长最适相对湿度则很相近，均以高湿度为宜。在干燥环境中，可以引起微生物细胞失水，使细胞内盐类浓度增高或蛋白质变性，导致代谢活动降低或死亡，大多数菌类的营养细胞在干燥的大气中干化而死亡，造成微生物群体的大量减少。这就是种子贮藏中应用干燥防霉的微生物学原理。

同样，采用各种办法降低种子水分，同时控制仓库种子堆的相对湿度使种子保持干燥，可以控制微生物的生长繁殖以达到安全贮藏的目的。一般而言，只要把种子水分降低并保持在不超过相对湿度 65%的平衡水分条件下，便能抑制种子上几乎是全部微生物的活动。虽然在这个水分条件下还有极少几种灰绿曲霉能够活动，但发育非常缓慢。因此，一般情况下，相对湿度 65%条件下的种子平衡水分可以作为长期安全贮藏的界限，种子水分越接近或低于这个界限，则贮藏稳定性越高，安全贮藏的时间也越长。

(二)温度

温度是影响微生物生长繁殖和存亡的另一个重要环境因素。种子微生物按其生长所需温度可分为低温性、中温性和高温性三种类型，见表 5-3 。

表 5-3　不同微生物的生长温度范围　℃

微生物类型	生长最低温度	生长最适温度	生长最高温度
低温性微生物	0 以下	10～20	25～30
中温性微生物	5～15	20～40	45～50
高温性微生物	25～40	50～60	70～80

在种子微生物区系中,以中温性微生物最多,其中包括绝大多数的细菌、霉菌、酵母菌。大部分侵染贮藏种子引起变质的微生物在28～30℃生长最好。高温性和低温性微生物种类较少,只有少数霉菌和细菌。通常情况下,中温性微生物是导致种子霉变的主角,高温性微生物则是种子霉变发热的后续破坏者,而低温性微生物则是种子低温贮藏时的主要危害者。

一般微生物对高温的作用非常敏感,在超过其生长最高温度的环境中,过一定时间便会死亡。温度越高,死亡速度越快。高温灭菌的机理主要是高温能使微生物细胞蛋白质凝固,破坏了酶的活性,因而杀死微生物。种子微生物在生长最适温度范围以上,其生命活动随环境温度的降低而逐渐减弱,以致受到抑制,停止生长而处于休眠状态。一般微生物对低温的忍耐能力很强。因此,低温只有抑制微生物的作用,杀菌效果很小。一般情况下,把种温控制在20℃以下时,大部分侵染种子的微生物生长速度就显著降低;温度降到10℃左右时,发育更迟缓,有的甚至停止发育;温度降到0℃左右时,虽然还有少数微生物能够发育,但大多数则是非常缓慢的。因此,种子采用低温贮藏可显著抑制微生物的生长发育。

在贮藏环境因素中,温度和水分互作对微生物生长发育的影响是最大的。当温度适宜时,对水分的适应范围较宽,反之则较严;在不同水分条件下微生物对生长最低温度的要求也不同,种子水分越低,微生物繁殖的温度就相应增高,而随着贮藏时间的延长,微生物能在种子上繁殖的水分和温度的范围也相应扩大。

(三)仓库的通风密闭性能

仓库通风密闭性能的好差影响到仓库中的氧气含量,从而对贮藏种子微生物造成不同的影响。根据微生物对氧气的不同要求可分为好氧(好气)性、厌氧(嫌气)性和兼性厌氧(嫌气)性微生物三种类型,见表5-4。

表5-4 不同微生物对氧气的需求

微生物类型	对氧气的需求	呼吸性质
好氧(好气)性微生物	需氧	有氧呼吸
厌氧(嫌气)性微生物	不需氧	无氧呼吸
兼性厌氧(嫌气)性微生物	氧气可有可无	有氧或无氧呼吸

贮藏种子微生物绝大多数是好氧性微生物,而引起贮藏种子变质霉变的霉菌大都是强好氧性微生物(如青霉和曲霉等),缺氧的环境对其生长不利,密闭贮藏能限制这类微生物的活动,减少微生物传播感染以及隔绝外界温湿度不良变化影响,所以低水分种子采用密闭保管的方法,可以提高贮藏的稳定性和延长安全贮藏期。

此外,还应该注意到种子上的厌氧性微生物的存在,如某些细菌、酵母菌和毛霉等。在生产实际上,高水分种子保管不当(如密闭贮藏),往往会产生酒精味和种子败坏,这就是湿生厌氧性微生物在缺氧条件下活动的结果,所以高水分种子不宜采用密闭贮藏。但种子堆内进行通风也只有在能够降低种子水分和种子堆温湿度的情况下才进行,否则将会促进好氧性微生物的发展。因此,种子贮藏期间做到干燥、低温和密闭,对长期安全贮藏是最有利的。

（四）日光

种子微生物的生长大都不需要光线，散射的日光对微生物无明显抑制作用，但直射的强烈日光则具有很好的杀菌效果，其主要机理是红外线的热效应与紫外线的杀菌力。因此贮藏工作中采用日光曝晒种子，可起到降低种子水分与防霉的双重效果。

（五）种子状况

种子的种类、形态结构、健康状况和生活力的强弱以及纯净度、完整度等，均直接影响种子微生物的生长状况和发育速度。

新种子和生命力强的种子，在贮藏期间对微生物有着较强的抵抗力，成熟度差或胚部受损的种子则抵抗力差，容易生霉。籽粒外有稃壳和果种皮保护的比无保护的种子抵抗微生物侵入能力强，保护组织厚而致密的种子易于贮藏，所以在相同贮藏条件下，水稻和小麦比玉米易于保管，红皮小麦比白皮小麦的贮藏稳定性高。

种子的纯净度不同对微生物也有着明显影响。组织结构、化学成分和生理特性不同的种子混杂一起，即使含杂量不多也会降低贮藏的稳定性，被微生物侵染后易相互传染。种子如清洁度差，尘杂多，则易感染微生物，常会在含尘杂多的部位产生窝状发热，这是因为尘杂常带有大量的霉腐微生物，且容易吸湿，使微生物容易发展。此外，同样水分的种子，不完整粒多的，容易发热霉变，这是因为完整的种子能抵御微生物的侵害；而破损的种子易被微生物感染，由于营养物质裸露，有利于微生物获得养料，加之不完整籽粒易于吸湿，更利于微生物的生长。

除了以上所述影响微生物活动的因子外，种子微生物之间还存在着互生、共生、寄生和拮抗的关系。

二、种子微生物的控制技术

要控制好种子微生物，不仅要提高种子质量，改善仓储条件，还要采取干燥防霉、低温防霉、化学药剂防霉等方法进行综合处理，确保种子贮藏安全。

（一）提高种子质量

高质量的种子对微生物的抵御能力较强。为了提高种子的生活力，应在种子成熟时适时收获，及时脱粒和干燥，并认真做好种子加工清选工作，去除杂物、破碎粒、不饱满籽粒等。种子入库时注意做到“五分开”，即新、陈种子，干、湿种子，有虫、无虫种子、不同种类以及不同纯净度的种子分开贮藏，提高贮藏稳定性，确保种子安全贮藏。

（二）改善仓储条件

种子仓库要能隔热防潮，具有良好的通风密闭性能，才能保持仓内干燥、低温，从而有效抑制微生物活动。冬季干燥种子入库后，密闭性能好的种子仓库，不仅可减少外界湿度的影响，还可不断减少仓内的氧气浓度。大型散装种子仓库种子入库后，密闭 4 周以上，因种子本身呼吸使仓内氧气减少，二氧化碳浓度增加可达到 12%，导致很多微生物生长发育受到抑制。

(三)干燥防霉

种子含水量和仓内相对湿度低于微生物生长所要求的最低水分时,就能抑制微生物的活动。为此种子入库前要充分干燥,使种子含水量保持在与相对湿度65%相平衡的安全水分界限以下;在种子贮藏过程中,可以采用干燥密闭的贮藏方法,防止种子吸湿回潮。在气温变化的季节还要控制温差,防止结露。高水分种子入库后则要抓紧时机,通风降湿,把种子水分降到安全水分以下。

(四)低温防霉

控制贮藏种子的温度在微生物生长的适宜温度以下,可以有效抑制微生物的活动。保持种子温度在15℃以下,仓库相对湿度在65%～70%,可以达到防虫防霉、安全贮藏的目的。这也是一般所谓"低温贮藏"的温湿度界限。

控制低温的方法可以是利用自然低温,具体做法可采用仓外薄摊冷冻,趁冷密闭贮藏;仓内通冷风降温等(可参见低温杀虫法)。如我国北方地区,在干冷季节,利用自然低温,将种子进行冷冻处理,不仅有较好的抑菌作用和一定的杀菌效果,而且可以降水杀虫。此外,目前各地还采用机械制冷,进行低温贮藏。

进行低温贮藏时,同样应把种子水分降至安全水分以下,防止在高水分条件下,一些低温性微生物的危害,以及种子含水量过高而导致发生冻害。

(五)化学药剂防霉

常用的化学药剂是磷化铝。磷化铝水解生成的磷化氢具很好的抑菌防霉效果。磷化铝熏蒸技术已在上一节详细阐述。根据经验,为了保证防霉效果,种堆内磷化氢的浓度应保持不低于0.2 g/m^3。控制微生物活动的措施与防治仓虫的方法有些是相同的,在实际工作中可以综合考虑应用。如磷化铝是有效的杀虫熏蒸剂,杀虫的剂量足以防霉,所以可以考虑一次熏蒸,达到防霉杀虫的目的。

另外也有植物防霉剂的研究,如从山苍子中提取的柠檬醛具有防霉的作用,并对黄曲霉素有去毒的效果。肉桂、丁香、大茴香对黄曲霉、杂色曲霉和棕曲霉有抑制作用等。

(六)气调防霉

气调防霉就是通过控制贮藏环境的气体成分进行防霉,可利用抽氧、充二氧化碳、充氮气等方法达到抑制微生物活动的目的。种子气调防霉具体可以在密闭的尼龙薄膜罩内进行。但该种方法在大量种子贮藏上应用较少。

第三节　鼠类防治技术

在种子贮藏过程中,由于鼠害的发生,给种子造成的损失是严重的,鼠害造成的损失往往超过虫害和霉害。因此,做好鼠害防治工作具有重大意义。鼠类防治的方法很多,在种子仓库中主要可采用建筑防鼠、清洁卫生防治、捕鼠器械防治、化学药剂灭鼠与生物防治等。

一、建筑防鼠技术

合理的防鼠建筑和设施对种子仓库鼠害的发生有着很好的预防作用。种子仓库应从结构上考虑防止鼠类进入仓库，做到门窗要密合，无缝隙，门下端嵌镶 30 cm 高的铁皮，门和地面之间的缝隙应小于 6 mm。仓库地面要硬化，通往室外管道和电线的四周不留孔隙，管道口安装金属防鼠栅；仓库门口设 70 cm 高的防鼠板，防止老鼠窜入。种子仓库外部的地基、内外所有的空洞和缝隙均用水泥抹平，消除老鼠的藏匿位置。

二、清洁卫生防鼠技术

这是一种利用破坏鼠类的生活环境，从而降低害鼠密度的方法与措施。主要做到保持仓房整洁、卫生，种子堆放整齐，离地面 20 cm、离墙面 50 cm 堆放，以断绝鼠粮。及时清除散落在地面上的种子，仓库内不堆放杂物，减少害鼠隐匿场所。搞好仓库周围 10 m 内的环境卫生，铲除杂草，填平土坑，堵塞洞穴、平整硬化地面，不乱堆杂物，及时清除垃圾，消除或控制鼠类赖以生存的环境条件。

三、捕鼠器械防治技术

捕鼠的器械种类很多，在种子仓库中尤为实用，如鼠夹、捕鼠笼、粘鼠胶板、电子灭鼠器等。在使用捕鼠器械前要通过观察粪便、足迹、跑道、咬啮的痕迹等，掌握害鼠的活动规律，选择适当的捕鼠方法和器材。根据害鼠的习性，捕杀时要先诱后杀，捕鼠器械的布置要经常变化，勤换诱饵，勤查捕鼠器械。捕鼠器布放时间应在鼠类活动高峰前，一般可于傍晚布放，次晨收回。

四、化学药剂灭鼠技术

(一)化学药剂灭鼠的优缺点

采用化学灭鼠剂毒杀鼠类的优点是灭效好、收效快、效率高、成本低、使用方便，可在短期内大幅度降低鼠种群数量，是大面积灭鼠的主要手段。其缺点是有些灭鼠剂对人、畜、禽不安全，有时会因使用不当发生二次中毒，或因管理不当发生误食中毒。

(二)常用灭鼠剂的种类

常用灭鼠剂按其毒力的作用速度和投放毒饵方式可分为：急性灭鼠剂(单剂量灭鼠剂)和慢性灭鼠剂(多剂量灭鼠剂)。常用的急性灭鼠剂有磷化锌、灭鼠安、灭鼠优等，慢性灭鼠剂有杀鼠醚、杀鼠灵、敌鼠钠盐、氯鼠酮、溴敌隆、大隆、硫敌隆等。

(三)急性灭鼠剂防治

1. 急性灭鼠剂的特点

急性灭鼠剂的特点表现在：①对鼠作用快，投毒后很快即可捡到死鼠；②所需剂量少，老鼠一次吃够致死量的毒饵就可被毒死；③灭鼠中多采用一次投毒技术，粮食消耗少；④易产生拒食性，在灭鼠过程中老鼠死之前反应较激烈，易引起其他害鼠的警觉，故灭鼠效果不及慢性鼠药；⑤多数为剧毒级，对人、畜不安全；⑥易发生二次中毒，甚至三次中毒；⑦目前尚无特效解毒药剂。

2.磷化锌灭鼠技术

磷化锌是久经使用的急性灭鼠剂和熏蒸杀虫剂，纯品是暗灰色带光泽的结晶，有显著蒜味，常用的为黑色粉末，灭鼠作用快，主要作用于神经系统，常同食物配制成毒饵使用，误食灭鼠毒饵，或被磷化锌污染的食物，造成中毒，在胃内分解成磷化氢，毒性很强，对胃肠有刺激腐蚀作用。磷化锌被吸入后，对心、肝、肾、神经系统有强烈的毒性刺激，对鼠有很强的胃毒作用。鼠类不会产生抗药性和厌食性，但中毒未死个体再遇此药则明显拒食。磷化锌中毒，没有特效解毒剂，使用时应注意人、畜的安全。

磷化锌主要剂型有 85%、90%原粉。使用时常做成毒饵、毒糊、毒粉等。①毒饵。小型鼠用含磷化锌 2%～3%的毒饵，大型鼠用含磷化锌 5%～10%的毒饵。配毒饵时先将谷物或面粉加入 3%的植物油作黏着剂，再加入磷化锌充分拌均匀，使每粒饵料上都粘上药剂即可使用。②毒糊。用小麦面或玉米面、高粱面等配制，浓度为 5%～10%。先将适量的植物油和部分饵料爆炒后，加水烧开，再加入水化开的面粉，充分搅拌成稀糊后盛于盆中，而后加入磷化锌拌均匀。使用时将糊涂在长圆形的砖块上，带药面堵塞鼠洞口，或涂在草粑的一头堵塞鼠洞口，并压上土。鼠出洞时用爪或牙扒洞口而中毒。

在使用毒饵诱杀时，毒饵、毒糊应在室外或较宽敞的室内配制。所用的药剂必须准确称量，并做好记录；配制时应戴防毒口罩，防止药粉飞扬进入呼吸道。禁止用手直接接触药剂或毒饵毒糊。现场禁止吸烟和饮食。杀鼠毒饵、毒糊施放在固定器皿或具有明显标志的特制毒饵箱中，并记载施放时间、地点、数量；包装过药剂和毒饵的纸以及过期的毒饵、毒糊，要集中烧毁并深埋，盛装毒饵毒糊的器皿，要用肥皂水洗净，集中保管；毒饵、毒糊的配制、保管、使用、回收和处理应有专人负责。用毒饵、熏蒸药剂毒死的和捕鼠器具捕获的老鼠，均须焚化或深埋处理，不得随意乱扔，以免二次中毒。

我国明令禁止生产、运输、销售和使用的急性灭鼠剂有毒鼠强、氟乙酸钠、氟乙酰胺等。毒鼠强是一种神经性杀鼠剂，由于其化学性稳定，毒性特强，人畜中毒又无特效解毒药剂而被禁止使用。

五、生物防治方法

猫、黄鼬（黄鼠狼）、鹰和蛇等动物都能主动捕食大量的鼠类，是鼠类的天敌，因此种子仓库管理人员可饲养一定数量的猫来控制鼠类的危害。

本章小结

本章介绍了影响种子仓库害虫、种子微生物生长发育的因素，阐述了种子仓库害虫、微生物、鼠类等仓库有害生物的防治方法，重点阐明了仓库害虫物理防治的具体方法及化学防治方法中的磷化铝熏蒸技术，并对生物防治技术的进展进行了综述。

应用案例

各种种子熏蒸药剂，对人畜都是有毒的，如果使用不当或疏忽大意，都可能危及人畜安全，甚至造成意外事故。因此，为了使熏蒸人员，在不同的环境条件下，因地制宜地做好各项种子熏蒸准备工作，掌握种子熏蒸操作技术，达到安全、经济、有效的防治目的，我国已制定出台了

《粮食仓库磷化铝熏蒸安全操作规程》。但种子仓库熏蒸安全操作规程至今尚未出台，种子仓库与粮食仓库管理要求不同，因为种子是的活的生产资料，种子熏蒸操作比粮食仓库更为严格，尤其是磷化铝用量和种子含水量要求，因此以下操作规程仅供种子熏蒸操作时参考，特别是操作程序和安全防护要求方面值得借鉴。

粮食仓库磷化铝熏蒸安全操作规程

一、熏蒸前准备

1.思想准备

熏蒸前应对操作人员进行安全教育，坚持科学态度，增强工作责任感。

2.组织准备

事先要与当地公安、卫生部门联系配合。单位领导要亲临现场，检查各项准备工作和安全措施，选择技术熟练，经验丰富，政治可靠，有一定组织能力的人员担任指挥。施药工作必须由经过训练、了解药剂性能、掌握熏蒸技术和防毒面具使用方法的人员执行。并安排救护、后备、计时、封门及保卫人员，共同协作搞好熏蒸工作。

3.现场调查，摸清情况，制订方案

摸清粮食储藏情况是熏蒸设计、制订方案的重要依据。因此，首先要组织有关人员深入现场了解粮食的品种、数量、用途、储藏时间、水分、杂质含量、粮温、粮仓湿度、堆放形式、粮堆高度以及天气形势等。认真检查害虫的种类、虫期、密度和活动部位，摸清仓房和厂房的建筑结构、密闭条件、机械设备和与周围群众住房的距离等情况。在此基础上组织有关人员，共同讨论、研究熏蒸方案，确定药剂种类和用药剂量、施药时间及施药方法，并把情况填入粮食仓库熏蒸记录表，一式两份，一份报县(市)粮食局，一份留本单位。

4.测量体积、计算用药量

测量体积应根据不同仓型(包括粮堆和空间)分别计算。然后按空、实仓体积分别计算用药量，设计施药点及每点施药量。

5.整理粮堆、准备用具和器材

熏蒸整仓散装粮食时，应扒平粮面，出入口处用粮包堆成阶梯以便施药人员安全出入；熏蒸包装粮时，粮堆要求平整、牢固，堆与堆之间要用木板架好走道，出入口处要同样堆成阶梯形；熏蒸加工厂时，凡是暴露的金属结构、仪表等易受腐蚀的物品，容易拆卸的拆下移出，不易拆卸的应将暴露部分涂以机油或用塑料薄膜密封起来。

施药前根据使用的药剂和施药方法，切实准备好各种用具和器械。如防毒面具、麻袋、反应缸、喷壶、绳索、橡胶手套，分药秤、仓外投药器等，以便熏蒸工作顺利进行。

6.封糊密闭

门窗结构，既要做到严格密闭，又要便于能仓外散气。封糊前先进行彻底打扫，然后关紧门窗，用旧报纸裁成 4 cm、6 cm、8 cm 的三种宽度、先窄后宽依次覆盖封糊；在封糊过程中，要糊得平整、均匀、牢固，不要有遗漏或空白。也可用塑料薄膜覆盖整个门或窗，然后在薄膜的四周封糊三层报纸或用木槽镶嵌。

二、熏蒸施药

1. 统一指挥，紧密合作

参加熏蒸人员，要求组成一支有组织、有纪律的熏蒸施药队伍。施药前，首先由指挥员讲明药剂性能、操作方法、注意事项、施药信号，然后进仓熟悉施药区域，进行施药演习，把药剂放到指定地点。一切准备就绪，由指挥员对施药人员佩戴防毒面具的情况做一次全面检查，然后到各自负责的施药区域内待命。当指挥员发出施药信号时，施药人员应自向外地根据计划的施药路线，循序进行。救护和后备施药人员要密切注意施药人员的动态，做到互相关心，互相帮助。当施药人员退出熏蒸现场后，要协助指挥员检查施药情况，有无发生燃爆及其他情况，如一切正常，和指挥员一同退出现场。

2. 清点人数，封门测漏

仓外计时人员必须准确清点人数，分别记载每人接触毒气的时间(从施药开始到离开现场)，并在每人使用防毒面具卡上加以记录。仓内人员全部退出现场后，指挥员再通知封门，迅速密封仓门；然后检查门、窗等处有无漏气情况，以保障公共安全和熏蒸效果。

三、熏蒸善后处理

1. 密闭时间

熏蒸施药后，应按规定达到密闭时间后再开仓放气。

2. 通风散气

放气时仍须戴好防毒面具，从仓外先开下风方向的门窗；经过一定时间后再开启上风方向的门窗，借空气对流作用排除毒气。按规定氯化苦不得少于15 d，磷化氢不得少于10 d。气温较低，空气湿度或粮食水分较大时，还要适当延长散气时间。通风散气后，应对仓、厂内的残毒进行测定，证明确无毒气以后，方能进仓工作；散气时要派有经验的人到下风方向的附近居民区检测有无毒气影响。

3. 处理残渣

使用磷化铝熏蒸的仓库、加工厂，通风散气后，应及时处理残渣。由于残渣尚有余毒，应很好收集，以免污染粮食。收集后的残渣应在离水源 50 m 以外僻静处挖坑深埋。用过的器具要洗涤后妥善保管。

4. 检查熏蒸效果

熏蒸后应检查害虫的死亡率，同时检查粮食水分、粮温变化情况，种子粮熏蒸后还须检查发芽率，凡有条件的应测定粮食的残毒量。

5. 预防害虫再度感染的措施

在熏蒸的厂房四周喷布防虫线，并要经常保持仓内外的清洁卫生，未经消毒的包装器材和用具不要携入仓内使用。

四、安全防护措施与防护用具

(1)使用任何化学药剂熏蒸杀虫时，必须经上级领导机关批准后方可使用。

(2)严格执行各种化学药剂的使用范围和使用剂量。

(3)经常参加熏蒸的人员，每年进行一次健康检查。凡是心脏病、肝炎、肺病、贫血、精神不正常、神经过敏症、高血压、皮肤病、皮肤破伤患者、慢性病患者，妇女怀孕期、哺乳期、月经期，以及带上防毒面具不适应者或未满18岁的少年，都不宜参加熏蒸或与毒气接触的工作。

(4)熏蒸人员在分药、施药、散气和处理残渣等过程中，都必须佩戴好质量好、型号规格合适的防毒面具，穿工作服，配制硫酸人员要穿胶靴和戴橡胶手套。

(5)熏蒸施药人员每人每天不超过两次；每次接触毒气的时间不要超过0.5 h，每次工作完了要适当休息。施药人员在工作中如有头昏、刺眼、流泪、咳嗽、嗅到药味不适和其他不适感觉时，应立即停止作业，报告指挥人员后退出现场，到上风方向取下面具，适当休息。不要在毒气环境中勉强支持。

(6)参加药剂熏蒸和处理残渣等毒气接触的人员，要按规定吃一些保健食品，并适当吃些糖、茶、水果等。熏蒸前后，禁止饮酒。磷化氢熏蒸后，禁止食牛奶、鸡蛋及其他油脂食品。

(7)接触毒气人员在工作完毕后，应洗澡更换衣服鞋袜，换下的污染衣物应送到空旷无人的地方散发毒气后，方可携入室内。

(8)分药、施药、检查、散气和处理残渣等工作，均严禁一人单独操作。

(9)禁止在夜间或大风大雨的天气进行熏蒸和散毒工作。用磷化铝、磷化钙进行粮面熏蒸时，要防止仓房漏雨或帐幕内结露使水滴进入药内。

(10)在熏蒸期间要在仓房、加工厂等四周 5～10 m 处设警戒线，立明显标志，并在投药后 24 h 内设专人值班放哨，注意检测观察，有无漏气和起火现象(指有燃烧性的熏蒸剂)。并禁止人畜进入警戒范围以内。

(11)凡熏蒸的仓房、加工厂等都必须与住人的建筑物有一定距离(氯化苦 30 m、磷化铝 20 m)，以策安全。不具备熏蒸条件的仓房、加工厂等，一律不准熏蒸，改用其他防治方法。

(12)应用磷化氢熏蒸时，在施药前要切断仓、厂内电源，消灭一切火源。进仓工作人员，不准穿带铁钉的鞋；必须使用的金属用具，要严防撞击，避免发生火花，引起燃烧爆炸。

(13)装卸、运输、储存药剂时，要轻拿轻放，防止滚动；药箱、药桶、药瓶不要倒放，发现装具破漏，要及时妥善处理；运输途中要防止水湿、雨淋和阳光直射。

(14)熏蒸剂应统一存放在县(市)粮食局指定的单位。储存药剂要有专用库房；硫酸应单独存放，药库应建立在离居民区和其他厩舍较远的地方，要求坚固、干燥、凉爽、不漏雨，能通风并备有防火器材。要建立定期检查制度，禁止在药库内吸烟、饮食等。

五、防毒面具

1. 面罩

主要作用是隔离毒气，保护呼吸和视觉器官。有头盔式和绷带式两种。头盔式面罩用软质橡胶组成，面罩上嵌镶两块玻璃目镜和呼吸活塞，呼吸活塞一般装在面罩下颚部位的前面。并有金属壳保护；吸气活门装在环纹管的螺帽里面。整个面罩可以罩住头顶、耳朵及整个面部，此种面罩型号有 0、1、2、3、4 五种；0 号最小，4 号最大。因此，使用时可根据各人头型大小选择适当型的面罩。

2. 滤毒罐

滤毒罐是用薄金属片压制的，其形状有圆柱形、扁桶形等。罐的上端有螺旋口的出气口，是连接环纹管的；罐的下端有一个圆孔，空气与毒气均由此进入，经滤毒罐过滤后的净化空气通过环纹管送到面罩，供呼吸之用。

滤毒罐内部是由金属网作间隔分离的，其中储有活性炭层、化学药品层、棉花层等构成。

活性炭层能吸附某些种类的毒气，一些活性炭所不易吸附的有毒物质，可在化学层被分解；两者均不能吸收的固体微粒，则能由棉花层过滤截留。这样，通过以上三种层次的过滤，把纯净空气通过滤毒罐送入面罩，供人呼吸。但由于各种滤毒罐的化学吸收层采用的原料不同，或滤烟层的有无，因此各种滤毒罐防毒范围也就各异。通过在罐壳上以颜色或拉丁字母作标记，或两者同时兼有，以示区别。滤毒罐的有效防护时间，是随毒气浓度与接触时间而改变的，即接触的浓度大，有效时间就短，反之，有效时间就长。

3. 环纹管

环纹管是由软橡胶制成的，具有扩张性和弹性。它是连接滤毒罐与防毒面罩输送空气的管道。两端都有螺旋接头，接头内软橡皮垫圈，以利连接严密。

六、防毒面具的使用方法

(1)取出面罩用细软干布轻轻地把面罩里面擦净，继用75%酒精擦抹消毒。

(2)把环纹管的一端与面罩严密结合，另一端与滤毒罐的出气口紧密旋紧，以防漏气。然后打开滤毒罐的进气口胶塞，将滤毒罐装入面具袋内，把面具悬挂在腰前，扎好腰带；两手握住面边缘，以大拇指在内，其余手指在外，将面罩下部紧贴下颚，手指沿着面罩边缘向上移动，撑开面罩并向后拉，戴在头上，使面罩舒展而无皱褶。护目镜对准眼睛，边缘与头部密合，戴好面罩没有不舒服的感觉时，就说明戴得合适。

(3)戴好后，试验面罩是否漏气。方法是取出滤毒罐，将进气口用橡皮塞塞紧，如呼吸时感到窒息而呼吸困难，或吸气时，面罩全部向面部紧贴，就表示不漏气，否则，就有漏气现象，应仔细检查修理。

(4)脱卸面罩时，应离操作现场较远的上风方向，用一手抓住活塞门，将面罩稍向下拉，先脱下颚后再向上一推即可。卸下面具以后，将滤毒罐进气口用橡胶皮塞塞紧，罐盖盖严，并把使用日期、药剂种类，使用时间填入登记卡上。

七、防毒面具的维护和保管

(1)防毒面具每次使用之后，应用柔软的干布擦净，面罩外可用肥皂水或0.5%的高锰酸钾溶液洗净，放在阴凉处晾干。然后涂上少量滑石粉，以免橡胶黏合，装入面具袋以备再次使用。

(2)防毒面具应保藏在干燥、清洁与凉爽的地方。

(3)面罩如因天气严寒而变硬时，不要用火烘烤，以免橡胶变脆，影响使用。

(4)各型滤毒罐，只能防止与其相适应的有害气体，对烟毒、烟雾、毒尘的防护效能不够理想。

(5)擦拭面罩时不要损伤呼吸活门与护目镜。

思考题

1. 仓虫防治的主要方法有哪些？
2. 试述磷化铝的理化性质及熏蒸时的注意事项。
3. 种子微生物控制的方法有哪些？
4. 如何控制种子堆温湿度，确保种子安全经济有效贮藏？
5. 建筑防鼠应注意哪些技术环节？

第六章　种子仓库管理技术

知识目标

- ◆ 了解种子贮藏的管理制度。
- ◆ 知晓种子结露预测的方法。
- ◆ 熟悉种子入库的标准和各种堆垛方式的优缺点。
- ◆ 熟悉检查种子仓库的步骤和种情检查的内容。
- ◆ 熟悉种子结露的预防措施和种子发热的处理方法。
- ◆ 熟悉种子通风的目的、原则、方法。
- ◆ 熟悉种子安全贮藏关键环节。

能力目标

- ◆ 能够做好种子入库前仓库的准备工作。
- ◆ 能够做好种子入库后合理堆放工作。
- ◆ 能够开展种子仓库的日常检查及种情检查工作。
- ◆ 能够采取相应措施预防种子结露与种子发热的发生。
- ◆ 能根据需要开展种子合理通风。

第一节　种子的入库工作

一、种子入库前的准备

(一)种子的准备

1.种子入库的标准

入库种子必须达到入库标准方能入库。2008 年和 2010 年国家质量监督检验检疫总局、国家标准化管理委员会又重新修订和颁布了禾谷类种子、纤维类种子、油料种子，豆类和荞麦种子、瓜菜种子、绿肥种子质量标准。修订的标准，取消了依据种子纯度对杂交种子质量级别的划分；修改了部分质量指标。凡不符合入库标准的种子，不应急于入库，必须经过重新处理，进行清选、干燥或分级，经检验合格后才能入库贮藏(表 6-1 至表 6-7)。

表 6-1 禾谷类作物种子质量指标(GB 4404.1—2008)

%

作物名称	种子类别		纯度不低于	净度不低于	发芽率不低于	水分不高于
水稻	常规种	原种	99.9	98.0	85	13.0(籼) 14.5(粳)
		大田用种	99.0			
	不育系、保持系、恢复系	原种	99.9		80	13.0
		大田用种	99.5			
	杂交种	大田用种	96.0		80	13.0(籼) 14.5(粳)
小麦	常规种	原种	99.9	99.0	85	13.0
		大田用种	99.0			
玉米	常规种	原种	99.9	99.0	85	13.0
		大田用种	97.0			
	自交系	原种	99.9		80	
		大田用种	99.0			
	单交种	大田用种	96.0		85	
	双交种	大田用种	95.0			
	三交种	大田用种	95.0			
大麦	常规种	原种	99.9	99.0	85	13.0
		大田用种	99.0			
高粱	常规种	原种	99.9	98.0	75	13.0
		大田用种	98.0			
	不育系、保持系、恢复系	原种	99.9			
		大田用种	99.0			
	杂交种	大田用种	93.0		80	
粟、黍	常规种	原种	99.8	98.0	85	13.0
		大田用种	98.0			

注：长城以北和高寒地区的水稻、玉米、高粱的水分允许高于13%，但不能高于16%。调往长城以南的种子(高寒地区除外)水分不能高于13%。

表 6-2 豆类种子质量指标(GB 4404.2—2010)

%

作物名称	级别	纯度不低于	净度不低于	发芽率不低于	水分不高于
大豆	原种	99.9	99.0	85	12.0
	大田用种	98.0			
蚕豆	原种	99.9	99.0	90	12.0
	大田用种	97.0			
赤豆(红小豆)	原种	99.9	99.0	85	13.0
	大田用种	96.0			
绿豆	原种	99.9	99.0	85	13.0
	大田用种	96.0			

表 6-3 荞麦种子质量指标（GB 4404.3—2010） %

作物名称	级别	纯度不低于	净度不低于	发芽率不低于	水分不高于
苦荞麦	原种	99.0	98.0	85	13.5
	大田用种	96.0			
甜荞麦	原种	95.0	98.0	85	13.5
	大田用种	90.0			

表 6-4 纤维类油料类种子质量指标(GB 4407.1～2—2008) %

作物名称	种子类别		纯度不低于	净度不低于	发芽率不低于	水分不高于
棉花常规种	棉花毛籽	原种	99.0	97.0	70	12.0
		大田用种	95.0			
	棉花光籽	原种	99.0	99.0	80	
		大田用种	95.0			
	棉花薄膜包衣籽	原种	99.0			
		大田用种	95.0			
棉花杂交种亲本	棉花毛籽		99.0	97.0	70	
	棉花光籽			99.0	80	
	棉花薄膜包衣籽					
棉花杂交一代种	棉花毛籽		95.0	97.0	70	
	棉花光籽			99.0	80	
	棉花薄膜包衣籽					
圆果黄麻	原种		99.0	98.0	80	12.0
	大田用种		96.0			
长果黄麻	原种		99.0		85	
	大田用种		96.0			
红麻	原种		99.0		75	
	大田用种		97.0			
亚麻	原种		99.0		85	9.0
	大田用种		97.0			
花生	原种		99.0	99.0	80	10.0
	大田用种		96.0			
芝麻	原种		99.0	97.0	85	9.0
	大田用种		97.0			
向日葵	常规种	原种	99.0	98.0	85	9.0
		大田用种	96.0			
	亲本	原种	99.0		90	
		大田用种	98.0			
	杂交种	大田用种	96.0			
油菜	常规种	原种	99.0	98.0	85	9.0
		大田用种	95.0			
	亲本	原种	99.0		80	
		大田用种	98.0			
	杂交种	大田用种	85.0			

表 6-5 瓜类种子质量指标(GB 16715.1—2010) %

作物名称		级别	纯度不低于	净度不低于	发芽率不低于	水分不高于
甜瓜	亲本	原种	99.7	99.0	90	8.0
		大田用种	99.0			
	杂交种	大田用种	95.0		85	
	常规种	原种	98.0		90	
		大田用种	95.0		85	
西瓜	亲本	原种	99.7	99.0	90	8.0
		大田用种	99.0			
	二倍体杂交种	大田用种	95.0			
	三倍体杂交种	大田用种	95.0		75	
冬瓜		原种	98.0	99.0	70	9.0
		大田用种	96.0		60	
黄瓜	亲本	原种	99.9	99.0	90	8.0
		大田用种	99.0		85	
	杂交种	大田用种	95.0		90	
	常规种	原种	98.0			
		大田用种	95.0			

表 6-6 白菜类、茄果类、甘蓝类、叶菜类种子质量指标(GB 16715.2～5—2010) %

作物名称		级别	纯度不低于	净度不低于	发芽率不低于	水分不高于
结球白菜	亲本	原种	99.9	98.0	85	7.0
		大田用种	99.0			
	杂交种	大田用种	96.0			
	常规种	原种	99.0			
		大田用种	96.0			
不结球白菜	常规种	原种	99.0			
		大田用种	96.0			
茄子	亲本	原种	99.9	98.0	75	8.0
		大田用种	99.0			
	杂交种	大田用种	96.0		85	
	常规种	原种	99.0		75	
		大田用种	96.0			
辣椒(甜椒)	亲本	原种	99.9	98.0	75	7.0
		大田用种	99.0			
	杂交种	大田用种	95.0		85	
	常规种	原种	99.0		80	
		大田用种	95.0			
番茄	亲本	原种	99.9	98.0	85	7.0
		大田用种	99.0			
	杂交种	大田用种	96.0	98.0	85	7.0
	常规种	原种	99.0	98.0	85	7.0
		大田用种	95.0			

续表 6-6

作物名称		级别	纯度不低于	净度不低于	发芽率不低于	水分不高于
结球甘蓝	亲本	原种	99.9	99.0	80	7.0
		大田用种	99.0			
	杂交种	大田用种	96.0	99.0	80	7.0
	常规种	原种	99.0	99.0	85	7.0
		大田用种	96.0			
球茎甘蓝		原种	98.0	99.0	85	7.0
		大田用种	96.0			
花椰菜		原种	99.0	98.0	85	7.0
		大田用种	96.0			
芹菜		原种	99.0	95.0	70	8.0
		大田用种	93.0			
菠菜		原种	99.0	97.0	70	10.0
		大田用种	95.0			
莴苣		原种	99.0	98.0	80	7.0
		大田用种	95.0			

表 6-7 绿肥种子质量指标(GB 8080—2010) %

作物名称		种子类别	纯度不低于	净度不低于	发芽率不低于	水分不高于
紫云英		原种	99.0	97.0	80	10.0
		大田用种	96.0	97.0	80	10.0
苕子	毛叶苕子	原种	99.0	98.0	80	12.0
		大田用种	96.0	98.0		12.0
	光叶苕子	原种	99.0	98.0		12.0
		大田用种	96.0	98.0		12.0
	蓝花苕子	原种	99.0	98.0		12.0
		大田用种	96.0	98.0		12.0
草木樨	白香草木樨	原种	99.0	96.0		11.0
		大田用种	94.0	96.0		11.0
	黄香草木樨	原种	99.0	96.0		11.0
		大田用种	94.0	96.0		11.0

由于我国南北各省气候条件相差太大，种子入库的标准不可能强求一致，如长城以北和高寒地区的水稻、玉米、高粱的水分允许高于13%，但不能高于16%，调往长城以南的种子(高寒地区除外)水分不能高于13%。其次，由于在相同的水分条件下，一般油料作物种子比含淀粉或蛋白质较多的种子不易保藏。对贮藏种子水分的要求也不相同，如籼稻种子的安全水分在南方必须在13%以下，才能安全过夏季；而含油分较多的种子如油菜、花生、芝麻、棉花等种子的水分必须降低到8%～10%。破损粒或成熟度差的种子，由于呼吸强度大，在含水量较高时，很易遭受微生物及仓虫为害，种子生活力也极易丧失，因此，这类种子必须严格加以清除。

2.种子入库前的分批

农作物种子在入库以前，不但要按不同作物、同一作物的不同品种严格分开，还应根据产地、收获季节、水分及纯净度等情况分别堆放和处理。每批入库种子，无论数量多少，都要均匀一致，要求从不同部位所取得的样品都能反映出该批种子所具有的特点。

通常不同批次的种子都存在着一些差异，如果差异显著，就应分别堆放，或者进行重新整理，使其标准达到基本一致时才能并堆，否则就会影响种子的品质。如净度低的种子容易吸湿回潮，混入净度高的种子堆，不仅会降低后者在生产上的使用价值，而且还会影响种子在贮藏期间的稳定性。同样，把水分悬殊太大的不同批次种子混放在一起，会造成种子堆内水分的转移，致使种子发霉变质。如果种子感病状况、成熟度不一致，也应分批堆放。同批种子数量较多时(如稻麦种子超过 2.5×10^4 kg)也宜分开。种子入库前的分批，对保证种子播种品质和长期安全贮藏十分重要，不能草率行事。

(二)仓库的准备

仓库准备工作包括仓库全面检查、清仓、消毒和计算仓容等。

1.仓库全面检查

仓库使用前应该全面检查，确定仓库是否安全，门窗是否齐全、关闭是否灵便、紧密，防鼠、防雀设备是否完好。

2.清仓

清仓是防止品种混杂和病虫滋生的基础，特别是那些长期贮藏种子而又年久失修(包括改造仓)的仓库。

清仓工作包括清理仓库与仓内外整洁两方面。清理仓库是将仓内的异品种种子、杂质、垃圾等全部清除，同时还要清理仓具，剔刮虫窝，修补墙面，嵌缝粉刷。仓外应经常铲除杂草，排去污水，使仓外环境保持清洁。具体做法如下：

(1)清理仓具　仓库里经常使用的竹席、箩筐、麻袋等器具，最易潜藏仓虫，须采用剔、刮、敲、打、洗、刷、曝晒、药剂熏蒸和开水煮烫等方法进行清理和消毒，彻底清除仓具内嵌着的残留种子和潜匿的害虫。

(2)剔刮虫窝　木板仓内的孔洞和缝隙多，是仓虫栖息和繁殖的好场所，因此仓内所有的梁柱、仓壁、地板必须进行全面剔刮，剔刮出来的种子等杂物应予清理，虫尸及时焚毁，以防感染。

(3)修补墙面　如果种仓内外墙壁因年久失修发生壁灰脱落等情况，应及时补修，防止害虫藏匿。

(4)嵌缝粉刷　经过剔刮虫窝之后，仓内不论大小缝隙，都应该用纸筋石灰嵌缝。当种子出仓之后或在入仓之前，对仓壁进行全面粉刷，不仅整洁美观，而且还有利于发现墙壁上的虫迹。

3.消毒

仓库消毒方法有喷洒和熏蒸两种。由于新粉刷的石灰，在干燥前碱性很强，易使喷洒和熏蒸的药物分解失效。所以在清理仓具和剔刮虫窝之后，就应对仓库消毒，不论是旧仓还是新仓。

空仓消毒可用防护剂或熏蒸剂处理。常用的防护剂有敌百虫、敌敌畏等，熏蒸剂有磷化铝、磷化锌等。施药后要关闭门窗密闭 72 h，然后开窗通风 24 h。用药量见表 6-8。

表 6-8 清仓消毒用药种类及剂量

药名	浓度/%	用药方法	用药量(kg/m^2)
敌百虫	0.5～1.0	喷雾	0.05
敌敌畏	0.1～0.2	喷雾	0.05
敌敌畏	原液 80	挂条	0.01～0.02

注：《中华人民共和国标准主要农作物种子贮藏》GB 7415—2008。

4.计算仓容

计算仓容是为了合理使用和保养仓库，可以有计划地贮藏种子。通常计算仓容的方法是在不损坏仓库、安全贮藏种子、不影响操作的前提下，合理地测算出仓库的可用面积、可堆高度、种子容积，再根据堆放种子的种类来确定仓房的容量。

$$袋装仓容量=可堆放面积(m^2)\times每层包装种子重量/m^2\times堆放层数$$

$$散装仓容量=仓库容积\times种子容重$$

可堆放面积为仓库总面积减去操作道面积(垛与垛之间、垛与墙之间面积等)。散装的仓房一般是采取全仓散装堆放，可以将整个仓房面积减去柱子、门距及间隔的面积。包装的仓房以及围包散装或需要堆放多品种的散装仓房，应留出必要的走道、墙距和间隔，其宽度根据搬运工具与机械操作的需要而定，一般可按走道 2～3 m 掌握。种堆与种堆、种堆与墙壁之间的距离一般不超过 0.6 m。

仓库容积为可堆放面积乘以可堆高度(m)，如不堆成立方体，需根据实际计算。可堆高度一般按设计规定在仓内四壁画有堆高线。无设计标准的简易仓、改建仓等，可根据仓房的牢固程度、堆放方式，结合以往的堆放情况加以研究确定堆放高度。

二、种子的入库堆放

种子入库是在质量检验、清选分级和干燥的基础上进行的。入库前还需做好标签和卡片。标签上注明作物、品种、等级及经营单位全称，将它拴牢在袋外。水稻、玉米、高粱等杂交种的亲本，原种和少量新品种种子，一律用新袋装。袋内外均应有标签。卡片应在包装封口前填写好装入种子袋内，或放在种子囤、堆内。填写内容包括堆号(囤号)、作物品种、种子批号、种子数量、产地、生产日期、入库时间、种子水分、净度、纯度、发芽率。种子入库时，必须过秤，填写单证，做到账目、卡片、实物、台账四相符。然后按种子类别和级别分别堆放，防止混杂。有条件的单位，应按种子类别不同分仓堆放。对计划贮藏时间较长的种子，应存放在贮藏条件较好的仓库内；对计划要调运的种子，可放在一般仓库内。种子入库完毕，由检验员复验种子质量，按仓号、堆垛、品种等级，扦取统样，将检验结果记入卡片。

种子堆放的形式包括袋装贮藏和散装贮藏两种。

(一)袋装堆放

袋装堆放是指用麻袋、布袋、编织袋等盛装种子，然后堆放成垛，垛高一般不超过 7 袋。袋装堆放适用于多品种种子，这种堆放方式既能防止品种间的混杂，又有利于通风和管理。

袋装堆垛方式有实垛法、非字形及半非字形堆垛法、通风垛等。袋装堆垛方式依仓房条件、贮藏目的、种子品质、入库季节和气温高低等情况灵活运用。为了管理和检查方便起见，堆垛时应距离墙壁 0.5 m，垛与垛之间应留有通道，通道宽度大于 1 m，垛高和垛宽应根据种子干燥程度和种子状况而增减。对于含水量较高的种子，垛宽越小越好，便于通风散去种子内的潮气和热量；干燥的种子可垛得宽一些。堆垛的方向应与库房的门窗相平行，如门窗是南北对开，则垛向应从南到北，这样便于管理，打开门窗时，有利空气流通。堆垛时每袋种子的袋口要朝里，以免感染虫害和防止散口倒堆，种垛底部有垫仓板，离地约 20 cm，利于通气防潮。

1. 实垛法

袋与袋之间不留距离，有规则地依次堆放，宽度一般以四列为多(列指袋包的长度)，也可以堆成二列、六列或八列等。长度视仓库而定，有时堆满全仓(图 6-1)。堆垛时两头要堆成半非字形，以防倒垛。实垛法仓容利用率较高，但对种子品质要求很严格，一般适宜于冬季低温入库的种子或临时性存放种子。

2. 非字形及半非字形堆垛法

这种方法是按照非字或半非字排列堆放种袋。如非字形垛是第一层形如非字，中间并列各竖着平放两包，左右两侧各横着平放 3 包。第二层是第一层的中间两排与两边换位排成。第三层的堆法和第一层的相同(图 6-2)。半非字形是非字形的减半。这种堆垛方法的优点是通风性能好，不易倒塌，便于检查。

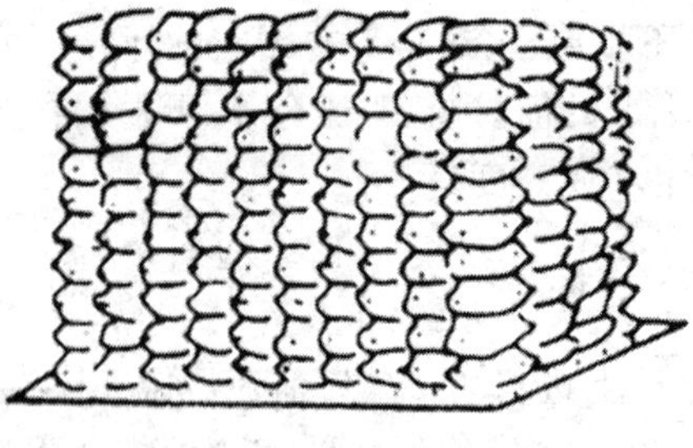

图 6-1　实垛法

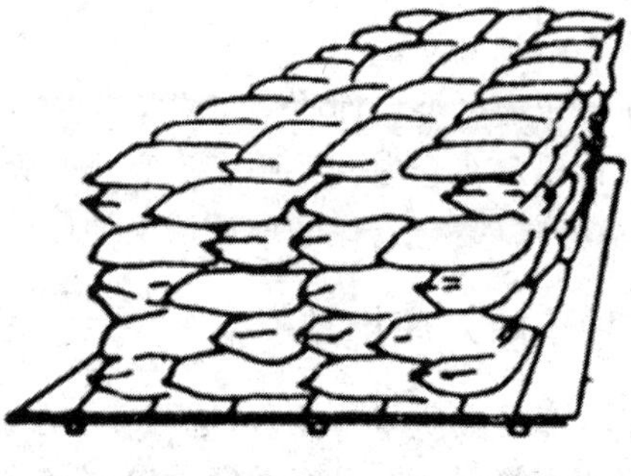

图 6-2　非字形堆垛法

(二)散装堆放

在种子数量多，仓容不足或包装工具缺乏时，多半采用散装堆放。这种贮藏方式对种子要求严格，只适用于净度高和充分干燥的种子。

1. 全仓散堆及单间散堆

全仓散堆堆放的种子数量较多，仓容利用率高。如果需堆放多个品种时，为了避免混杂和管理方便，可将全仓隔成几个单间，进行堆放，即单间散堆。种堆高度一般 2～3 m，但必须在安全线以下，距离库顶大于 0.5 m。全仓散堆数量大，必须严格掌握种子入库标准，平时加强管理，尤其要注意表层种子的结露或出汗等不正常现象。

2. 围包散堆

围包散堆适用于仓壁不十分坚固或没有防潮层的仓库，或堆放散落性较大的种子(如大豆、豌豆)。堆放前按仓房大小,以一批同品种种子做成编织袋或麻袋包装,将包沿壁四周离墙 0.5 m 垛成围包墙,围包墙高度 2 m 左右,在围包以内就可散放种子。围包内的种子必须低于围包高度,并应注意防止塌包。堆围包墙时要包包靠紧,层层骑缝,使围包连成一体,不易倒塌,同时由下而上逐层缩进 3 cm 左右(图 6-3)。

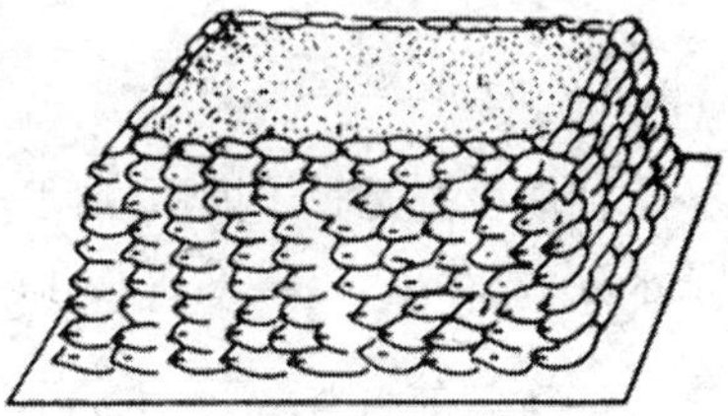

图 6-3 围包散堆

3. 围囤散堆

在品种多而数量又不大的情况下采用此法,当种子级别不同或种子还不符合入库标准而又来不及处理时,也可采取临时堆放措施。堆放时边堆边围囤,囤高一般在 2.0～2.5 m,围沿应高出种子面 10～20 cm,种子面平整。围囤直径不超过 4 m。围囤之间应留有 1 m 的通道,囤与仓壁之间留有 0.5 m 间距。

第二节 种子贮藏管理技术

种子入库后,种子生命活动仍在进行,因此种子贮藏期间,应根据不同季节、不同品种,实行定期定点检查种子仓库,尤其是要加强种情检查,遇到灾害性天气要增加检查次数。检查结果均应记入卡片。同时还应根据不同单位具体情况建立各项管理制度,做好防治混杂、隔热防湿、合理通风、治虫防霉、防鼠雀、防事故等管理工作,切实加强种子结露、发热的预防工作,发现问题及时处理,确保种子安全贮藏。

种子贮藏和粮食贮藏的主要区别在于,种子贮藏要求无混杂和保持较高的活力和发芽率。无混杂是"五无"种子仓库的重要内容之一。在种子贮藏管理的各个环节,都要时刻注意防止混杂。种子进出仓库时比较容易发生品种混杂,特别是水稻种子,类型和品种繁多,特别需要注意。杂交稻种子与其不育系种子难以区别,如搞混或错发,则损失巨大。仓库内不同类别的包装种子应分区、分类堆放,堆垛上应有易于区分的挂牌标识,种子包装内外均要有标签。杂交种子和其亲本种子最好分库存放。散装种子要防止人为的混杂,也要防止鼠、雀等危害造成的混杂。散在地上的种子,如品种不能确定,则不能作为种用。

一、查仓步骤

查仓是一项细致的工作,应有计划有步骤地进行,并要有详细的记录,以便能及时发现问题,全面掌握种情,又能节省人力物力。具体步骤为:①打开仓门后,先闻一下有无异味,然后再看门口、种子堆表面等部位有无鼠雀活动留下的足迹,观察墙壁等部位有无仓虫,用"撒谷看蛾飞"的方法检查蛾类害虫;②划区设点,安放测温、测湿仪器;③扦取样品,供水分、发芽率、虫害、霉变等项目的测定所用;④观看温度、湿度测定结果;⑤察看仓库内外有无倾斜、缝隙和鼠洞;⑥根据以上的检查结果,进行分析,针对问题,及时处理或提出解决的方法。

在实际工作中,常将查仓步骤简要概括成顺口溜:查蛾看漏寻鼠雀,测温过筛再记录。

值得注意的是,包衣种子与其他种子分开存放,有包衣种子专库,进入包衣种子库检查应有安全防护措施。

二、种情检查

种情检查是种子贮藏期间一项重要的工作，也是查仓工作的重点。检查内容包括温度、种子水分、发芽率、虫霉鼠雀及仓库设施安全情况等。

(一)温度检查

种温变化一般能反映出贮藏种子的安危状况，而且相当灵敏，检查方法又简而易行。所以生产上普遍采用检查种温的方法指导贮藏工作。

1. 检查仪器

检查温度的仪器有曲柄温度计、杆状温度计和遥测温度仪等。曲柄温度计又称米温计，外有金属套，里面是一支弯曲温度计，适用于包装种子。杆状温度计用金属制成，杆的一端嵌有温度计一支，长度分 1～3 m 不等，可分上、中、下分别插入种子堆，适用于散装贮藏种子。遥测温度仪由热敏电阻(测温头)与仪表组成，种子入库时把测温头埋到种子堆内，通过导线接在仪表上，只要打开开关调节旋钮，就可分别测出各部分种子的温度，较为简便省力而准确。

2. 检查设点方法

种温检查首先需划区设点，如散装种子在种子堆 100 m^2 面积范围内，可将其分成上、中、下三层，每层设 5 个检查点(似梅花形)，即用三层 5 点 15 处的测定方法。包装种子则用波浪形设点的测定方法。设点并非机械不变，可根据种子堆的不同情况酌情增减。如种堆面积超过 100 m^2 的，就该相应地增加检查点。对于平时有怀疑的区域，如靠墙壁、屋角、近窗处以及曾有漏雨渗水等部位，都应增加检查点，以便更全面地掌握情况。

3. 检查周期

种子入库完毕后的半个月内，每 3 d 检查一次(北方可减少检查次数，南方对含油量高的油菜种子、棉花种子要增加检查次数)，以后每隔 7～10 d 检查一次。二三季度，每月检查一次。

4. 检查时间

1 d 内检查温度以上午 9～10 时为宜，此时受外界影响小。除了检查种温外，还要记录仓温和气温。

(二)种子水分检查

种子水分检查同样需要划区定点。一般散装种子以 25 m^2 面积为一小区，分三层 5 点 15 处设 15 个检查点取样。袋装种子则根据堆垛大小，把样袋均匀地分布在堆垛的上、中、下各部，并呈波浪形设点取样。从各点取出的种子混合为混合样品，然后按照国家标准(GB/T 3543.6—1995 农作物种子检验规程 水分测定)进行分析。对于有怀疑的检查点，所取出的样品则应单独分开。分析方法可先用感官法看、摸、闻、咬。即看种子色泽有无变化，摸种子是否潮湿的感觉，闻种子有无霉味，咬种子是否松脆。一般是种子色泽无变化，有干燥感觉，无霉味，咬上去很松脆为安全的。对于那些感觉上有怀疑的种子，则应用仪器复验。

种子水分检查的周期取决于种温和当地的气候条件，一般一、四季度，每季检查一次，二、三季度，每月检查一次，在每次整理种子以后，也应检查一次。北方地区至少检查两次，南方地区适当增加检查次数。另外仓库密闭性较差，遇到阴雨梅雨季节可以根据需要增加测定次数，种子进出仓和熏蒸杀虫前也应该测定种子的水分。

(三)种子发芽率检查

种子发芽率检查可根据定点取样,将其混合成混合样品。然后按照国家标准(GB/T 3543.4—1995 农作物种子检验规程 发芽试验)进行分析。小粒种子为 100 粒,大粒种子为 50 粒,重复 4 次。通常小粒种子放在用吸水纸做成的发芽床上,大粒种子则选用以沙子做成的发芽床或纸间为宜,中粒种子选用纸床、砂床均可。然后置于恒温箱内发芽。

种子发芽率一般每 4 个月检查一次,但应根据气温变化,在高温或低温之后,以及在药剂熏蒸后,都应相应增加一次。种子进出仓均需测定种子发芽率,最后一次不得迟于种子出仓前 10 d 做完。

(四)仓库害虫检查

1.仓库害虫的活动规律

冬季温度低,仓库害虫危害少,春季气温回升,危害逐渐增大,夏季气温高,尤其在 7～8 月份害虫活动猖獗,危害严重,进入秋季后气温下降,危害逐渐减少。

害虫在种堆内的活动受种温影响较大,一般是向温度较高的部位移动。春季移向靠南面的 30 cm 以下,夏季多集中在种子堆表面,秋季移向靠北面的 30 cm 以下,冬季则移向种子堆 1 m 以下深处。蛾类一般只在种堆表面及表层 30 cm 左右活动。

2.仓库害虫检查方法

检查害虫的方法一般采用筛检法,上、中、下三层随机抽样,袋装种子 500 包以下取 10 包,501 包以上按 2%比例扦样,大粒种子拆包取样,散装种子 100 m^2 以内扦样 5～10 点,101～500 m^2 扦样 10～15 点。在一个检查点取 1 kg 种子,经过一定时间的振动筛理,把虫子筛下来,然后分析其虫种及活虫头数,统计虫种和每千克种子感染率(头/kg)。

有些仓库害虫具有假死性,在气温下降的季节,需正确判别害虫死活状况。一般可将虫子放在手掌上或呵一口热气,活虫受热后便会苏醒爬动起来。也可用指甲将害虫碾碎,如有水分则为活虫。

检查蛾类害虫,可用撒谷看蛾飞目测统计,即就手抓把种子抛撒,当种子堆表面因撒谷振动后,蛾类害虫会飞起来,然后观察虫口密度计数。

仓库害虫危害检查周期决定于季节和仓温,仓温在 20℃以下每 2 个月检查一次;20℃以上每半月一次。夏季高温则应每周检查一次。

(五)鼠、雀、霉的检查

查鼠、雀是观察仓内有否鼠、雀留下的新鲜粪便或足迹,平时应将种子堆表面整平以便发现足迹。一经发现予以捕捉消灭,还需堵塞漏洞。

检查种子霉烂的方法一般采用目测和鼻闻,检查部位一般是种子易受潮的壁角、底层和上层或沿门窗、漏雨、渗水等部位。

(六)仓库设施检查

检查仓库地坪的渗水、房顶的漏雨、灰壁的脱落等情况,特别是遇到强热带风暴、台风、暴雨等天气，更应加强检查。同时对仓库门窗启闭的灵活性和防雀网、防鼠板的坚牢程度进行检查。

三、种子结露的预防与处理

（一）种子结露的预防

种子结露是种子贮藏过程中常见的现象。种子结露使种堆局部种子含水量急剧增加，生理活动随之增强，导致种子发芽、发热、虫害和霉变。只要加强管理，采取措施就可消除这种现象的发生。即使种子已出现结露现象，将种子进行翻晒干燥、除水，不使其进一步发展，可以避免种子遭受损失或少受损失。因而，预防种子结露，是贮藏期间管理上的一项经常性工作。

预防种子结露的方法，关键在于设法缩小种子与空气、接触物之间的温差，具体措施如下：

1. 保持种子干燥

干燥种子能抑制种子生理活动及虫、霉危害，也能使结露的温差增大，在一般的温差条件，不至于立即发生结露。所以种子入库前一定要充分干燥，降到安全水分以下才能入库。

2. 密闭门窗保温

季节转换时期，气温变化大，这时要密闭门窗，门窗缝隙处要糊 2～3 层纸条，尽量减少出入仓库次数，以隔绝外界湿热空气进入仓内，可预防结露。

3. 表面覆盖移湿

春季在种子堆表面覆盖 1～2 层麻袋片，可起到一定的缓和作用。即使结露也是发生在麻袋片上，到天晴时将麻袋移置仓外晒干冷却再使用，可防种子表面结露。

4. 翻动面层散热

秋末冬初气温下降，经常翻动种子面层深至 20～30 cm，必要时可扒深沟散热，可防止上层结露。

5. 种子冷却入库

经曝晒或烘干的种子，都应冷却后才能入库，可预防地坪结露。

6. 围包柱子

有柱子的仓库，可将柱子整体用一层麻袋包扎，或用报纸 4～5 层包扎，可防柱子周围的种子结露。

7. 通风降温排湿或仓内空间增温

气温下降后，如果种子堆内温度过高，可采用机械通风方法降温，使之降至与气温接近，可防止上层结露。对于采用塑料薄膜覆盖贮藏的种子堆，在 10 月中、下旬应揭去薄膜改为通风贮藏。

如不能通风降温，将门窗密封，在仓内用电灯照明，可使仓内增温，提高空气持湿能力，减少温差，可防上层结露。

8. 冷藏种子增温

冷藏种子在高温季节出库，需进行逐步增温或通过过渡间，使之与外界气温相接近，可预防种子结露，但每次增温温差不宜超过 5℃。

（二）种子结露的处理

种子结露预防失误时，应及时采取措施加以补救。补救措施主要是降低种子水分，以防进一步发展。处理时，应根据具体的结露情况，采取不同的措施，具体如下：

(1)如果是种子堆表层结露，可将结露部分种子深至 50 cm 的一层揭去曝晒。或翻动种面、扒沟自然通风进行降温降湿。

(2)如果是种子堆深层结露，范围过大，则进行整仓大功率机械通风；范围较小，可采用单管风机或通风机组进行结露部位局部通风。

(3)对因仓储害虫猖獗引起的结露，应及时熏蒸仓库，或用药剂杀死害虫。

(4)对因贮藏种子杂质过多且集中引起的结露，应首先降温散湿，再进行过筛除杂。

(5)当种子结露严重时，应倒仓曝晒或烘干。

(6)当曝晒受到天气影响，也无烘干通风设备时，可根据结露部位采用就仓吸湿的办法，也可收到较好的效果。即采用装有生石灰的麻袋，平埋在结露部位，让其吸湿降水，经过 4～5 d 取出。如果种子水分仍达不到安全标准，可更换石灰再埋入，直至达到安全水分为止。

四、种子发热的预防与处理

根据种子发热的原因，可采取以下措施加以预防。

1. 严格掌握种子入库的质量

种子入库前必须严格进行清选、干燥和分级，不达到标准，不能入库，对长期贮藏的种子，要求更加严格。入库时，种子必须经过冷却(热进仓处理的除外)。这些都是防止种子发热、确保安全贮藏的基础。

2. 做好清仓消毒，改善仓储条件

贮藏条件的好坏直接影响种子的安全状况。仓房必须具备通风、密闭、隔湿、防热等条件，以便在气候剧变阶段和梅雨季节做好密闭工作；而当仓内温湿度高于仓外时，又能及时通风，使种子长期处在干燥、低温、密闭的条件下，确保种子安全贮藏。

3. 加强管理，勤于检查

应根据气候变化规律和种子生理状况，订出具体的管理措施，及时检查，及早发现问题，采取对策，加以制止。种子发热后，应根据种子结露发热的严重情况，采用翻耙、开沟、扒塘等措施排除热量，必要时进行翻仓、摊晾和过风等办法降温散湿。

发过热的种子必须进行种子发芽率检查，凡已丧失生活力的种子，应改作他用。

五、种子贮藏管理制度

为规范种子贮藏管理，种子贮藏单位应建立健全的质量管理文件(质量手册)，其中应包括以下主要管理制度：

1. 岗位责任制度

明确库房的行政、业务负责人和种子贮藏技术人员、工作人员的责任与义务，每个岗位的职责都应有详细描述。贮藏技术人员应具有较强的责任心和敬业精神，业务素质和管理水平较高，并接受有关部门的定期考核和强化培训，持证上岗。

2. 安全保卫制度

仓库要建立值班制度，组织人员巡查，及时消除不安全因素，做好防火、防盗工作，保证不出事故。

3. 清洁卫生制度

做好清洁卫生工作是消除仓库病虫害的先决条件。仓库内外须经常清扫和消毒，保持清洁卫生。要求做到仓内六面光（房式仓四面墙壁和上下两面），仓外三不留（杂草、垃圾和污水）。种子出仓时，应做到出一仓（囤）清一仓（囤），防止种子混杂和感染病虫害。

4. 检查评比制度

检查内容主要包括气温、仓温、种温、大气湿度、仓内湿度、种子水分、发芽率、虫霉鼠雀及仓库设施安全情况等。并根据种子仓库情况开展“五无”仓库的评比，“五无”种子仓库是指种子贮藏期间无混杂、无害虫、无霉变、无鼠雀、无事故。通过评比，交流种子贮藏技术与管理工作经验，促进种子贮藏工作的顺利开展。

5. 档案制度

每批种子入库、出库，都应将其种子来源、数量、包装、虫害、质量状况及其处理意见等逐项登记入册和建立电子档案，每次检查后的结果必须详细记录和保存（最好在纸质档的基础上同时用电子档保存），便于前后对比分析和考查，有利于发现问题，及时采取措施，改进工作。按每个种子批进行种子贮藏情况记录，其表格式样可参考表 6-9。

表 6-9　仓内种子贮藏情况记录表　　　　种子批编号

品种名称	入库日期	种子数量	检查日期			相对湿度/%		气温/℃	仓温/℃	种堆温度/℃															种子水分/%	种子发芽率/%	种子纯度/%	虫害情况/(头/kg)		处理意见
			月	日	时	仓外	仓内			东			南			西			北			中						玉米象	谷蠹	
										上层	中层	下层	上层	中层	下层	上层	中层	下层	上层	中层	下层	上层	中层	下层						

检查员：

6. 财务会计制度

每批种子进出仓库，必须严格实行审批手续和过磅记账，账目要清楚，账、物、卡（含标签）要相符，对种子的余缺做到心中有数，不误农时，对不合理的额外损耗要追查责任。

六、种子通风工作

通风是种子在贮藏期间的一项重要仓库管理工作，根据季节变换时外界温度和湿度的变化特点，结合仓房的性能状况和种子的包装、堆放方式，从仓顶、墙壁、门窗、地坪和贮藏用具等方面全面考虑，合理通风，方能确保种子安全贮藏。

（一）通风的作用

种子贮藏期间仓库进行合理通风，对种子安全贮藏有着重要作用，主要表现在：①维持种堆温度均衡，防止水分转移；②降低种堆内部温度，以抑制霉菌繁殖及仓虫的活动；③促使种堆内的气体对流，排除种子本身代谢作用产生的有害物质和熏蒸杀虫剂的有毒气体等。对于有发热症状或经机械烘干的种子，则更需通风散热。

（二）通风的原则

通风之前必须测定仓库内外的温度和相对湿度的大小，以决定能否通风。

通风的原则主要掌握以下几种情况：① 遇雨天、刮台风、浓雾等天气，不宜通风；一天内，傍晚可以通风，后半夜不能通风。② 当外界温湿度均低于仓内时，可以通风。但要注意寒流的侵袭，防止种子堆内温差过大而引起表层种子结露。③当外温度与仓内温度相同，而仓外湿度低于仓内；或者仓内外湿度基本上相同而仓外温度低于仓内时，可以通风。前者以散湿为主，后者以降温为主。④仓外温度高于仓内而相对湿度低于仓内；或者仓外温度低于仓内而相对湿度高于仓内，这时能不能通风，就要看当时的绝对湿度，如果仓外绝对湿度高于仓内，不能通风，反之就能通风。

（三）通风方法

种子仓库通风一般采用自然通风或机械通风的方法，主要根据仓库的设备条件和需要选择进行。

1. 自然通风法

自然通风法是根据仓房内外温、湿度状况，选择有利于降温降湿的时机，打开门窗让空气进行自然流通以达到仓内降温散湿的一种方法。

自然通风法的效果与温差、风速和种子堆装方式有关。当仓外温度比仓内低，便产生仓内外空气压力差，冷空气进入仓内，热空气排出仓外，温差越大，内外空气流通越快，通风效果越好，温差过大应提防种子结露；风速越大则空气流通快，通风效果好，但同样要预防降温过快导致种堆上下层间种温差异过大引起结露；仓内包装堆放的通风效果比散装堆放的要好，小堆、通风垛堆放的通风效果比大堆、实垛堆放的要好。

2. 机械通风法

机械通风法是一种用机械鼓风（或吸风）通过通风管或通风槽进行空气对流，使种堆达到降温降湿的方法，多半用于散装种子。由于它是采用机械动力，通风效果比自然通风为好，具有通风时间短、降温散湿快而均匀等优点。

机械通风按照通风的范围、风网的型式、送风的方式、气流方向、空气温度调节方式、机械设备类型等不同分为多个种类。

（1）按通风范围分类　可分为整体通风和局部通风两类。

（2）按风网的型式分类　可分为地槽通风系统、地上笼通风系统、移动式通风系统、箱式通风系统、径向通风系统和夹底通风系统。

地槽通风系统和地上笼通风系统均适用于整体通风。地槽通风系统是种子仓库地坪之下建有固定槽形通风道的通风系统，槽上铺设筛孔板或分设若干个空气分配器，风道口延伸到墙外与风机相连，气流穿过筛孔板或分配器被均匀送入粮堆。地槽风道一般不占仓容，不影响进出种子操作，管道坚固耐用，管理方便；其缺点是施工麻烦，一次投资大，系统阻力较大，均匀性不如地上笼通风系统好；适用于未建地坪的老仓和新建仓房。

地上笼通风系统是指在种子入库前在仓库地坪之上敷设笼形通风道的移动式通风系统，风道截面形状有倒 U 形、三角形、圆形、矩形、梯形等多种，可用竹木、金属等材料制成；该系统优点是操作方便，投资少，通风阻力小，电耗低，均匀性好，降温显著，通风效果优于地槽风道；其缺点是每次进出种子都要拆、装管道，影响进出仓机械作业，通风结束后风道需要有地方存放；适用于不破坏地坪的仓房、露天垛和筒仓通风。

移动式通风系统适用于局部通风或应急通风，有单管通风系统和多管通风系统。单管通风系统指采用 1 台小型通风机与单个扦插式通风管配套，插入种堆内进行通风的系统。多管通风系统指 1 台通风机带有多个扦插式通风管，插入种堆内进行通风的系统。该系统具有移动性强，布点灵活的特点，但装卸麻烦，布、压、拔管劳动强度大，电耗高，适用于处理种堆局部发热的部位。处理种堆局部发热的房式仓或上层种子发热、表层结露的筒仓、浅圆仓或地下仓时使用。

箱式通风系统适用于小型房式仓的局部通风或整体通风，是指风机通过供风导管直接与预先埋入种堆的箱型分配器相连的吸出式通风系统；需覆盖薄膜采用分段揭膜法（每次揭膜 1.5～2 m）通风；该系统通风均匀性较差，耗电量较大，劳动强度大，但不影响进出种子作业。

径向通风系统适用于筒式仓或种囤通风，是指筒状空气分配器竖置于种堆中央，顶端封闭，使气流沿径向运动、从冲孔板仓壁流出的通风系统；在仓内中心安置一个直径为 450～1 000 mm 的金属孔板构成的内风筒，外仓壁可用冲孔板，或木板镶嵌的孔板构成，甚至是金属筛网做成内壁透气的双层仓壁。如东北用作通风干燥的径向通风干燥仓和露天通风垛，当内外种层的水分差异较大，应在干燥过程中倒仓一次，以减少水分的不均匀性。

夹底通风系统也称无风道的通风系统，是指在圆仓底部设全开孔底板的通风系统，适用于小型种子仓库的整体通风。

（3）按送风方式分类　可分为压入式、吸出式、混合式和环流通风。

压入式通风是指利用风机产生的压力，先将外界空气通过风道送入种堆，然后经种堆表面从排气口，或门窗排至仓外；该法通风均匀性好，能耗低；先处理风道周围的种子，如下部种子先降温、降水；用于房式仓远离风道处的中、上层种温高时通风。

吸出式通风是指利用风机产生的吸力，先使外界空气从种子表面进入种堆，然后通过风道排至仓外，或先使外界空气经风道进入并穿过种堆，最后经风机排至仓外；对未装满、堆高较浅或种堆局部发热的部位覆盖薄膜，采用揭膜通风的方式，以达到局部通风降温的目的；但能耗较高。如上部种子先降温、降水，用于房式仓如靠近风道处的中、下层种温高时通风。主要适用于降温通风、预防结露通风等。

除采用压入式与吸出式通风外，对于种堆较厚的筒仓通风时，因种子层阻力较大，可用两台风机，采用压入与吸出相结合的混合式通风方式。在种堆风网中，空气输入端由通风机正压送风，空气输出端由另一台通风机负压吸风；在通风过程中，一个通风阶段采用压入式通风，另一阶段采用吸出式通风，适用于种子层较厚或水分不易平衡条件下的通风。

环流通风是指通过环流管的连接，使系统内的气体循环运行的通风模式。适用于环流熏蒸和谷物冷却机冷却通风。环流熏蒸使熏蒸气体快速地在粮堆内实现均匀分布；在谷物冷却机冷却通风中，可减少能源消耗，将低于外界气温的废气重新利用。

(4)按气流方向分类　可分为上行式、下行式、横流式通风。

上行式通风指外界空气从底部进入种堆向上流动，穿过种层后排出仓外的通风。下行式通风则是指外界空气从种堆表面进人种堆向下流动，穿过种层后，由仓底风道排出仓外的通风。横流式通风是指外界空气从种堆一侧横流穿过整个或部分种堆后进入另一侧，再排出仓外的通风，适用于跨度小于 15 m 的仓房通风。

(5)按空气温度调节方式分类　可分为自然空气通风、加热空气通风、冷却空气通风。

自然空气通风就是外界空气不经调节直接送入种堆的通风。加热空气通风则是将外界空气适当加热升温后送入种堆，主要适用于降水通风。冷却空气通风是将外界空气经机械制冷后送入种堆的通风。

(6)按通风机械设备类型分类　可分为离心式通风机通风、轴流式通风机通风、混流式通风机通风和冷却机通风。

离心式通风机的工作原理是：当叶轮在机壳内高速旋转时，位于叶轮之间的空气在离心力作用下，沿流道向叶轮周边流动，逐渐向机壳中集中，由机壳出口流出。此时，叶轮中间部分便形成低于大气压力的负压状态，因而外部的空气在压力差的作用下，不断从吸口进入，落到流道中以补充被压出的空气。这样，在离心力的作用下，就形成了源源不断的空气流。这种风机也称作离心风机。

根据离心风机输出气体的压强大小分为：低压离心风机(低于 1 000 Pa 以下)，用于小风量的通风降温；中压离心风机(1 000～3 000 Pa)，用于风道长、系统阻力大的通风系统，如通风降水；高压离心风机(3 000～15 000 Pa)，用于气力输送、通风除尘或筒仓通风。

离心式通风机通风量大、风压大，降温快、时间短、电耗高，适用于风网阻力较大状态下的通风。

轴流式通风机的工作原理是：当电机带动叶轮旋转后，空气由进风口处吸入，经过叶轮获得能量，再经扩散筒排出。此时部分能量转为静压，空气流出，送到风网。由于气流在风机中沿着叶轮转轴作轴向流动，故称为轴流风机。

轴流式通风机通风量大、风压小，降温慢时间长，电耗低，适用于风网阻力较小状态下的通风。其中排风扇通风，适用于低风压缓速降温通风。

混流式通风机通风适用于风网阻力适中的通风，其风机压力大于轴流式。

冷却机通风适用于环境空气温湿度较高时的冷却通风。

(四)机械通风系统的管理技术

1. 种子入仓的注意事项

种子入仓前要检查通风系统是否完好，风道是否畅通；要求风道内不得有积水和异物；地上笼风道的衔接部位要牢固，确保装种后风网内不会漏入种子。

在种子入仓过程中要采取减少自动分级的措施，以保持种堆的均匀性，并随时检查风道的完好情况，入库结束后要平整种面。

2. 通风前的准备

(1)检查风机与风道连接的牢固与密封程度；保证接线正确，防止风机反转；采用移动式风机作业时,风机必须有效固定。

(2)开始通风前首先要打开仓房门窗,便于气体交换,减少通风时对仓体形成的压力载荷。

(3)采取揭膜通风的,通风前需用薄膜覆盖在种堆表面上。开机后,检查薄膜的完好情况,对查出的漏气孔洞要及时贴补。

(4)测定种堆的温度、水分以及大气的温度、湿度,按照通风原则,判断能否通风。

3.通风过程中的操作与管理

(1)多台风机同时使用时,应逐台单独启动,待运转正常后再启动另一台,严禁几台风机同时启动;用于通风作业的风机不允许直接并联或串联使用。

(2)采用吸出式通风作业时,其风机出口要避免直接朝向易损建筑物和人行通道。

(3)设备自动停机时,应查清原因,待事故排除后再重新启动;电机升温过高或设备振动剧烈时应立即停机检修;不允许在运转中对风机及配电设备进行检修。

(4)种子堆上、中、下层降温不一致,未达到要求不能停止通风,或采用先吸后压方式可提高通风效果。

4.通风的条件

(1)通风降水的条件

①湿度条件:根据大气的温、湿度,找出相对应的种子平衡水分值,用平衡水分值对照需通风的种子水分值,若平衡水分值小于种子水分值1%以上的,则可以通风降水。

②温度条件:当气温10℃以上可以通风降水,高于15 ℃时通风降水明显。

以上若有一个条件不符合时,应中断通风降水。

(2)通风降温的条件

①湿度条件:根据大气的温、湿度,找出相对应的种子平衡水分值,若平衡水分值小于种子水分值,则可以通风降温。

②温度条件:当种堆平均温度比大气温度高≥8℃(亚热带6℃)时开始通风;当种堆平均温度比大气温度高≥4℃(亚热带≥3℃)可以继续通风。

5.通风过程中的检查项目

(1)要对门窗的开启、风机的运转和薄膜的完好情况进行检查;采取吸出式通风的还要经常观察风机出风口是否有异物或种粒被吸出,发现问题要及时停机处理。

(2)通风开始前和每个阶段通风结束后的种情检测项目、测点和取样点的布置均按有关要求执行,防止出现死角。

(3)检测种子水分、温度的时间和要求

①降温通风。温度每4 h至少测定一次,并根据变化了的情况,按照“降温通风条件”中有关要求重新确定是否继续通风;每个阶段通风结束以后要检测整仓种子水分情况。

②降水通风。温度每8 h至少测定一次,并根据变化了的情况,按照“降水通风的条件”中有关要求重新确定是否继续通风;水分每8 h分层定点测定一次。

6.通风结束后的管理

(1)通风降温后,需去除通风管以防管壁周围的种子结露。

(2)及时拆下风机,关闭门窗,用隔热材料堵塞风道口,做好种堆的隔热密封工作。

(3)拆下的风机经检修、保养和防腐处理后进行妥善保管,以备再用。

(4)详细填写通风作业记录卡。

七、种子安全贮藏关键环节

1. 把好种子的水分关

种子水分是种子生理代谢作用的介质和控制开关。在种子发育、成熟、发芽以及收获以后的不同时期，种子的物理性质和生化变化皆与水分的状态及含量有密切关系。

种子的安全水分一般不应超过临界水分。安全水分的确定还要考虑不同地区所处的温度、常年大气湿度。南方的安全水分必须低于北方。因此从北方调入种子，必须在入库前测定种子水分，把种子水分降至当地的安全水分才能入库。

2. 把好种子入库关

严把种子入库关应做到“五不入库”和“五分开”。“五不入库”的种子是来源不清的种子；品种名称、数量不清种子，水分高于标准的种子；净度低于标准的种子；有活虫和病菌感染的种子；无种子纯度和发芽率检验结果的种子。“五分开”是有虫、无虫种子分开；不同种类、品种种子分开；不同含水量种子分开；不同纯、净度种子分开；新陈种子分开。

3. 把好贮藏条件关

创造适宜的贮藏条件是保证种子安全贮藏的重要环节，根据经济合理有效的原则，种子贮藏最佳的环境条件是空气相对湿度控制在 65%以下，温度在 15℃左右，这样既能使种子保持较低的生命活动，又能较好地抑制微生物与仓库害虫的活动，从而达到种子安全贮藏的目的。

4. 把好仓库科学管理关

根据种子水分不同，确定适宜的堆高与堆垛方法，散堆种子应根据种子水分与散落性，堆高不能超过安全线，包装种子应根据种子水分和包装材料的不同，进行科学管理种子仓库，采用密封性好的包装材料包装种子，种子水分必须在安全水分以下，选用密封性差的包装材料包装种子，应该创造良好贮藏环境。在种子贮藏管理的各个环节，都要时刻注意防止混杂。种子贮藏期间，应根据不同季节、不同品种，实行定期定点检查种子仓库，尤其是要加强种情检查，做好检查结果记录。同时还应根据不同单位具体情况建立各项管理制度，做好隔热防湿、合理通风、治虫防霉、防鼠雀、防事故等管理工作，切实加强种子结露、发热的预防工作，发现问题及时处理，确保种子安全贮藏。

本章小结

本章介绍了种子入库前种子的准备、仓库的准备工作，重点阐述了种子入库后的合理堆放技术以及查仓步骤、种情检查、种子结露、发热预防、贮藏管理制度、种子通风等仓库管理技术，最后总结了种子安全贮藏的关键环节。

应用案例

一、种子结露的预测

种子结露是由于空气与种子之间存在温差而引起的，但并不是任何温差都会引起结露，只有达到露点温度时才会发生结露现象。为了预防种子结露，必须及时掌握露点温度。预测露点温度的方法有多种，在此介绍常用的两种。

1. 应用种堆露点近似值检查表

预测种子的露点温度，一般可采用查露点温度的方法进行。例如，已知仓内种子水分为13%，种温20℃，查表6-10，以种子水分13%向下找，种温20℃向右找，二者的交点就是露点的近似值，即约在温度12℃。说明种子水分13%时，种温由20℃降至12℃时，温差8℃以上时，就有可能发生结露现象。

表6-10 种子堆露点温度近似值(℃)检查表

种温/℃	种子水分/%								
	10	11	12	13	14	15	16	17	18
0	−14	−11	−9	−7	−6	−4	−3	−2	−1
5	−9	−7	−5	−3	−1	0	1	3	4
10	−2	0	1	3	4	5	7	8	9
13	1	3	4	6	7	9	10	11	12
14	2	4	6	7	8	10	11	12	13
15	3	5	6	8	9	10	12	13	14
16	3	5	7	8	10	11	13	14	15
18	4	6	8	10	12	13	15	16	17
20	6	8	10	12	13	15	16	18	19
22	8	10	12	14	15	17	18	20	21
24	10	12	14	16	17	19	20	22	23
26	12	14	16	18	20	21	22	24	25
28	14	16	18	20	22	23	24	26	27
30	16	18	20	22	24	25	26	28	29
32	18	20	22	24	26	27	28	30	31
34	20	22	24	26	28	29	30	32	33

2. 应用空气饱和湿度表

在一定温度下，空气的饱和湿度是个常数，当空气中实有水汽达到饱和时便能发生结露。因此，根据这种关系就可预测露点。

例：种温为20℃，仓内或种堆的湿度为74%，求露点？

测算方法：

(1)查饱和水汽量表，参见表6-11，得出20℃时的饱和水汽量为17.117 g/m^3。

(2)计算20℃时的实有水汽量，17.117×74%=12.667 g/m^3。

(3)再查饱和水汽量表，当12.667 g/m^3为饱和水汽量时，其相当的温度在15℃与14℃之间，接近15℃，则取15℃为所求的露点。即如果入库种子的温度低于15℃，就有可能发生结露。

表 6-11　空气的饱和水汽量表　g/m³

温度/℃	饱和水汽量	温度/℃	饱和水汽量	温度/℃	饱和水汽量	温度/℃	饱和水汽量
－20	1.078	－3	3.926	14	11.961	31	31.702
－19	1.170	－2	4.211	15	12.712	32	33.446
－18	1.269	－1	4.513	16	13.504	33	35.272
－17	1.375	0	4.835	17	14.338	34	37.183
－16	1.489	1	5.176	18	15.217	35	39.183
－15	1.611	2	5.538	19	16.143	36	41.274
－14	1.882	3	5.922	20	17.117	37	43.461
－13	1.942	4	6.330	21	18.142	38	45.746
－12	2.032	5	6.768	22	19.220	39	48.133
－11	2.192	6	7.217	23	20.353	40	50.625
－10	2.363	7	7.703	24	21.544	41	53.8
－9	2.548	8	8.215	25	22.795	42	56.7
－8	2.741	9	8.858	26	24.108	43	59.3

二、种子仓库通风的判定

仓外温度高于仓内而相对湿度低于仓内；或者仓外温度低于仓内而相对湿度高于仓内，这时种子仓库能不能通风？例如，仓外气温为 15℃，空气相对湿度为 80%；而仓内温度为 20℃，相对湿度 65%的情况下，仓库能否通风？

经查饱和水汽量表（表 6-11）知道，温度 15℃时的饱和水汽量为 12.712 g/m³，温度 20℃时的饱和水汽量为 17.117 g/m³，它们的绝对湿度分别为：

$$仓外绝对湿度=12.712\ g/m^3\times 80\%=10.169\ 6\ g/m^3$$

仓内绝对湿度＝$17.117\ g/m^3\times 65\%=11.126\ 1\ g/m^3$，二者相比较，仓内绝对湿度大于仓外，因此种子仓库可以通风。

思考题

1. 种子入库前仓库应做好哪些准备工作？
2. 何为非字形堆垛法？简述该法的优缺点及堆垛时应注意哪些技术环节。
3. 简述种子仓库的查仓步骤和种情检查的主要内容。
4. “五无种子仓库”具体内容有哪些？
5. 种子通风的目的是什么？如何做好种子的机械通风？
6. 种子安全贮藏有哪些关键环节？

第七章　低温低湿种子仓库及其管理技术

知识目标

◆ 了解低温低湿种子仓库的制冷设备。

◆ 熟悉低温低湿种子仓库的基本要求。

◆ 熟悉低温低湿种子仓库设备管理与维护。

◆ 熟悉低温低湿种子仓库仓储管理制度和管理流程。

◆ 熟悉简易低温低湿种子仓库的管理方法。

能力目标

◆ 能够严格按照低温低湿种子仓库仓储管理制度开展种子贮藏管理工作。

◆ 能够做好低温低湿仓库设备管理与维护工作。

◆ 能够根据单位实际开展简易低温低湿种子仓库贮藏保管工作。

低温低湿仓库采用机械降温的方法使库内的温度保持在15℃以下，相对湿度控制在65％左右。经过试验和大批生产用种贮藏表明，这类仓库对于贮藏杂交种子和一些名贵种子，能延长其寿命和保持较高的发芽率。但是，这种仓库造价比一般房式仓高，并须配有成套的制冷设备。

低温低湿种子库的建筑结构、设备配置、温湿度控制要求、监测技术和种子管理等技术均与普通常温仓库有所不同，了解其特点和不同的管理要求，对做好种子安全贮藏有着重要意义。

第一节　低温低湿种子仓库

一、低温低湿种子仓库的基本要求

低温低湿种子仓库主要依靠制冷设备降低库内温度。为保证制冷效果，低温低湿种子仓库必须采取有效措施隔绝外来温湿度的影响，否则制冷费用高，因此一座良好的低温低湿种子仓库必须达到隔热保冷、隔湿防潮和结构严密等基本要求。

1. 隔热保冷

低温低湿种子仓库的隔热保冷性能，直接关系到制冷设备的工作时间、耗能及费用等方面的问题。能有效隔热保冷是低温低湿种子仓库的最基本要求。仓壁、屋顶、地坪的材料和结构对仓库的隔热影响较大。为此，仓库的墙壁、屋顶及地坪的建造，都应选用较好的隔热材料。隔热材料的性能与它的导热系数有关，导热系数越小，导热能力越差，隔热效果则越好。隔热材料类型不同，导热系数不同。即使对于同一物质构成的隔热材料，内部结构不同，或生产的控制工艺不同，导热系数的差别有时也很大。每种隔热材料的导热系数与它的容重成正相关，容重大，导热系数也大。选材时应尽可能选用导热系数小、容重小的隔热材料。一般用的隔热材料导热系数在 0.083 6～0.502 0 kJ/(m·h·℃)为好。屋顶受热时间长、面积大，尤其要做好隔热工作。屋顶要设天花板，在天花板上可放隔热材料，如放 30 cm 厚的膨胀珍珠岩粉用以隔热。低温低湿种子仓库仓壁有内外两层，外墙为承重墙，内墙起隔热防潮作用(图 7-1)，两墙之间填充导热系数小的材料作为隔热层。隔热层可以是稻壳、膨胀珍珠岩、空心砖软木和泡沫塑料等。

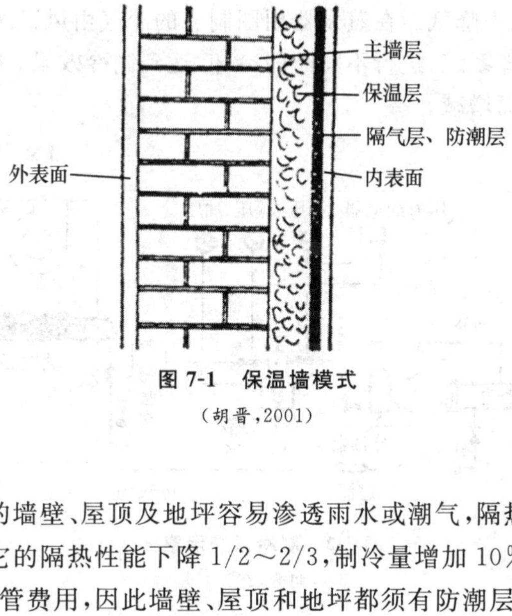

图 7-1 保温墙模式

(胡晋，2001)

2. 隔湿防潮

低温低湿种子仓库的墙壁、屋顶及地坪容易渗透雨水或潮气，隔热层的材料也易受潮。实践证明，隔热层受潮后，它的隔热性能下降 1/2～2/3，制冷量增加 10%～30%。不仅影响隔热保冷的效果，还要增加保管费用，因此墙壁、屋顶和地坪都须有防潮层，与隔热层连成封闭的整体，以提高隔热层的功能。一般用的防潮材料有沥青、油毛毡、塑料薄膜、防水涂料等。在混凝土表面下用砂浆防水剂制成防水层，隔湿防潮效果较好。

3. 结构严密

低温低湿种子仓库结构的严密程度，对防止外界热、湿空气影响，以及提高隔热保冷功能有密切的关系。仓库结构越严密，隔热保冷功能越好。

低温低湿种子仓库不能设窗，以免外界温、湿空气透过玻璃和窗框缝隙传入库内，防止因库内外温差过大，会在玻璃上凝结水珠而滴入种子堆。库门的隔热防潮性能和密封性能必须良好，门上应衬密封橡胶层。仓库最好设二道门，二道门中间有拐弯，以减少热量、水汽的流通。有条件的可以设立缓冲间，可平衡种子温度，防止结露。对开启频繁的大门可以安装风幕。风幕是由风幕机产生的强大气流，形成一面无形的门帘，将室内外分成两个独立温度区域，能有效避免外界的热空气进入仓内。

库房面积不宜过大，通常建造一个单独的大低温低湿种子仓库，应将其隔成几个小库更为适宜。由于有几个小库，当只有少量种子贮藏时，只需要将一二个小库制冷，而不用整个大仓库降温，这样每年的操作费用可显著降低。库房高度也不宜太高，通常为 2.4～4.0 m。

二、低温低湿种子仓库的设备及其管理维护

(一)制冷设备

制冷设备是低温低湿种子仓库最重要的设备。不同制冷方法使用不同的设备，目前应用最广的是蒸汽压缩制冷，主要设备有压缩机、冷凝器、膨胀阀和蒸发器，其装置如图 7-2 所示。机器启动后，压缩机工作，对蒸发管产生抽吸、降压作用，液态的制冷剂经由膨胀阀进入蒸发器并在蒸发器内蒸发变为气态，同时吸收大量的热量，然后压缩机把从蒸发器中进入的气态制冷剂从低压变成高压送入分油器和冷凝器。制冷剂在冷凝器中被水或空气冷却后，便由气态变成液态，再沿管经膨胀阀调节进入蒸发器，制冷剂在蒸发器中再次吸收介质(空气)的大量热量，并由液体变成气体，压力降低。在蒸发器周围制成的冷气由风机送入贮种仓库。如此循环不息，构成一个连续的冷却系统，进行不间断的冷却，达到制冷效果。制冷程度可由膨胀阀(又叫节流阀)调节流量大小而增减。

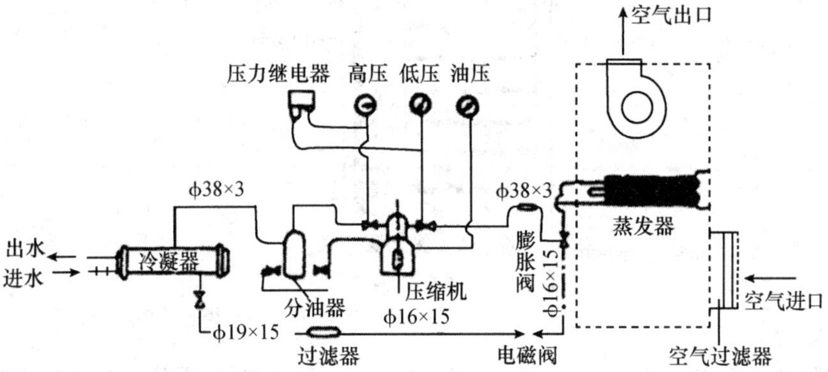

图 7-2 制冷系统示意图

(胡晋，2001)

(二)设备管理与维护

低温低湿种子仓库内主机及其附属设备是创造低温低湿条件的重要设施。因此，设备管理是低温低湿仓库管理的重要内容。通常要做好下列工作：

(1)制订正确使用的规章制度，加强对机房值班人员的技术培训，使其熟练掌握机器性能、设备安全技术操作规程、维修保养和实际操作技术。做到“三好”(管好、用好、修好)、“四会”(会使用、会保养、会检查、会排除故障)。

(2)健全机器设备的检查、维修和保养制度。搞好设备的大修理和事故的及时修理，确保设备始终处于良好的技术状态，延长机器使用寿命。

(3)做好设备的备品、配件管理。为了满足检修、维修和保养的需要，要随时储备一定品种与数量的备品、配件。

(4)精心管好智能温湿度仪器。探头在库内安放,要充分注意合理性、代表性。

(5)建立机房岗位责任制,及时、如实记录做好机房工作日志。

三、新建种子低温低湿库的使用管理

种子低温低湿库建成后,正确的使用和管理可延长它的使用寿命。

1. 种子低温低湿库的开机与开机前的准备

开机前应先检查机组各阀门是否处正常开机状态,检查冷却水水源是否充足,接通电源后,根据要求设定温度。种子低温低湿库的制冷系统一般是自动控制的,但在第一次使用时应先开冷却水泵,运转正常后再逐一启动压缩机。

2. 种子低温低湿库的运转管理

制冷系统正常运转后要注意以下几点:一是听设备在运转过程中是否有异常声音;二是看库内温度是否下降;三是摸压缩机吸、排气冷热是否分明,冷凝器冷却效果是否正常。

3. 换气和除霜

种子在贮藏过程中会释放一些气体和热量,因此,在贮藏过程中要注意通风换气,一般应选择在气温较低的早晨进行。另外,种子低温低湿库在使用一段时间后蒸发器就会结上一层霜,不及时清除会影响制冷效果,除霜时,用扫帚清扫积霜,注意不能硬敲。

四、小型种子低温低湿库

(一)小型种子低温低湿库的特点

当前推广的小型种子低温低湿库有以下主要特点:

1. 实用性、可靠性强

小型种子低温低湿库成套设备可采用进口全封闭制冷压缩机,主要控制元件通常也采用知名品牌产品,运行安全可靠,无故障运行时间长,如正常科学合理维护使用,设备 5 年内无须维修。

2. 造价低廉

建造一座容积为 100 m^3左右的小型种子低温低湿库,采用砖混结构,库体造价须 2 万~2.5 万元,设备投资 2 万多元,合计 4 万~4.5 万元。如果利用旧房或仓库等场所改建,大约可以减少土建费用的 30%左右。

3. 自动化程度高

系统采用微电脑控制,在−30~5℃范围内可任意调温。能自动控温,且控温准确,控温温差≤±0.5℃;根据实际需要设定冲霜时间和冲霜间隔,实现自动冲霜。

4. 易于操作管理

机组操作简单,有自动和手动双位运行功能,设有多种自动保护装置,同时配有电子温度显示,方便用户观察库内的温度。正常使用时像冰箱、空调一样方便,无须专人看护。

5. 节能降耗

由于小型种子低温低湿库在库体和制冷系统设计时采用了优化设计,把机械制冷与充分利用自然冷源相结合,所以可节能省电。

（二）小型种子低温低湿库制冷设备的配置

在建造小型种子低温低湿库时，对设备的选型和性能必须关注。这是因为匹配合理、性能可靠的机组，既能满足种子贮藏所要求的制冷量和贮藏管理要求，并且运行可靠，节省能源，故障率低。

半封闭式制冷机组和全封闭式制冷机组可推荐作为小型种子低温低湿库的配套制冷设备。特别是全封闭机组，其主要组成部件通常由国外进口，性能可靠，自控程度高，是用户选择的理想机型。

（三）小型种子低温低湿库的运行管理

小型种子低温低湿库的常规管理工作主要是调节控制库内温度、相对湿度并适时进行通风换气。

1. 温度调控

种子入库前 2～3 d 要将库温降到适宜的温度。种子入库期间，应避免库温出现较大的波动。入满库后，要求 48 h 内降到技术规范要求的仓库温度。正常贮藏情况下，库温变化幅度不得超过 1℃。冷库温度的调节是通过自动控制来实现的。库内的温度和入贮后的种子的温度常受到下列因素的影响，需要综合考虑并加以注意。

(1)种子入库时的温度与库温之差越小越好。因此，在允许的情况下，可通过入库时间、库外降温等方法，尽量减少带入库内的热量。

(2)制冷压缩机的制冷量应与低温低湿库的贮藏量相匹配。在设计上，一方面应配置适宜制冷量的压缩机，另一方面可通过增加低温低湿库单位容积的蒸发面积。

(3)包装的种子码垛不宜过密，一定要注意留有通风散热的空隙。

2. 相对湿度的控制

制冷设备运行时，由于蒸发器不断地结霜，操作管理者要经常将霜融化并将霜水排走，这样可降低库内的相对湿度。

3. 通风换气

种子呼吸作用放出的二氧化碳、水汽及热量，应及时排出，因此通风换气是十分必要的。除严寒季节在白天进行通风换气外，其他季节应在气温较低的夜间和清晨进行通风，以尽量减少外界温度对库温的影响。在通风换气的同时，要开启制冷机，确保库内温度的不会升高。

第二节　低温低湿仓库贮藏种子的管理技术

低温低湿仓库贮藏种子与普通常温仓库不同，应根据国家标准要求及工作实际，建立严格的仓储管理制度、规范完善的管理流程、必要的信息采集贮存和技术档案等，不断提高贮藏种子安全性的水平，延长种子贮藏期限。

一、严格的仓储管理制度

(1)种子入库前，必须彻底清仓，按照操作规程严格消毒或熏蒸。种子垛底必须配备透气木质(或塑料)垫架。两垛之间、垛与墙体之间应当保留一定间距。

(2)把好入库前种子质量关。种子入库前做好翻晒、精选与熏蒸等工作；种子水分达不到国家规定标准、无质量合格证的种子不准入库；种子入库时间安排在清晨或晚间，种温与仓温的差距必须低于5℃，中午不宜安排种子入库，若室外温度或种温较高，宜将种子先存放缓冲室，待后再安排入库。

(3)合理安排种垛位置，科学利用仓库空间，提高仓库利用率。

(4)入库后每天记录库内温湿度，并定期做好种子质量检查。高温季节应每半个月抽样检测一次。

(5)严格控制库房温湿度。通常库内温度控制在15℃以下，相对湿度控制在65%左右，并保持温湿度稳定状态。

(6)建立库房安全保卫制度。加强防火工作，配备必要的消防用具，注意用电安全。

(7)种子入库后不能马上开机降温，应先通风降低湿度后再降温，否则降温过快，达到露点，易造成结露。

(8)库室密封门尽量少开，即使要查仓库，也要多项事宜统筹进行，减少开门次数。

(9)种子在高温季节出库，须进行逐步增温或通过过渡间，使之与外界气温相接近，可防结露。但每次增温温差不宜超过5℃。

二、规范完善的管理流程

种子仓库的主要作业分为入库、出库和保管三大部分。

1.入库

种子入库前严格填写“种子入库申请单”，主要有以下项目：申请入库单位、入库时间、入库货位号、产品的品种、质量、数量(件数、重量)、金额、检验员签字、申请人签字、成品库库房主管签字等。“种子入库申请单”一式四份，第一联为存根，第二联为成品库留存，第三联为财务核算，第四联为申请人留存。“种子入库申请单”签字齐备后方可办理种子入库。入库时要严把种子质量关，做好各项记录，以备查用。

2.出库

种子出库前也要严格填写“种子出库申请单”。“种子出库申请单”主要有以下项目：发货单位、发货时间、出库品种、出库数量、金额、出库方式选择、运输结算方式、提货人签字、成品库库房主管签字等。“种子出库申请单”也是一式四份，第一联为存根，第二联为成品库留存，第三联为财务核算，第四联为提单。提货人出示提单，在库房管理人员协调下办理种子出库。保管人员做好种子出库质量管理，严防撒漏、破损，做好数量记录，检验人员做好数量、重量记录，制作出库检验表，由复核人员核实品种、数量和提单，制作出仓库出门条。出库时交由门卫，核实后放行。

3.保管

合理安排仓库库容，给每种种子贴上明确的标签，做到先进先出，同时采取合理的保护措施，防止种子因各种原因受到损坏，最大限度地保持种子活力。低温低湿种子仓库在减少开门次数的前提下，定期盘点仓库，检查账、物是否相符，定期汇报。

三、信息收集与储存

1. 种子信息

需收集与储存的主要种子信息有：

(1)按照国家颁发的种子检验规程，分析获取每批种子入库时初始的发芽势、发芽率、含水量、净度及品种主要特性等质量检验和品种资料。

(2)种子存贮日期、重量和位置(库室编号及位点编号)。

(3)若为寄存单位贮存种子，双方共同封存的样品资料。

2. 监测信息

需收集与储存的主要监测信息有：

(1)种子贮藏期间，本地自然气温、相对湿度、雨量等重要气象资料。

(2)库内每天定时、定层次、定位点的温度和相对湿度资料。

(3)种子贮藏过程中，种子质量检验的有关监测数据。

(4)有条件应用物联网技术，将温度计、湿度仪、摄像头等各种设备与互联网连接，实现智能化仓库管理的，在贮藏期间进行信息交换和通讯的所有资料。

四、技术档案管理

低温低湿种子仓库的技术档案，包括工艺规程、装备图纸、机房工作日志、种子入库出库清单、库内温湿度测定记录、种子质量检验资料以及有关试验研究资料等。这些档案，是低温低湿种子仓库成果的记录和进行生产技术活动的依据和条件。每个保管季节结束以后，必须做好工作总结，并将资料归档、分类与编号，由专职人员保管，不得随便丢失。

五、陈种子的贮藏管理

放置一年以上的种子一般就是陈种子，陈种子的衰老程度决定其种用价值。低温低湿种子仓库能有效减缓种子衰老，有利于长期保持旺盛的种子生活力。对于低温低湿种子仓库内贮藏超过一年的种子，必须取样重新进行种子质量评估。方法是按照种子检验规程，取样检测种子发芽势、发芽率、生活力、活力等。若种子依然保持较高质量，达到国家种用标准，可继续贮藏；若种子质量明显下降，则应及时出库降级使用或转做粮用。

第三节　简易实用低温低湿种子贮藏技术

一、自然低温库贮藏种子技术

山洞库、防空洞等地下人防设施，被山石层覆盖，受太阳辐射和外界气温的影响很小，内部温度较低，一般在炎热的夏季能比外温低 10℃左右，多数常年温度在 15℃左右。因此，大型山洞库具有恒低温的特点，而且低费用、低用药、少污染、低耗电、易管理，是作为低温低湿种子贮藏的理想场所。湖南邵阳的375洞库、浏阳的579洞库、东安的374洞库,安徽的762洞库等,都是利用山洞的自然低温低湿条件贮藏,效果较好。这类不使用人工制冷设施,采用自然低温环境贮藏种子的仓库称为自然低温库。

自然低温库在种子入库前要进行密闭熏蒸杀虫1周左右,然后进行24 h不间断排风,排出洞内有害气体。入库的种子要严格检验,确保质量。入库后种子通常采用包装贮藏方式,梯形码垛,并根据地形合理安排垛高和垛宽。对湿度较大的自然低温库,可使用干燥剂保持库内湿度相对稳定。自然低温库通风应选择在低温季节进行,从而降低库内温度和湿度。日常检查应选择在不增加库内温度和湿度的情况下进行。自然低温库由于地形原因,要注意做好防汛、防鼠工作。

二、简易空调房贮藏种子技术

种子贮藏地和生产销售地通常不在一处,距离较远,运输成本越高。对于小批量种子来说,在生产地就近设置简易空调房贮藏种子,从经济上更合算,种子加工、贮运、检验和销售也更加方便。通过空调的降温和抽湿,可以使库内温度长期保持在18℃以下,相对湿度50%～60%,能够有效保持种子活力。

与低温低湿种子仓库类似,简易空调房种子仓库,也要采取措施尽可能隔热保冷和防湿防潮。墙壁、天花板均采用5 cm厚的泡沫塑料板垫底,外加一层5 mm塑料板,连接处用细木条压缝,以尽量减少热量和水分渗透。地面用15 cm高的木架垫底,便于空气流通。库门做好隔热和密封处理,门内挂厚布帘。要保证空调安装电路安全,根据仓库容积的大小、空调功率确定安装规格和数量,做到既经济实惠,又达到最佳冷藏效果。自然温度较高时,空调降温,冬季低温时可暂停运转,遇连续阴雨天气,可开启空调抽湿。种子入库、出库和日常管理与低温低湿种子仓库相同。

本章小结

本章介绍了低温低湿种子仓库的基本要求、仓库设备管理维护,重点阐述了低温低湿种子仓库贮藏种子的管理技术,并简要介绍了简易实用低温低湿种子仓库贮藏种子的管理技术。

应用案例

一、制冷机组安装位置

目前,机组存放有以下3种安装位置:①放在同一层,即摆放在库的两侧或其中一侧。该安装方式连接管道短,易操作且维修方便,但占用了使用面积;②安装在屋顶。制冷机组与对应的蒸发器对接安装方便,易操作维修。不占使用面积,可减少工程投资。缺点是影响建筑物美观,噪声大,在北方地区的屋顶,须设有相应的采暖和照明措施。另外须增加楼板承重力,为消除机组运行的振动必须采用减振措施。管道须穿过屋面,也必须增加防水防漏措施。③安装在地下层。可减少噪声影响,备件和备用机组可存放在地下夹层,这样检修方便并且安全。相对于屋顶,制冷系统管路穿过楼板防水措施容易处理。缺点是须设计通风和排热系统,以保证机组夏季正常运行。机组在地下室,则防水防漏也要求较高,工程建筑费用较高。若低温低湿种子库建设地区有足够的用地,推荐采用第一种方式安装制冷机组。

二、每间种子库面积的大小

每一间低温低湿种子仓库的面积到底是大还是小好，其各有利弊。如建有一间面积为150 m^2，高度为4 m的低温低湿种子仓库，安装了3台机组，在调试时3台都需开启，但当正常运行时，仅2台机组运行就足够了，其中1台可作为备用，这样运行过程就有安全保障。但其缺点是建成后库内种子在短时间内可能存放不满，造成能源的浪费。若是分成3个小冷库，每间50 m×50 m×4 m，则同样需3台机组，在使用时，则可用一个开一个库以节约能源，临时不用的库还可存放其他物品，其优点是最大限度地发挥其作用，但缺点是每间冷库无备用机组，在安全方面存在隐患。

三、每间低温低湿仓库热负荷计算

在低温低湿种子仓库设计中，需配多大制冷量机组也是非常重要的问题。每间低温低湿种子仓库热负荷计算一般需考虑围护结构的热负荷、保存种子/种子架的热负荷、每天开门及人员进出次数的热负荷，以及照明、蒸发器风机和电加热除霜的热负荷等。制冷机组工作时间系数应以50%来计算为宜，实际运行中制冷机组工作时间系数不应高于75%，设计人员就可依据此要求来计算配多大制冷量机组。

思考题

1. 简述低温低湿种子仓库的基本要求。
2. 如何对低温低湿种子仓库的设备进行管理维护？
3. 高温季节种子进出低温低湿种子仓库应注意哪些问题？
4. 低温低湿种子仓库应收集贮存哪些信息？
5. 简述简易空调房贮藏种子技术要点。

第八章　主要作物种子贮藏技术

知识目标

◆ 熟悉主要农作物种子、蔬菜、花卉、薯类、牧草种子的贮藏特性。

◆ 熟悉常见农作物种子、蔬菜种子、薯类、花卉与牧草种子的贮藏方法。

能力目标

◆ 能够根据种子的形态特征，分析不同种子的贮藏特性。

◆ 能够根据不同类型种子选用不同的贮藏技术，开展种子安全贮藏工作。

第一节　水稻种子贮藏技术

一、水稻种子的贮藏特性

水稻种子为颖果，子实由内外稃包裹着，稃壳外表面被有茸毛。某些品种外稃尖端延长为芒。水稻种子主要有以下几方面贮藏特性：

1.散落性差

由于种子表面粗糙，其散落性较一般禾谷类种子差，静止角为33°～45°，对仓壁产生的侧压力较小，一般适宜高堆，以提高仓库利用率。同一批水稻种子如水分高低不平衡，则散落性亦随之发生差异。因此，同一品种的水稻种子，测定其静止角可作为衡量水分高低的粗放指标。种子水分高则籽粒间的摩擦力增大，即散落性减小，凭手指感觉亦可大致辨别，初步的水分感官检验即以此为依据。

2.通气性好

由于水稻种子外部的形态特征，形成的种子堆较为疏松，孔隙度比禾谷类的其他作物种子大，为50%～65%。因此稻谷在贮藏期间进行通风换气或熏蒸杀虫，较易取得良好效果。不过孔隙度较大也更易受外界不良环境条件的影响。

3.耐高温性差

水稻种子在干燥和贮藏过程中耐高温的特性比小麦差。如用人工机械干燥或利用日光曝晒，都须勤加翻动，以防局部受温偏高，影响原始生活力。另外，水稻种子不论用人工干燥或日光曝晒，如对温度控制失当，均能增加曝腰率，引起变色，降低发芽率，这样不但降低种用价值，同时也降低食用品质。水稻种子高温入库，处理不及时，种子堆的不同部位会发生显著温差，造成水分分层和表面“结顶”现象，甚至导致发热霉变。在持续高温的影响下，种子所含的脂肪酸会急剧增高。据中国科学院上海植物生理研究所研究结果：含有不同水分的稻谷放在不同温度条件下贮藏3个月，在35℃下，脂肪酸均有不同程度的增加。这种贮藏在高温下的水稻种子由于内部发生变质，不适于作种用，经加工后，米质亦显著降低。

4. 稃壳具有保护性

大多数水稻种子的内外稃坚硬且勾合紧密，对天气的变化起到一定的保护作用，对虫霉的危害也起到保护作用；少数水稻种子内外稃裂开，则易受天气变化的影响，且容易遭受害虫的为害。水稻种子因内外稃的保护而吸湿缓慢，水分相对比较稳定，但当稃壳遭受机械损伤、虫蚀或气温高于种温且外界相对湿度又较高的情况下，则吸湿性显著增加。

5. 耐藏性差异大

一般非糯性水稻种子比糯性水稻种子耐贮藏，籼稻种子比粳稻种子耐贮藏，常规稻种子比杂交稻种子耐贮藏。糯性种子含支链淀粉多，种子的持水力比非糯性种子强，所以非糯性水稻种子一般比糯性种子耐贮藏。粳稻种子颖毛（刚毛）长而密，有芒，种堆孔隙度大，通气性强，内部物质分解快；粳稻种子内、外颖结合松弛，胚部易受大气湿度影响；粳稻种子支链淀粉含量一般比籼稻多，种子持水力较强；另外，粳稻种子的脂肪含量高，较易水解、氧化、酸败。因此，从种子的形态结构、化学成分等方面看，粳稻种子比籼稻种子耐藏性差。

二、水稻种子贮藏的技术要点

水稻种子有稃壳保护，比较耐贮藏，只要做好适时收获，及时干燥，控制种温和水分，注意防虫等工作，一般可达到安全贮藏的目的。

1. 提高种子质量、严防混杂、冷却入库

（1）适时收获　稻种成熟阶段正是农忙季节，有时因为工作安排上的困难，或没有掌握品种成熟特性将种子过早或过迟收获。过早收获的种子，成熟度差，瘦瘪粒多，不耐贮藏。过迟收获的种子，在田间日晒夜露呼吸作用消耗物质多，有时种子会在穗上发芽，这样的种子同样不耐贮藏。所以，收获时必须充分了解品种的成熟特性，适时收获。水稻种子易受冻害影响，在寒冷地区生产的水稻种子要求在霜前的晴天收割完，以利种子贮藏。

（2）及时科学干燥　未经干燥的稻种堆放时间不宜过久，否则容易引起发热或萌动甚至发芽以致影响种子的贮藏品质。一般在早晨收获的稻种，即使是晴朗天气，由于受朝露影响，种子水分可达28%～30%，午后收获的稻种在25%左右。种子脱粒后，应立即进行曝晒，只要在平均种温能达到40℃以上的烈日下，经过2～3 d曝晒即可达到安全水分标准。曝晒时如阳光强烈，要多加翻动，以防受热不匀，发生爆腰现象，水泥晒场尤应注意这一问题。早晨出晒不宜过早，事先还应预热场地，否则由于场地与受热种子温差大发生水分转移，影响干燥效果。这种情况对于摊晒过厚的种子更为明显。

如果遇到阴雨天气，应采用薄摊勤翻，鼓风去湿，加温干燥，药物拌种等方法尽快将种子水分降下来。机械烘干温度不能过高，干燥速度不能太快，防止灼伤种子。低温干燥速度慢、时间长，但不易爆腰，种子品质好；干燥温度越高，则降水速率越快，稻谷爆腰率越高，种子品质越差。因此稻种加温干燥时，干燥温度最好控制在43℃以下，降水速度控制在5%之内，否则会影响种子发芽力。药物拌种是一种应急措施，将药物拌入湿种子内可抑制种子的呼吸作用，在短期内能预防种子发热和生霉。据华南植物研究所试验，含水量为28%的籼稻种子5 000 kg均匀拌入丙酸4 kg，在通气条件下可保存6 d。在6 d之内能将种子干燥，基本上不影响发芽率。用0.5 kg漂白粉拌在500 kg稻种内，有同样效果。

(3)提高种子净度 水稻种子的安全贮藏还与种子净度有关。如种子饱满、杂质少，基本上无损伤及芽谷，安全程度就高；反之，安全程度就低。因此，稻种入库前必须及时清选，剔除破损粒、秕粒、病虫粒和其他植物种子，以利安全贮藏。

(4) 防止混杂 水稻品种繁多，有时在同一块晒场上同时要晒几个品种，如稍有疏忽，容易造成品种混杂。因此种子在出晒前，必须清理晒场，扫除垃圾和异品种种子。出晒后，应在场地上标明品种名称，以防差错。入库时要按品种有次序地分别堆放。

(5) 冷却入库 经过高温曝晒或加温干燥的种子，应待冷却后才能入库。否则，种子堆内部温度过高会发生“干热”现象，时间过长会引起种子内部物质变性而影响种子发芽率。另外热种子遇到冷地坪还可能引起种子结露。

2.控制入库种子水分

为有效地控制种子内部的生理活动、微生物的繁育和仓库中螨类的滋生，水稻种子在入库前必须将种子水分降到安全水分标准才能进仓储藏。安全贮藏水分标准应根据不同品种、温度而定，一般在高温季节水稻安全贮藏水分应在13%以下，而在低温季节可放宽至14%以下。在生产上，一般对早稻种子的入库水分应掌握严一些。这是因为早稻种子须经过高温的夏季，而且曝晒条件较好，种子容易降低水分。对晚稻种子，尤其是晚粳稻种子的入库水分，可适当放宽一些。这是根据晚稻种子入库时气温较低，干燥条件比较困难，粳稻种子又不易降低水分等具体情况而放宽的。但是种子水分不能放得过宽，以免发热和生霉。晚稻种子的水分，一般不能超过15%，而且还须及时在晴朗天气进行翻晒降水。

水稻种子水分含量的多少直接关系到稻种在贮藏期内的安危状况。据水稻种子试验结果表明，种子水分降低到6%左右，温度在0℃左右，可以长期贮藏而不影响发芽率；如果贮藏温度是室温，也可以贮藏3～5年而不严重影响发芽率。水分为13%的稻种可安全度过高温夏季。水分超过14%的稻种，到第二年6月发芽率会有下降，到9月则降至40%以下，而水分为12%以下的稻种，可保存3年，发芽率仍有80%以上。水分在15%以上，贮藏到翌年8月以后，种子发芽率几乎全部丧失。然而稻种水分对发芽率的影响，往往与贮藏温度密切相关。贮藏温度在20℃，水分10%的稻种保存5年，发芽率仍在90%以上。温度在28℃，水分为15.6%～16.5%的稻种，贮藏1个月便生霉，发芽率丧失。

总之，须经过高温季节的稻种，水分必须控制严格一些，进入低温季节的稻种，水分可适当放宽一些。通常是温度为30～35℃时，种子水分应掌握在13%以下；温度在20～25℃，种子水分应掌握在14%以内；温度在15～10℃，水分可放宽到15%～16%；温度在5℃以下，水分则可放宽到17%。但是，16%～17%水分的稻种只能作暂时贮藏，应抓紧时间进行翻晒降水，以防高水分种子在低温条件下发生霉变。

3.加强检查管理

(1)做好早稻种子的降温工作 新入库的早稻种子温度较高，生理活动较强，所以它在贮藏前期稳定性较差。早稻种子入库一般在立秋以后，白天气温较高，夜间气温下降，形成明显的昼夜温差，易导致仓温上升和上层种子增加水分。因此，在入库后的2～3周内须加强检查，并做好通风降温工作。在傍晚打开门窗通风，经常翻动面层种子，以利散发种堆内热量。

(2)做好晚稻种子的降水工作　晚稻种子的干燥受气候条件限制，入库后已进入冬季低温阶段，所以一般对种子入库水分要求不是十分严格。由于种子水分偏高，引起某些低温性霉菌的危害以致影响发芽率，这是造成晚稻种子发芽率下降的主要原因。因此，晚稻种子入库时同样要严格控制水分，超过16%水分的种子不能入库贮藏。即使已经入库的种子必须做好降水工作，把水分降到13%以内。水分超过15%的晚稻种子应在2～3周内设法将水分降低，否则在第二年播种时，难以保证应有的发芽率。

(3)做好"春防面，夏防底"的工作　"春防面，夏防底"是指春季要预防面层种子结露，夏季要预防底层种子霉烂。经过冬季贮藏的稻种，温度已经降得较低，由于种子本身导热性较差，这种低温要延续很长一段时间。当春季外界气温回升时，种温与气温形成较大的温差，如果暖空气接触到冷种子，便会在表层种子发生结露，使这层种子水分增加，并且会逐渐向下延伸。种堆越大，上层的结露现象越是明显。所以，开春前要做好门窗密闭工作，尽可能预防潮湿的暖空气进入仓内。对于水分低于13%，温度又在15℃以下的稻种，可采用压盖密闭法贮藏，既可预防上层种子结露，又可延长低温时间，有利于稻种安全过夏。到了夏季，地坪和底层温度还低，湿热空气扩散现象使底层稻种水分升高，不及时处理会导致底层种子霉烂。

(4)做好治虫防霉工作　仓虫通常在稻种入仓前已经感染种子，如贮藏期间条件适宜，就迅速大量繁殖，造成极大损害。仓虫对稻种危害的严重性，一方面决定于仓虫的破坏性，同时也随仓虫繁殖力的强弱而不同。水稻种子主要的害虫有玉米象、米象、谷蠹、麦蛾、谷盗等。

仓虫大量繁殖，除引起贮藏稻种的发热外，还能剥蚀稻种的皮层和胚部，使稻种完全失去种用价值，同时降低酶的活性和维生素含量，并使蛋白质及其他有机营养物质遭受严重损耗。

水稻仓虫防治主要采用磷化铝熏蒸，少量种子也可采用日光曝晒，达到高温杀虫的目的。

种子上寄附的微生物种类较多，但是危害贮藏种子的主要是真菌中的曲霉和青霉。温度降至18℃时，大多数霉菌的活动受到抑制；只有当相对湿度低于65%，种子水分低于13.5%时，霉菌才会受到抑制。霉菌对空气的要求不一，有好气性和嫌气性等不同类型。虽然采用密闭贮藏法对抑制好气性霉菌能有一定效果，但对能在缺氧条件下生长活动的霉菌如白曲霉、毛霉之类则无效。所以密闭贮藏必须在稻种充分干燥、空气相对湿度较低的前提下，才能起到抑制霉菌的作用。

4. 少量稻种贮藏

对于数量不多，只有几十千克到几百千克的稻种，可以采用干燥剂密闭贮藏法。通常用的干燥剂有生石灰、氯化钙、硅胶等。氯化钙、硅胶的价格较贵，但吸湿后可以烘干再用。生石灰较经济，适用于广大种粮专业户。种子存放前须选择小口、内外涂釉的缸、坛、瓮，经检查确实无缝、不漏气、不渗水的才能使用。先在存器底层铺上生石灰，再装入种子，然后封口(不能漏气)并放在阴凉处，可延长种子寿命数年。据江苏省兴化市稻麦良种场试验，用籼、粳、糯三种类型共8个品种的稻种作贮藏，上层和底层各放生石灰50 kg，中间放稻种100 kg，再用四层塑料薄膜封口。经三年贮藏种子水分由原来的12.6%～14.6%降低到4.3%～5.8%，发芽率则由原来的82.0%～97.5%增加到91%～99%。而采用塑料袋贮藏的稻种，则全部丧失发芽率。

干燥剂密封贮藏，不仅适用于水稻种子，也适用于其他种子，但是对于大豆、油料种子，放生石灰的数量要适当，否则，种子干燥过度反而会影响发芽率。

5. 水稻种子低温贮藏技术

生产上的水稻种子数量一般很大，通常采用常温库贮藏，但是对于原原种、原种或亲本种子，或要使种子保持较高的活力，应采用低温贮藏。低温贮藏可以采用自然低温贮藏和机械低温、低湿库贮藏。

自然低温贮藏是利用自然低温进行贮藏，这种贮藏方法省能、经济。种子需要贮藏 1 年左右时，可利用大型山洞仓，利用其天然的低温条件贮藏水稻种子，效果较好且经济，但须注意防湿。房式仓储藏的种子可充分利用冬季自然低温，在气温较低时，将种子堆通风降温，把种子堆内温度降到 10℃左右。入春后雨水多，空气湿度大，则采用门窗密闭或薄膜密闭方式保管。

机械低温、低湿库贮藏是利用电力设备降低温度、湿度进行种子贮藏。如果种子贮藏期在一年以上的，安全有效的措施是低温、低湿贮藏（常年种子的温度不超过 15℃，水分控制在 13%以下，仓内相对湿度不超过 65%）。

三、杂交水稻种子越夏贮藏技术

杂交水稻种子生产的成本较昂贵，种子销售价格一般为常规水稻种子的几倍以上，一旦积压，若种子贮藏不好而造成报废，经济损失巨大。因此掌握杂交水稻不同于常规水稻的贮藏特性，有针对性采取措施，确保杂交水稻种子的安全贮藏，为生产上提供高质量的杂交稻种子，具有重要意义。

（一）杂交水稻种子的贮藏特性

1. 保护性能比常规稻种子差

裂颖是水稻不育系的一种遗传特性，杂交水稻制种时的不育系颖花，通过延长开颖时间，来增加捕获花粉的机会。在长时间的开颖过程中，内、外颖会因日晒、失水等因素而老化甚至皱缩，致使授粉后颖花的闭颖能力明显降低，部分颖花的内、外颖不能完全闭合而形成开裂粒，还有部分颖花，其内、外颖虽能勉强闭合但也不能严密勾合而形成裂纹粒。开裂粒、裂纹粒多的杂交水稻种子，其保护性能降低，易受外界因素影响，不利于种子贮藏。

2. 耐热性差

杂交水稻种子耐热性低于常规水稻种子。干燥或曝晒温度控制失当，均能增加爆腰率，引起种子变色，降低发芽率。同时，持续高温使种子所含脂肪酸急剧增高，降低耐藏性，加速种子活力的丧失。早夏季制种的杂交稻种子晴天午间水泥地晒种，温度可达 60℃左右，造成种子损伤，发芽势、发芽率、发芽指数均降低（胡晋等，1999）。

3. 休眠期短，易穗萌

杂交水稻种子生产过程中需使用赤霉素。高剂量赤霉素的使用可打破杂交水稻种子的休眠期，使种子在母株萌动，出现“穗发芽”现象。据对种子蜡熟至完熟期间考察，颖花受精后半个月胚发育完整，在适宜萌发的条件下，种子即开始萌动发芽。据 1989 年对收获的籼优 64 种子考察，因种子成熟期间遇上阴雨，穗上发芽种子达 23%，而同年常规水稻种子未发现穗发芽现象。

4. 贮藏稳定性差

杂交水稻生产过程中易使种子内部可溶性物质增加，可溶性糖分含量比常规稻种子高，因此杂交水稻种子生理代谢强，呼吸强度比常规稻种子大，不利于种子贮藏。在贮藏期间游离有机酸、脂肪酸和氨基酸含量也往往比常规稻种子高。这些可溶性物质增多后，种子的生理代谢比较强，故杂交水稻种子贮藏稳定性差。

5.不同收获期的杂交稻种子贮藏期间出现情况不同

春制和早夏制收获的种子收获期在高温季节，贮藏初期处于较高温度条件下，易发生"出汗"现象。秋制种子收获期气温已降，种子难以充分干燥，到翌年2～3月份种子堆顶层易发生结露发霉现象。

(二)杂交水稻种子变质规律

1.水分变化引起霉变

水分变化引起杂交水稻种子霉变主要有三种情况：一是新收获种子进仓后有一个后熟阶段，这一阶段种子内部进行着一系列生理生化变化，呼吸旺盛，不断放出水分，如不及时通风降湿，会使种子逐渐回潮，水分增高，引起种子发霉变质；二是秋制种子收获时气温较低，种子难以干燥，较高水分进仓，到次年春暖，气温回升，种子堆表层吸湿返潮，顶层"结露"，发霉变质；三是连续阴雨(特别在梅雨季节)，空气相对湿度接近饱和，在种子稃壳上凝成液滴附在表面，引起种子发霉变质。

2.发热引起霉变

发热引起杂交水稻种子霉变也是三种情况：一是种子贮藏期间(主要是新收获种子或受潮和高水分种子)新陈代谢旺盛，释放的大量热量聚积在种子堆内又促进种子生理活动，放出更多热量，如此反复，导致种子发热发霉变质；二是春制或早夏制收获的种子，入库初期时处于高温季节，种子堆上层种温往往易突然上升，继而出现"出汗"现象，导致种子发热霉变；三是种子堆内部水分不一，整齐度差，出现种子堆内部发热，最终发霉变质。

3.仓虫与微生物活动繁殖引起霉变

杂交稻种子产区的气候特点是高温多湿，仓虫螨类最易滋生。仓虫活动引起种温上升，造成发热霉变。同时仓虫剥蚀皮层和胚，使种子失去种用价值。微生物在适宜条件下能很快繁殖，危害种子，引起种堆部分发热、霉变、结顶，最终腐烂变质。

(三)杂交水稻种子越夏贮藏技术

杂交水稻种子生产常常出现丰年过剩积压或丰歉不均的现象，因此常常遇到越夏贮藏的问题。对于越夏贮藏的杂交稻种子关键是控制种子的水分和贮藏的仓库温度。

1.降低水分，清选种子

首先准确测定种子水分，以确定其是否直接进仓密闭贮藏，或先作翻晒处理。种子水分在12.5%以下，可以不作翻晒处理，采用密闭贮藏，对种子生活力影响不大。但必须对进库种子进行清选，除去种子秕粒、虫粒、杂质，减少病虫害，提高种子贮藏稳定性和通风换气的能力，为降温降湿打下基础。

2.干燥密闭贮藏

密闭贮藏使种子处在相对密闭条件下，对外界气温、湿度起着一定的隔绝作用，使种堆温度、种子水分波动较小，防止种子吸湿，节省处理和翻晒种子的费用和时间，延长种子安全保管的期限。杂交稻种子含水量在12.5%以下时，采用密闭贮藏，使种子呼吸作用降到较低水平，对种子安全贮藏起到较好的作用。但对高水分种子，不能马上采用密闭贮藏，更不能马上熏蒸。应及时选择晴好天气进行翻晒或在种子进入仓库时加强通风，安装除湿机吸湿，迅速降低种子含水量。随着含水量的降低而逐步转入密闭贮藏。种子含水量控制在12.5%以下，可以常年密闭贮藏；含水量在12.5%～13.0%的种子，在贮藏前期应短时间通风，降低种堆内部温度与湿度后，立即密闭贮藏。

3.注意控制温湿度

外界温湿度可直接影响仓内的温湿度和种子含水量。长期处于高温高湿季节，往往造成仓内温湿度上升。如果种子水分较低，温度变幅稍大，对种子贮藏影响不大。但种子水分过高，则必须在适当低温下贮藏。种子水分不超过12.5%，种温在20～25℃，相对湿度在55%以内，能较长时间安全贮藏。在6月下旬至8月下旬可采取白天仓内开除湿机，除去仓内高湿。晚上10时后或早上8时左右，采取通风、换气、排湿、降温，使仓内一直保持相对的低温、低湿，以顺利通过炎热夏季。

此外，贮藏期间还应增加库内检查次数，加强种情检查，掌握变化情况，及时发现问题，及早采取措施处理。同时注意仓内外的清洁卫生，消除虫、鼠、雀危害。

4.采用低温低湿库贮藏

有条件的地方，应采用低温低湿库贮藏，可以较好地保持种子的生活力。在低温低湿库条件下(15℃以下)，种子水分控制在13.0%以下，就可以安全度夏，保持其原有的生活力水平。如果长时间在低温低湿库贮藏的种子，要注意选择种子出仓时间，最好是播种前7 d内出仓较适宜。因为据试验，种子在低温低湿库贮藏2～3年后，在出仓7 d内，发芽率基本不发生变化，但到出仓第2周发芽率开始下降，出仓14 d发芽率可下降5%～10%。这是由于长期贮藏的种子已经衰老，在外界温湿度变化较大时，种子生活力容易降低。

5.小包装种子的贮藏

根据《种子法》的规定，杂交水稻种子销售过程中，需要独立的小包装(一般每袋0.5～1.5 kg)。种子包装前必须经过干燥，水分降至安全水分以下(一般要求13.0%以下)。农户购买了小包装的种子后，也应将种子放在低温、干燥的环境，并且应尽快使用。

如果小包装的种子不能在短时间销售完，需要继续贮藏，需根据种子水分高低进行处理。如水分较高，要拆去塑料包装，及时晒种，把种子的含水量降到安全水分标准。晒种后，及时做好种子的发芽势和发芽率试验。选择发芽率符合种子质量标准(发芽率不低于80%)的种子进行再次贮藏利用。对于种子活力不是很高、发芽势较弱的种子，即使发芽率在80%左右，它的再次贮藏效果一般不会很理想。因此，晒种后，应选择发芽势较强、发芽率合格的杂交水稻种子作为贮藏对象。及时将其放入低温库保存，把库内温度控制在5～10℃的恒温条件下，湿度控制在65%以下。经这种低温低湿库保存的隔年杂交水稻种子，发芽率一般仍能够保持在80%以上。

第二节　玉米种子贮藏技术

玉米是一种高产作物，适应性强，是分布最广泛的粮食作物之一，在全国各地几乎都有种植，玉米种植面积仅次于小麦和水稻，因而做好玉米种子安全贮藏工作具有重要意义。

玉米籽粒根据其形态、胚乳的结构以及颖壳的有无可分为9种类型，即硬粒型、马齿型、半马齿型、粉质型、甜质型、甜粉型、蜡质型、爆裂型、有稃型。按品质分类可分为普通玉米和特用玉米。玉米种子贮藏的一个突出特点是穗藏与粒藏并用，一般新收获的种子多采用穗藏以利于通风降水，而隔年贮藏或具有较好干燥设施的单位常采取脱粒贮藏。因此了解玉米种子贮藏特性及玉米穗轴特性，对指导玉米安全贮藏有重要作用。

一、玉米种子的贮藏特性

1. 种胚大，呼吸旺盛，易发热

玉米在禾谷类作物种子中属于大胚种子，种胚的体积几乎占整个籽粒的1/3左右，重量占全粒的10%～12%，它的脂肪占全粒的77%～89%，蛋白质占30%以上，并含有大量的可溶性糖类。因为种胚大，组织疏松，含有较多的蛋白质、脂肪和可溶性糖，呼吸强度比其他禾谷类种子大得多，在贮藏期间稳定性差，容易引起种子堆发热。

2. 种胚易遭受虫霉危害

玉米种胚可溶性物质多，营养丰富，是仓虫和微生物首先危害的部位，为害玉米的害虫主要是玉米象、谷蠹。当水分适宜于霉菌生长繁殖时，胚部长出许多菌丝体和不同颜色的孢子，被称为"点翠"，这是玉米较难贮藏的原因之一。危害玉米的霉菌多半是青霉和曲霉。

另外，玉米籽粒成熟度不均匀，果穗顶部籽粒授粉时间相对较晚，成熟度差，含水量高，在脱粒加工过程中易受损伤。损伤籽粒呼吸作用较旺盛，更容易引起虫、霉危害，经历一定时间会波及全部种子。所以，入库前应将这些破碎粒及不成熟粒清除，以提高玉米种子贮藏的稳定性。

3. 种胚容易酸败

玉米种子脂肪含量绝大部分(77%～89%)集中在种胚中，这种分布特点加上种胚吸湿性又较强，因此，容易酸败。酸败后胚部变为蜡黄色或褐色，其生活力明显下降。

4. 易遭受低温冻害

我国玉米制种多集中于西北，秋季收获时种子水分较高，果穗被苞叶包裹在里面，在植株上水分不易蒸发，一般多在20%～40%，这时遇低温籽粒内部存在自由水，易结冰导致冻害；当含水量低于13%时，种子中的水分以束缚水状态存在，0℃以下低温也不会结冰。现种业企业已逐渐普及果穗烘干线，可及时将种子水分降至安全水分，为规避不良天气影响，杜绝冻害起了重要作用。

5. 玉米穗轴特性

玉米穗轴在乳熟及蜡熟阶段柔软多汁，成熟时穗轴的表面因细胞木质化而变得坚硬，其主要化学成分是纤维素、木质素、果胶及矿物质，而轴心(髓部)组织却非常松软，通透性较好，具有较强的吸湿性。种子着生在穗轴上，其水分的高低在一定程度上取决于穗轴。潮湿的穗轴水分含量大于籽粒，而干燥的穗轴水分则比籽粒低。果穗在贮藏期间，种子和穗轴水分变化与空气相对湿度有着密切关系，都是随着相对湿度的升降而增减。

将玉米穗轴和玉米籽粒，放在不同的相对湿度条件下，其平衡水分有明显的变化。据实验，在空气相对湿度低于80%的情况下，穗轴水分低于玉米籽粒；当相对湿度高于80%时，穗轴水分却高于玉米籽粒。前者情况，穗轴向籽粒吸水，可以使玉米种子水分降低，而后者却相反，玉米籽粒从穗轴吸水，使种子水分增加。因此，相对湿度低于80%的地区以穗藏为宜，超过80%的地区，则以粒藏为宜。但是，考虑到果穗贮藏仓容量大和运输上的困难，种子仓库多半以籽粒贮藏为主。

二、玉米种子贮藏方法

玉米种子安全贮藏的关键在于提高入库种子质量，降低种子水分。因此贮藏前要采取以下技术措施：一是除杂净种，玉米种子往往含有较多的成熟度差的籽粒、破碎粒、穗轴碎块及糠屑、砂土等。这些杂质易吸湿，孔隙度小，带菌量大，很容易导致发热、发霉变质。因此，玉米种子在散堆前必须进行清选，除杂净种是实现安全保管的重要措施。二是防治虫害，在收获过程中，一般带有幼虫和虫卵。为防止贮藏过程中继续危害，可用过筛和熏蒸的方法除治。

低水分玉米种子如不吸湿回潮，则能长期贮藏而不影响生活力。由于各地的空气温度和湿度有较大差异，应根据当地具体情况，采用相应的贮藏措施。据各地经验，北方玉米种子水分在14%以下，种温不高于25℃，而南方玉米种子水分在13%以下，种温不超过30℃，可以安全过夏。玉米种子霉变的临界水分如表8-1。如果仓储新玉米种子，可在秋冬交季或入冬1个月左右进行通风翻倒，以散发湿热，防止出汗。

表8-1 玉米种子霉变的临界水分(胡晋,2001)

含水量/%	13	14	15	16	17	18	19	20
温度/℃	30	27	24	21	18	15	12	9

玉米种子贮藏有穗藏法和粒藏法两种方式。穗藏法即苞叶去掉后，将整个果穗贮藏。粒藏法即将脱粒后的籽粒干燥后入仓储藏。可根据各地气候条件、仓房条件和种子品质而选择采用。常年相对湿度较低的丘陵山区和我国北方，常采用穗藏法；常年相对湿度较高或仓房条件较好的地区，多采用粒藏法。

(一)果穗贮藏技术

1.果穗贮藏优点

(1)新收获的玉米果穗，穗轴内的营养物质因穗藏可以继续运送到籽粒内，使种子达到充分成熟，且可在穗轴上继续进行后熟。

(2)穗藏孔隙度大，可达51%左右，便于空气流通，堆内湿气较易散发。高水分玉米有时干燥不及时，经过一个冬季自然通风，可将水分降至安全标准以内，至第二年春即可脱粒密闭贮藏。

(3)籽粒在穗轴上着粒紧密，外有坚韧果皮，能起一定的保护作用，除果穗两端的少量籽粒可能感染霉菌和被虫蛀蚀外，一般能起防虫、防霉作用，中间部分种子生活力不受影响，所以生产上常采用这部分种子作播种材料。

2.果穗贮藏的水分控制

果穗贮藏同样要注意控制水分，以防发热和受冻害。果穗水分高于20%，在温度－5℃的条件下便会受冻害而失去发芽率。水分高于17%，在－5℃时也会轻度受冻害，在－10℃以下便失去发芽率。水分大于16%时，果穗易受霉菌为害，在14%以下方能抑制霉菌生长。所以，过冬的果穗水分应控制在14%以下为宜。干燥果穗的方法可采用日光曝晒和果穗烘干。曝晒法曾经较普遍，近年来种业企业逐渐普及果穗烘干线，果穗烘干对温度应做适当控制，种温在 40℃以下，连续烘干 72～96 h，一般对种子发芽率无影响，高于 50℃对种子有害。

3. 果穗贮藏方法

果穗贮藏法有挂藏和玉米仓堆藏两种。挂藏是将果穗苞叶编成辫，用绳逐个联结起来，挂在避雨通风的地方。有些是采用搭架挂藏，也有将玉米苞叶联结后围绕在树干上挂成圆锥体形状，并在圆锥体顶端披草防雨等各种形式。堆藏则是在露天地上用高粱秆编成圆形通风仓，将剥掉苞叶的玉米穗堆在里面越冬，次年再脱粒入仓，此法在我国北方采用较多。

（二）籽粒贮藏技术

籽粒贮藏法的优点是仓容利用率高，玉米籽粒的密度在 55%～60%，空气在种子堆内流通性较果穗堆内差。如果仓房密闭性能较好，可以减少外界温、湿度的影响，能使种子在较长时间内保持干燥，在冬季入库的种子，则能保持较长时间低温。据试验，利用冬季低温种温在 0℃时将种子入库，面上盖一层干沙，到第二年 6 月底种温仍能保持在 10℃左右，种子不生霉不生虫，并且无异常现象。

对于采用籽粒贮藏的玉米种子，当果穗收获后不要急于脱粒，应以果穗贮藏一段时间为好。这样对种子完成后熟作用、提高品质以及增强贮藏稳定性都非常有利。玉米种子的后熟期因品种而不同，一般经过 20～40 d 即可完成，而经过 15～30 d 贮藏之后，就可达到最高的发芽率。

籽粒贮藏的玉米种子水分，一般不宜超过 13%，南方则在 12%以下才能安全过夏。据各地经验，散装堆高随种子水分而定。种子水分在 13%以下，堆高 3～3.5 m，可密闭贮藏。种子水分在 14%～16%，堆高 2～3 m，需间隙通风。种子水分在 16%以上，堆高 1～1.5 m，需通风，保管期不超过 6 个月，或采用低温保管，但要注意防止冻害。

玉米种子也可采用超干贮藏，不但具有低温贮藏的效应，而且又可降低保管费用，简便易行、高效低耗且利于环保。胡伟民等(2002)采用硅胶干燥和较高温度加温干燥两种方法对玉米种子进行超干处理，并经 7 年常温密闭贮藏。通过发芽试验和超氧歧化酶活性测定，用硅胶干燥的玉米种子在水分降至 4.05%时生活力和活力最高。水分超过 7.49%时，便失去生活力。由此可见，采用硅胶进行超干处理，在一定时期内有利于玉米种子的长期贮藏。李圣福等(2008)以玉米杂交种农大 108 和自交系黄 C 为材料，用真空冷冻干燥机和烘箱干燥的方法进行超干处理，并对超干后的种子进行发芽测定，探讨玉米种子的超干适应性，筛选适宜的超干燥方法。结果表明，冷冻干燥机干燥较烘箱干燥速度快，能在较短时间内达到超干水平，且超干种子具有强的抗高温老化能力。但超干种子直接进行发芽，发芽率较低，缓湿后发芽率明显提高。说明玉米种子可以进行超干贮藏，但必须进行缓湿处理后再播种。

三、南方玉米种子越夏贮藏技术

南方各地的夏收早玉米，应注意种子水分，只有充分干燥的种子才能安全度过炎夏高温期。为了避免种子在夏、秋季节吸湿返潮，要认真搞好种子库的维修与防潮。在种子越夏贮藏中，要加强种子堆温度的检查，按定期、定时、定层、定点的原则，掌握种子堆温度变化规律，稍有异常就应及早采取处理措施。同时，要定期分垛进行水分检测，尤其对种子堆表层水分变化的检测。对水分增高的种子要及时进行倒垛、通风、晾晒。

杂交玉米种子经济价值较高，每年过剩种子如转为商品粮，降价销售，会造成经济损失，如能通过有效种子贮藏管理措施，保持良好的种子生活力和活力，以供翌年播种，就可减少损失和满足生产用种。杂交玉米种子越夏贮藏的关键是要做好“干燥、密闭、低温”工作。

1. 干燥

干燥指严格控制种子水分，越夏玉米种子安全水分控制在11.5%以下。整个贮藏期要保证种子水分的变化在水分范围内，既要考虑到种子本身入仓水分的标准，又要考虑到影响水分变化的各个因素。在控制贮藏种子水分工作中，着重做到种子入库时“五不准”(即未检验的不准入库，水分超标的不准入库，净度不达标的不准入库，受热害的不准入库，受污染的不准入库)。同时密切关注种子入库后第1个月内水分的变化。种子入库正值高温高湿季节，同时也是种子生理成熟的重要时期，入库种子常会因后熟作用发生“出汗”而提高种子含水量，也会因种温、仓温(特别是地坪)的温度差异出现“结露”而使局部种子含水量急剧增加。

对隔年玉米种子有两个特殊的要求：一是通过水分仪速测种子的含水量，把住杂交玉米亲本和一代种子入库含水量不高于11.5%；二是通过机械清选，使完好种子率达到99.0%以上，务必除去秕粒、破碎粒和泥沙这些易吸湿、易生虫和易受微生物侵害的杂物。活力低的种子剔出，不宜进行越夏，应在当年及时售出。

2. 密闭

密闭是指在种子贮藏性能稳定之后，特别是水分达到越夏要求后，用塑料薄膜密闭种子和仓房门窗。仓门的密闭绝不是一年四季常闭仓库。具体工作严格掌握以下两点：①种子入库1个月内除投药杀虫需密闭外，其余时间应尽量抓住机会开门通风，以降温降湿；②在10月中下旬气温处于下降季节，应寻找机会尽快开门通风使种温下降。总之，密闭的目的是为了减轻仓外温度、湿度对仓温、种温、种子水分的影响，使种堆处于低温低湿状态。

3. 低温

高温多湿的季节应采取合理通风的办法，使仓温不高于25℃，种温不高于22℃。种子是热不良导体，种温不会随外界温度变化而迅速改变。在6月底前温度上升的时候不轻易开仓，以免热空气进入仓内而提高仓温。发现种子含水量超过越夏玉米种子贮藏安全标准(12.0%)，也只能通过春前低温季节的低湿度空气通风和仓内除湿等措施来降低种子含水量，以防高温季节晒种种温提高。7、8、9这3个月，虽系高温季节，但也有晴、雨、阴，早、中、晚的气温差异之别，此期的通风主要是以降温为目的的通风，多采用阴天或晴天的傍晚以排风扇、电动鼓风机等机械强力通风，以迅速降低仓温。种温是影响种子呼吸强度的重要因素，仓储期控制好种温是重要的一环。当然有条件的地方最好将越夏玉米放在低温低湿仓库贮藏。

四、包衣玉米种子贮藏技术

1. 包衣种子贮藏特点

据生产实践证实，在低温干燥贮藏条件下，贮藏1年的包衣与不包衣种子的发芽势和发芽率基本无差异，包衣种子由于种衣剂含有杀菌杀虫的成分，具有防霉、防虫的作用。

包衣种子易吸湿回潮，当其含水量超过安全水分时，种衣剂化学药剂会渗入种胚，伤害种子，因此贮藏时保持包衣种子的干燥状态是十分重要的。

2. 包衣玉米种子越夏贮藏

(1)欲越夏贮藏的包衣玉米种子，要先做种子发芽试验和活力测定，选择发芽率和活力水平高的种子批进行越夏贮藏。

(2)降低种子含水量,达到安全水分标准。

(3)采用防湿包装和干燥低温仓库贮藏。

(4)在贮藏期间做好防潮和检查工作,发现问题应及时处理,确保贮藏安全。

(5)出仓前做好种子发芽试验和活力测定,选择具有种用价值种子进行销售。

第三节 大、小麦种子贮藏技术

一、大麦种子的贮藏技术

大麦属于禾本科草本植物,有啤酒大麦和饲料大麦之分,是制造啤酒、饴糖、饲料的重要原料。根据国家标准的规定,大麦种子分皮大麦、裸大麦两类,每类分原种和大田用种两个等级。种用大麦和啤酒大麦都要求有较高的内在品质和较高的发芽率。所以,掌握大麦种子贮藏特性与科学贮藏技术,是安全贮藏、提高种用价值的关键所在。

(一)大麦种子贮藏特性

1.休眠期较长

大麦种子收获后,一般不能立即发芽,即使有些麦粒能发芽,发芽率也不高,常在80%以下。研究表明,不同大麦品种的休眠期长短不同,裸大麦为1～2个月,小粒种子(千粒重在32.5～41.15 g)比大粒种子(千粒重在43.5～48.8 g)休眠期短,小粒种子为15 d左右,大粒种子长于30 d。种子在这一阶段,由于旺盛的呼吸作用和低分子缩合作用(氨基酸合成蛋白质,脂肪酸合成脂肪,可溶性糖合成淀粉)都放出一定量的水分。所以新入库的种子在贮藏前期常会出现种子水分逐渐增多的现象。水分增多后,其中一部分蒸发成水汽,充满种子堆间隙,一旦达到饱和状态,水汽就凝结成小水滴,附着在种子表面,形成所谓的"出汗"现象。在南方冬大麦区,此时正值梅雨季节,空气湿度大、气温渐渐升高,如果没有及时干燥通风,就会引起回潮发热。

2.易生虫霉

大麦种子在休眠期间,呼吸作用旺盛,释放出的水分和热量,常常引起种子"出汗"。或者种子入库时,水分过高或含水量不一致时,都会引起结露现象的发生。"出汗"和"结露"更加剧了种子呼吸作用,为仓库害虫和微生物生长发育提供了更为有利的条件,而在相同条件下,微生物释放出的热量比种子本身多,如此循环往复,不但会使虫霉暴发,种子生活力也会很快丧失。

(二)大麦种子贮藏的技术要点

种子生产经营部门及科研单位每年都储备一定量的大麦种子,为保证生产用种常适当加大备用量,如何做好这些种子的安全越夏贮藏,把好技术关是一项非常重要性的工作。大麦种子在越夏贮藏时应存放在背阴通风处,采用低温密闭压盖贮藏,将种子含水量降到13%以下,入仓前要过一次筛，立秋后倒仓一次，确保种子质量，特别要求做好定期检查，防虫防鼠。

1.严格控制种子水分

贮藏期间的种子水分是影响种子生活力甚至导致虫霉发生的关键因素。新收获的大麦种子含水量高达 40%，一般要进行日光曝晒或干燥，使水分降至 12%以下，方可入库。对于酿造用大麦，干燥温度不应超过 40℃，因为过高的温度往往对酿造品质造成一定的破坏作用。入库后，应定期进行种子水分检测。一般掌握在入仓的前 3 个月即 6～8 月，每半月检测一次，9 月后每月检测一次，如遇到连续阴雨及仓库质量未达标的要经常检查。

大麦种子贮藏期间呼吸作用的强弱，不仅与温度有关，而且与种子本身水分的关系更为密切。水分过高时，种子内就会出现大量的自由水，这样就大大增强了呼吸酶的活性，因而增强了呼吸作用。尤其在水分高、温度高的情况下，呼吸作用更强，这就大大加快了贮藏种子的劣变过程，使发芽率大大下降。“如冬 3 号”大麦种子试验表明：当种子含水量在 16%左右时，贮藏 10 d 发芽率就由 90%下降到 80.5%；贮藏 2 个月后，发芽率下降到 21%。种子含水量在 13.5%左右时，同等条件下贮藏，发芽率仅下降 1%～4.5%。此外，降低大麦种子含水量，可预防结露。大麦种温在 30℃，含水量在 16%左右时，露点约在 26℃；含水量在 13%以下时，露点约为 21℃。降低种子含水量还可以控制微生物的危害，减少霉变。因此大麦种子收获后，必须及时晾晒和充分干燥，将种子的含水量降到安全水分以下。

2.严格控制温度

温度是影响种子贮藏稳定性的重要因素。多年生产实践证实，大麦种子贮藏温度在 20℃以下，水分在 12.5%以下，可确保安全贮藏；贮藏温度超过 25℃，水分在 14%以上，就会使种子呼吸旺盛，引起种堆发热，生活力下降，种用价值降低。贮藏种子要坚持种子温度检测，种子温度的检测一般掌握在入仓后的 3 个月即 6～8 月，每月检测 3 次，9 月后每月检测两次。在仓库不同部位设 3 点，分中下两层（中 2 个点，下 1 个点）测量、记载，并对照气温、仓温进行比较、分析。要求夏秋季气温大于种温大于仓温，秋冬季种温大于仓温大于气温。如果夏季种温高于气温，说明种子已明显发热，需立即采取翻仓、晾晒等措施，以防霉变。

3.加强管理，合理通风

大麦种子在休眠期间呼吸旺盛，散发大量的水汽和热量，因此在贮藏期间要选择空气湿度较低的晴天进行通风。要经常检查麦堆，发现堆内湿度变大，种子有结露现象时，要及时进行倒堆或倒仓，进行通风降温降湿，严重时要进行晾晒或烘干，一般夏季要进行 1～2 次倒堆倒仓，以免发生虫蛀、发热、发霉、返潮等现象，影响种子发芽率。种子收购入库时如因分户管理而出现水分差异，或入库时间参差不齐时，应选择晴好低温天气进行通风。种子收获后遇雨不能及时干燥的，不能用塑料薄膜就地进行长时间密闭防雨，而要摊晾在室内，勤翻动。需要长期贮藏的啤酒大麦，为延长保存期，可以选择冬季寒冷的天气进行通风冷冻，到翌年开春后做好密封工作，防止吸湿和温度上升。

4.科学防治仓虫

大麦在贮藏过程中经常遭受麦蛾、玉米象、谷蠹、大谷盗以及螨类等危害，贮藏时首先要清除种子杂质、害虫，搞好仓库内外的环境卫生。清除种子害虫可以采用热进仓储藏技术，具体做法是：贮藏前选择晴好的天气将大麦种子充分曝晒 2～3 d，保证种子含水量降到 12%以下，在下午 2 时左右趁热贮藏，为提高杀虫效果和防止温差造成的结露现象，要做到种子热、仓库热、麻袋和其他用具热。其次可以使用磷化铝药剂熏蒸杀虫。

5. 防霉变

大麦种子若贮藏不当极易发热霉变。造成大麦种子发热的原因有两种：一是入库时水分超标，这种情况造成发热霉变的范围大，损失也大。二是仓库密闭性能差，麦粒吸湿发热引起霉变，先在种堆表面，然后逐渐扩散和渗透。通过种子水分和温度的检测，及时发现及早采取应对措施。对上述第一种情况造成的麦种发热，应抢晴天出仓晒种子，使其含水量达到规定的标准；对于第二种情况造成的麦粒发热，则应在阴雨天气加强仓库的密闭工作，晴好气候及时通风换气。

二、小麦种子贮藏技术

小麦是我国主要粮食作物，种植面积大，品种繁多。小麦种子收获时正逢高温多湿季节，入库后的种子如果管理不当，易吸湿回潮、生虫、发热、霉变。因此，小麦种子的贮藏较为困难，需采取严格措施保证贮藏安全。

(一)小麦种子的贮藏特性

1. 吸湿性强

小麦种子在脱粒时稃壳脱落，外部没有保护物。小麦种子属于颖果，果种皮较薄，组织疏松，通透性好，种子胚乳内淀粉含量高，且含有大量的亲水物质，在干燥条件下容易释放水分，在空气湿度较大时容易吸收水分。因此，小麦种子在曝晒时降水快，干燥效果好；相反，在相对湿度较高的条件下，容易吸湿而提高种子含水量。小麦种子吸收水分的速度，因品种而不同。在相同条件下，白皮小麦比红皮小麦吸湿速度快，软质小麦比硬质小麦吸湿速度快，小粒、虫蚀粒比大粒小麦吸湿能力强。总的来讲，小麦种子具有较强的吸湿能力，在相同的条件下，种子的平衡水分较其他麦类为高，吸湿性较水稻种子为强。其次，麦种在吸湿过程中还会产生吸胀热，产生吸胀热的临界水分为22%，水分为12%～22%，每吸收1 g水便能产生336 J的热量。种子水分越低，吸湿产生的热量越多。所以，干燥的麦种一旦吸湿不仅会增加水分，还会提高种温。

小麦种子吸湿后，一方面体积胀大，籽粒表面变粗糙，容重减轻，千粒重加大，散落性降低，淀粉、蛋白质水解，可溶性糖含量增加；另一方面，呼吸强度增大，产生了较多的热量和水分，水分的加大和热量的增高又促使呼吸作用加强，热度进一步升高，这都促使了微生物(霉菌、细菌等)、仓虫的迅速大量繁殖，导致种子发霉、变质，丧失生活力。为害小麦种子的仓库害虫主要有麦蛾、玉米象、米象、谷蠹、印度谷蛾等，特别是麦蛾和玉米象为害最为严重。被为害的籽粒往往有孔洞或被蛀蚀一空，完全失去种用价值。因此，小麦种子的贮藏应特别注意防潮、防害虫和防微生物等“三防”工作。

2. 通气性差

小麦种子孔隙度一般为35%～45%，通气性较水稻种子差，适宜于干燥密闭贮藏；保温性较好，不易受外界温度的影响。但是，当种子堆内部发生吸湿回潮和发热时，则湿热不易排除。

3. 耐热性强

小麦种子能忍耐较高的温度，这是因为小麦的蛋白质和呼吸酶类有较高的抗热性。未通过后熟的种子和低含水量的种子忍耐高温的能力更强。小麦种子的耐热性与含水量密切相关，含水量在17%以下，种温在较长时间内不超过54℃，或含水量在17%以上，种温不超过46℃的条件下进行干燥和热进仓，不会降低种子发芽率。根据小麦种子这一特性，实践中常采用热进仓的方法防治害虫。但通过后熟的小麦种子耐热性降低。所以小麦陈种子以及通过后熟期的种子，不宜采用高温干燥和热进仓储藏，否则会影响种子发芽率。

4.后熟期长

小麦种子具有较长的后熟期，特别是多雨地区的小麦品种，后熟期更为明显。小麦种子的后熟期一般在1～3个月。后熟期的长短因品种而异，通常红皮小麦比白皮小麦长，冬性品种比春性品种长。其次，与小麦种子成熟度有关，充分成熟后收获的小麦种子后熟期较短，提早收获的小麦种子则较长。通过后熟作用的小麦种子可以改善麦粉品质，但在后熟过程中，由于种子呼吸作用和物质的合成作用不断释放水分，这些水分聚集在种子表面便会引起“出汗”，严重时甚至出现种子堆结顶或发热霉变现象。有时还因种子的后熟作用引起种温波动即“乱温”现象。这些都是小麦种子贮藏过程中需要特别注意的。小麦种皮颜色不同，耐藏性存在差异，一般红皮小麦的耐藏性强于白皮小麦。

(二)小麦种子贮藏方法

1.干燥密闭贮藏法

小麦种子在贮藏过程中容易吸湿回潮，采用密闭贮藏可有效延长种子贮藏期限，但密闭贮藏对种子水分有严格要求。入库时必须将水分控制在12.0%以下。种子水分低于12.0%，种温不超过25℃，小麦种子可安全贮藏。种子水分超过12.0%，种温超过30℃便会降低发芽率，水分越高发芽率下降越快。据试验，水分为11.0%、13.0%和15.0%的麦种，在室温条件下用铁桶密封贮藏，经过一年半后，水分为11.0%的麦种发芽率仍能保持在94%以上，水分13.0%的种子发芽率下降到69%，失去种用价值，而水分为15.0%的麦种，经过一个高温季节发芽率便下降，一年半后发芽率全部丧失。实践经验表明，小麦种子即使在低温条件下密闭贮藏，同样需要保持干燥。例如在15～20℃条件下，水分为11.3%的麦种贮藏12个月发芽率完好；水分14.0%的麦种，贮藏5个月，发芽率便开始下降；种子水分为16.5%的麦种，贮藏仅2个月，发芽率便下降。所以，小麦种子贮藏期限的长短，取决于种子的水分、温度及贮藏设备的防潮性能。小麦种子收获后要趁高温天气及时晾晒或采用机械烘干，将种子水分降到12.0%以下，然后用缸、坛，或木柜、铁桶等容器密闭贮藏。密闭贮藏既能避免受潮湿空气的影响，又能预防种子吸湿而生虫。

2.密闭压盖贮藏法

对于数量较大的全仓散装种子，密闭压盖贮藏对于防治麦蛾有较好的效果。具体做法：先将种子堆表面耙平，后用麻袋2～3层，或篾垫2层或干燥砻糠灰10～17 cm覆盖在上面，可起到防湿、防虫作用，尤其是砻糠灰有干燥作用，防虫效果更好。覆盖麻袋或篾垫要求做到“平整、严密、压实”，也就是指覆盖物要盖得平坦而整齐，每个覆盖物之间衔接处要严密不能有脱节或凸起，待覆盖完毕再在覆盖物上压一些有分量的东西，使覆盖物与种子之间没有间隙，以阻碍害虫活动及交尾繁殖。

压盖时间与效果有密切关系，一般在入库以后和开春之前效果最好。但是种子入库以后采用压盖，要多加检查，以防后熟期“出汗”发生结顶。到秋冬季交替时，应揭去覆盖物降温，但要防止表层种子发生结露。如在开春之前采用压盖，应根据各地不同的气温状况，必须掌握在越冬麦蛾羽化之前压盖完毕。在冬季每周进行面层深扒沟一次，压盖后能使种子保持低温状态，防虫效果更佳。

3.热进仓储藏法

小麦种子有较强的耐热性，将种子曝晒后保持高温热进仓储藏，对于杀虫和促进种子后熟有很好的效果，同时具有方法简便、节省能源、不受药物污染、不受种子数量限制等优点。具体做法：选择晴朗天气，将小麦种子进行曝晒，当种子含水量降至12%以下，种温达到46℃以上但不超过52℃，趁热迅速将种子入库堆放，覆盖麻袋2～3层密闭保温，将种温保持在44～46℃，经7～10 d后掀掉覆盖物，进行通风散热直到与仓温相同为止，然后密闭贮藏即可。

为提高小麦种子热进仓储藏效果，必须注意以下事项：

(1)严格控制水分和温度　小麦种子热进仓储藏成败的关键在于水分和温度，水分高于12.0%会严重影响发芽率，一般可掌握在10.5%～11.5%。温度低于42℃杀虫无效，温度越高杀虫效果越好，但温度越高且持续时间越长，对种子发芽率影响越大。一般种温46℃密闭7 d较为适宜，44℃则应延长至10 d。如果曝晒种温达到50℃以上，将麦种拢成2 000～2 500 kg的大堆，保温2 h以上然后再入库，杀虫效果更好。

(2)入库后严防结露　热进仓的麦种温度较高，而仓内地坪温度较低，二者温差较大，种子入库后容易引起种子堆底层结露。其次，种子堆上表层种温因受仓温影响而下降，与堆内高温形成温差使水分分层。所以，麦种入库前必须打开门窗使地坪增温，或铺垫经曝晒过的麻袋和砻糠(谷壳)，以缩小温差。如果用缸、坛、瓮等容器贮藏种子，必须与麦种同时曝晒增温。入库时，无论种子数量多大均应连续进仓，一次完成，以免种子堆之间出现温差而造成水分分层。入库后应在种子堆表面加覆盖物，密闭门窗，既可保温又可预防结露。对于一些缸、坛等容器也应密封，以防小麦种子在冷却过程中吸湿回潮。

(3)抓住有利时机迅速降温　高温密闭杀虫达到预期效果后，应迅速通风降温，这项工作应在短期内完成。因为长时间的高温密闭虽对杀虫有效，但对保持种子发芽率并不一定有益。如果降温时间拖得太长，麦种受外界温湿度影响反而增加水分，有时还有可能感染害虫。

(4)通过后熟期的麦种不宜采用热进仓储藏　这是因为通过后熟作用的麦种耐热性降低，经高温处理后虽能达到杀虫目的，但是对发芽率会有较大影响。所以热进仓储藏应在麦种收获后立即进行较为适宜。

(三)少量小麦种子的贮藏

对于少量麦种或保留品种、保留样品可采取以下几种方法贮藏：

(1)对于少量种子，必须将种子含水量降到安全水分以下，然后装在牛皮纸袋、布袋或塑料袋中，再将其放在密闭干燥的环境中贮藏。具体做法是：缸(罐)底铺上一层干燥的草木灰，将种子放进后，上面盖一层10～15 cm厚干燥的草木灰，然后用塑料布包好缸口即可。用此法贮藏的种子室温下一般经2～3年不会变质。若在低温下，贮存时间更长。

(2)将充分晒干的种子装在玻璃瓶或铁罐内，用蜡封口贮藏。贮藏时，在罐(瓶)中放少许变色硅胶干燥剂，当硅胶变为粉红色，表示硅胶已失去干燥能力需将其取出烘干再使用。这样贮藏的种子若置于低温(5℃以下)，可经几年甚至几十年不丧失生活力。

(3)带穗贮藏法。在挂藏室内用竹竿等搭成4～5层的架，将麦穗100个左右捆成一把，两把捆在一起挂在架上，然后用杀虫剂如敌敌畏原液喷洒墙壁和地面以消毒杀虫，喷后关严门窗，以后每隔10～15 d喷洒一次，每月用敌敌畏挂条熏蒸一次，注意挂藏室必须密闭，尽可能保持较低的室内温度。下季播种前一天下午，将穗子取出喷适量水分，使变潮防止断梗落粒，播种时可剥下小穗直接播种。

第四节　油菜和花生种子贮藏技术

油菜和花生均是我国重要的油料作物。油菜种植面积和产量均居世界首位，尤以长江以南栽培较多。

油菜属于十字花科植物，其种子较小，千粒重在3～5 g，脂肪40%～50%、蛋白质23.2%、碳水化合物14.8%、纤维素7.6%、灰分5.5%。油菜种子含油量较高，一般认为不耐贮藏，寿命一般为2～5年，属中命种子。南方油菜种子收获前后正值梅雨季节，空气湿度大，接下来会遇到夏季高温，若不能正确处理，很快会霉变和发芽。

花生属于豆科植物，其种子外面有较厚的荚果，保护性好，但水分散发缓慢，不及时干燥，易发热霉变，北方地区易造成冻害。

一、油菜种子贮藏技术

(一)油菜种子的贮藏特性

1.吸湿性强

油菜种籽粒小皮薄，组织疏松，和空气接触面积大，易吸潮，也易释放水分。据浙江省的种子贮藏经验得知，在夏季比较干燥的天气，相对湿度在50%以下，油菜种子水分可降低到7%～8%；而相对湿度在85%以上时，其水分很快回升到10%以上。因此，常年平均相对湿度较高的地区和潮湿季节，特别要注意贮藏油菜种子的吸湿。

2.通气性差，易发热

油菜种子近似圆形，籽粒小，易滚动，导致种子堆密度较大。由于种皮松脆，子叶娇嫩，种子不坚实，在脱粒和干燥过程中容易破碎，或者收获时混有泥沙等因素，往往使种子堆的密度增大，不易向外散发热量。油菜种子的代谢作用旺盛，放出的热量较多，比较容易发热。油菜种子感染霉菌后，分解脂肪释放的热量比淀粉类种子高1倍以上。特别是水分高、感染霉菌，又是堆高的种子，更不易贮藏。在高温季节，种子水分过高时，可在一夜之间全部霉变。据上海、苏南等地种子贮藏经验得知，油菜种子发热时种温甚至可高达70～80℃。经发热的种子不仅失去发芽率，同时含油量也迅速降低。

3.含油分多，易酸败

油菜本身是油料作物，种子含油量高，易发生酸败生成醛、酮等有毒物质，破坏种子胚，降低发芽率。在贮藏过程中，油菜种子中油脂的酸败主要由两个方面引起。一方面，是种子脂肪中的不饱和脂肪酸会与空气中的氧发生反应，生成过氧化物，它极不稳定，很快继续分解成为醛和酸。另一方面，在微生物作用下，种子中的油脂会分解成甘油及脂肪酸，脂肪酸进而被氧化生成酮酸，酮酸经脱羧作用放出二氧化碳便生成酮。尤其在高温高湿的情况下，这一变化过程进行得更快，结果使种子发芽率随着贮藏期的延长而逐渐下降。油菜种子会因闷热而引起脂肪分解，增加酸度，降低出油率，形成干热现象。

4.害虫危害

油菜种子在贮藏期间的主要害虫是螨类，它能引起种子堆发热，是油菜种子的危险害虫。螨类在油菜种子水分较高时繁殖迅速，只有保持种子干燥才能预防螨类为害。

(二)油菜种子贮藏技术要点

1.适时收获，及时干燥

油菜种子收获以在花薹上角果有70%～80%呈现黄色时为宜。太早嫩籽多，水分高，不易脱粒，内容欠充实，较难贮藏；太迟则角果容易爆裂，籽粒散落，造成损失。脱粒后要及时干燥，晒干后须经摊晾冷却才可进仓，以防种子堆内部温度过高，发生干热现象。

2.保证入库种子质量

种子入库前，要做好仓库和仓具的清理消毒工作，防止病虫滋生。油菜种子入库前，应进行种子清选，清除尘芥、杂质及病菌之类，可增强贮藏期间的稳定性。此外对水分及发芽率进行一次检验，以掌握油菜种子在入库前的情况。

3.严格控制入库水分

严格控制油菜种子含水量对安全贮藏至关重要。油菜种子入库的安全水分标准不宜机械规定，应视当地气候特点和贮藏条件而有一定的灵活性。就大多数地区一般贮藏条件而言，油菜种子水分控制在9%～10%以内，可保证安全；但如果当地特别高温多湿以及仓库条件较差，最好能将水分控制在8%～9%以内。根据四川省经验，水分超过10%，经高温季节，就会发生不正常现象，开始结块；水分在12%以上就会形成团饼，出现霉变现象。

4.选用适宜的贮藏器具

油菜种子不宜用塑料袋贮藏。塑料袋贮藏种子易造成空气不流通，油菜种子呼吸强度又比较大，导致呼吸产生的水分和热量不易散发，发生种子霉变；另外，密闭的环境会导致种子进行无氧呼吸，发生种胚中毒，进一步降低发芽率。所以，油菜种子以编织袋、麻袋贮藏为宜。

5.控制好种子温度

控制种子温度，可有效减缓种子酸败，减少微生物和仓虫危害。贮藏期间除水分须加控制外，必须按季节严加控制种温，在夏季一般不宜超过28～30℃，春秋季不宜超过13～15℃，冬季不宜超过6～8℃，种温与仓温相差如超过3～5℃就应采取措施，进行通风降温。在我国南方长江流域，冬季最冷月份气温往往低于仓温，这时就可通风降温。

6.合理堆放

油菜种子堆放原则是要保证种子堆的水分和热量能有效释放。油菜种子散装的高度应随水分高低而增减，水分在7%～9%时，堆高可到1.5～2.0 m；水分在9%～10%时，堆高只能1～1.5 m；水分在10%～12%时，堆高只能1 m左右；水分超过12%时，应进行晾晒后再进仓。散装的种子可将表面耙成波浪形或锅底形，使油菜种子与空气接触加大，有利于堆内湿热的散发。

油菜种子如采用袋装贮藏法应尽可能堆成各种形式的通风桩，如工字形，井字形等。油菜种子水分在9%以下时，可堆高10包，水分在9%～10%的可堆8～9包，水分在10%～12%的可堆6～7包，水分在12%以上的堆放高度不宜超过5包。

7.加强管理勤检查

由于油菜种子不耐贮藏，在其贮藏期间需要勤检查。一般在4～10月份，对水分在9%～12%之间的油菜种子，应每天检查2次；水分在9%以下的油菜种子，应每天检查1次。在11

月至来年 3 月份之间,对水分在在 9%~12%之间的油菜种子,应每天检查 1 次;水分在 9%以下的油菜种子,应隔天检查 1 次。

(三)包衣油菜种子贮藏技术

包衣过的油菜种子抗虫抗霉菌,但是更容易吸湿回潮。油菜种子新陈代谢旺盛,且种皮很薄。当含水量超过安全水分时,种衣剂中的化学药剂容易渗入包衣油菜种子中,伤害种胚。因此,一般来说,包衣后的油菜种子耐藏性会有所降低。然而,宋文坚等(2004)发现,不同类型种衣剂包衣后的油菜种子耐藏性不同,经生物型种衣剂包衣处理的油菜种子,在低温条件下耐藏性与未包衣种子无明显差异,且有利于油菜种子在高温、高水分条件下保持种子生活力,延长种子寿命;在室温(25℃)条件下中、高水分的包衣种子比相应的未包衣耐贮藏,其贮藏安全水分比未包衣种子高,可达到 11.0%。

通常情况下,油菜包衣种子的贮藏要求要高于普通油菜种子。一方面,要严格控制包衣油菜种子水分,防止种衣剂毒害种胚;另一方面,要采取措施降低种温,减缓其新陈代谢。包衣种子应设专库存放管理。

(四)油菜种子越夏贮藏技术

南方油菜种子收获后,正当高温多湿的梅雨季节,接下去是炎夏季节,对保藏种子很不利。油菜种子含油量高,胚细胞在物质代谢过程中耗氧很快,在相同的温湿条件下,其呼吸强度较其他作物种子为大,释放出来的热量多,在高温季节很容易发热霉变。尤其在高水分情况下,只要经过 1~2 d 时间就会引起严重的发热酸败现象,而且发热时间往往持续很久。

要保证油菜种子安全越夏,要做到严格控制种子水分含量、严防发热霉变、合理堆放,同时要加强管理勤检查并抓好防虫防鼠等措施,发现问题及时处理。油菜种子收下来,如遇阴雨天气不能出晒,可采取救急措施降低种子水分,防止霉变。具体方法为:

1. 烘干法

采用烘干机烘干。通入的热风温度不能超过 80~85℃,否则会损伤油菜种子。

2. 摊晾法

将油菜种子铺在晾晒器具上,放在通风的地方。摊菜籽时,既要薄,又要匀,并且每隔 1 h 翻动 1 次。

3. 密闭法

油菜种子脱粒后,立即用塑料薄膜密闭,形成自然缺氧。缺氧环境可使油菜种子在几天内不生芽、不发热、不霉烂,能赢得时间,待机出晒。然而,用这种方法处理高水分油菜种子,会造成品质稍有降低。

二、花生种子贮藏技术

(一)花生种子的贮藏特性

1. 种子有荚壳保护,不易被虫霉为害

花生种子外有较厚的荚壳保护,不易被虫霉为害。但刚收获的花生荚果因外面荚壳较厚,而花生颗粒较大且子叶中含有丰富蛋白质,水分不易散发,一般水分可高达 40%~50%。花生荚果干燥到一定程度，质地变为松脆，容易开裂，不耐压，吸湿性较强，在贮藏过程中，易受外界高温、潮湿、光线或氧气等不良影响，如水分和温度控制不当，往往造成发热霉变，走油、酸败。此外花生荚果从土中收起，带有泥沙杂质，一经淘洗，荚壳容易破裂，更难晒干，在贮藏期间就会引起螨类和微生物的繁殖和为害。因此花生荚果收获后，应及时充分晒干，晒至安全水分以下，花生荚果贮藏的安全水分要求达到 9%～10%，有时曝晒 4～5 d，还不能符合标准。其次是保护好果壳，防止在晒、运过程中果壳破损。

2. 种皮薄，子叶营养丰富，高温易酸败

花生种子的种皮薄而脆，如日晒温度较高，种皮容易脆裂，色泽变暗，而且在曝晒过程中，由于多次翻动会导致种皮破裂，破瓣粒增加，贮藏时易诱发虫霉，呼吸强度也会升高，降低贮藏稳定性和种子品质。若未充分晒干而天气连续阴雨，种皮就失去光泽，籽粒发软。花生种子子叶肥厚，占种子重量的 90%以上，含丰富的蛋白质与油分，在高温、高湿、机械损伤、氧气、日光及微生物的综合影响之下，很容易发生酸败，而丰富的蛋白质为微生物的繁殖和发育提供有利条件。

3. 干燥缓慢，易受冻害，易发热生霉

花生种子生长于地下，收获时原始含水量高，收获期正值秋季凉爽季节，如未能及时收获，易造成子房柄霉烂，荚果脱落，遗留在土中，或因子房柄入土不深，所结荚果靠近土面，这都可能遭到早霜侵袭，使种子冻伤。同时因刚收获的花生种子水分不易散失，在严寒来临之际，种子水分不能及时降至受冻的临界水分以下时，也会受到低温冻害。根据观察，花生的植株在－1.5℃时即将受冻枯死，到－3℃，荚果即受到冻害。受冻的花生种子，色泽发暗发软，有酸败气味。根据王景升等研究，含水量 38.41%～45.15%的花生种子在－3～－2℃条件处理 12 h，则使发芽率明显降低；含水量 24%的种子，在－6℃条件下存放 3 d 发芽率显著下降。

另据生产实践经验，花生荚果含水分 11.4%，同时温度升高到 17℃，即滋生霉菌引起变质；特别是一经黄曲霉菌为害，就会产生黄曲霉素，对人畜有致癌作用，不论种用或食用，都失去价值。

（二）花生种子贮藏的技术要点

花生种子安全贮藏的关键是减少水分，降低种子呼吸作用，防止病虫侵害。只要种子含水量保持在安全水分以下，就能长时间贮藏不变质，否则很容易酸败霉变。因此，花生种子安全贮藏应做到适时收获（防冻），充分干燥（防冻防热），冷却进仓，低温密闭，播前脱壳。

1. 适时收获，及时干燥

花生种子收获过早，籽粒不饱满，产量低，发芽率也低，而收获太迟，不但容易霉烂变质，而且早熟花生会在田间发芽，晚熟花生还可能受冻。因此花生种子应适期及时收获，以免受冻害丧失生活力。一般晚熟品种应在寒露至霜降之间收获完毕。据生产实践经验，刚收获的荚果一经霜冻就不能发芽。正常情况下，当花生植株地上部停止生长，基部叶脱落，顶部叶转黄，叶片睡眠运动消失；地下部大多数荚果网纹清晰，充实饱满，果壳硬而薄，种皮呈现本品种固有颜色，并达到该品种全生育期的天数是为花生的适宜收获期。为避免收获时遭受霜冻，晚熟品种收获时要与早霜错开至少 3 d 以上，此外，宜选晴天收获，避免雨天收获。

花生收获后要充分晾晒，及时干燥。花生种子在贮藏期间遇到较高的湿度环境，极容易吸收水分引起变质，所以在贮藏前要对花生荚果进行充分的晾晒使其含水量保持在 8%以下，一般可采取全株晾晒，这样不仅干燥快、干燥安全，而且有利于植株中的养分继续向种子转移。在田间晾晒时，可将荚果朝上，植株向下顺垅堆放。也可运到晒场上，堆成南北小长垛，蔓在内，荚果在两侧朝外，晾晒过程中避免雨淋。倘收获时遇到阴雨天气，须将花生荚果上的湿土除去，放在木架上，堆成圆锥形垛，荚果朝里，并留孔隙通风。晾晒 7 d 左右即可将荚果摘下。

2. 荚果贮藏

入库前要对种果进行精选，捡去破壳、病虫害荚及受到虫咬危害的荚果；花生荚果贮藏过夏，须将水分控制在 9%～10%以下。干燥的荚果在冬季通风降温后，趁低温密闭贮藏。高水分的荚果可用小囤贮存过冬，经过通风干燥后，第 2 年春暖之前再入仓密闭保管。如水分超过 15%，在冬季低温条件下，易遭受冻害，必须设法降低水分，才能入库贮藏。

种用花生一般以荚果贮藏为妥。最好在晒干以后，先摊开通风降温，待气温降至 10℃以下时，再入仓储藏，以防止早期入仓发热。花生入仓初期，尚未完成后熟，呼吸强度大，须注意通风排湿降温，否则可能造成闷仓、闷垛的异常情况，严重影响发芽率。在次年播种前，不宜脱壳过早，否则会影响发芽率，一般应在播种前 10 d 方脱壳。

种用花生荚果最好用袋装法贮藏，剔除破损及嫩粒，水分在 9%～10%以内，堆垛温度不超过 25℃。如进行短期保藏，可采用散装贮藏，堆内设置通气筒，堆高不超过 2 m。花生在贮藏过程中要经常进行检查，如发现有返潮霉变或鼠虫危害的现象应立即翻晒处理，一般入贮后每隔 90 d 或半年需翻晒 1 次。

3. 籽粒贮藏

花生很少采用脱壳后贮藏，有时考虑提高仓库利用率，也采用花生籽粒贮藏。采用籽粒贮藏首先在贮藏前应将花生种子充分晒干，使种子含水量降到 8%以下。据试验，如能保持种子含水量在 8%以下，种温不超过 20℃则很少发生脂肪变质或种粒发软等现象。当种子含水量高于 10%时，呼吸作用增强，释放大量热能，易使种子发热霉烂变质和生虫。其次要提高花生种子净度，清除杂质及没有发育成熟的秕果、病果和破伤的荚果，对贮藏场地要严格消毒灭菌、防潮，并保持库内通风干燥。另外贮藏器具以编织袋、麻袋为好，避免用不透气的塑料袋贮藏。塑料袋贮藏花生种子易造成空气不流通，使种子进行无氧呼吸，种胚中毒，同时呼吸产生的水分和热量不易散发，而使种子发热霉变。贮藏期间要注意勤检查，看花生种子是否受潮、被虫、鼠危害以及种子发芽势、发芽率是否降低，发现问题，及时处理，确保花生种子安全贮藏。

第五节 棉花种子贮藏技术

棉花是我国主要经济作物之一。棉花种子（棉籽）含脂肪 30%～35%、蛋白质 35%～40%、糖类（除纤维素外）14.8%、纤维素 2.2%、灰分 4.4%，种皮厚，导热性差，耐贮藏。在低温干燥条件下贮藏，棉花种子寿命可达 10 年以上，属长命种子。然而，如果贮藏期间水分和温度控制不当，棉花种子很容易变质，生活力在几个月内完全丧失。因此了解棉花种子贮藏特性，做好棉花种子贮藏具有重要意义。

一、棉花种子的贮藏特性

1. 耐藏性好

棉花种子种皮结构致密而坚硬，外有蜡质层可防外界温、湿度的影响。种皮内含有约7.6%左右的鞣酸物质，具有一定的抗菌作用，有利于防止霉菌滋生。由于棉花的开花、收获期较长，一般霜前花轧出的棉籽，内容物质充实饱满，种壳坚硬，比较耐贮藏。而霜后花轧出的棉籽，种皮柔软，内容物质松瘪，水分比霜前采收的棉籽高，生理活性也较强，抵御外界温、湿度变化的能力较差，因此耐藏性较差，常不作为留种用。

棉籽的不孕粒比例较高，据统计，中棉约占10%，陆地棉约占18%左右。棉籽经过轧花后机械损伤粒比较多，一般占15%～29%，特别是经过轧短绒处理后的种子，机损率有时可高达30%～40%。上述这些种子本身生理活性较强，又易受贮藏环境中各种因素的影响，不耐贮藏。因此，棉籽入库前，要进行一次检验，其安全标准为：水分不超过11%～12%，杂质不超过0.5%，发芽率应在90%以上，无霉烂粒，无病虫粒，无破损粒。

2. 通气性差

棉籽表面着生的单细胞纤维称为棉绒，而轧花之后仍留在棉籽上的部分棉绒称为短绒。短绒约占种子重量的5.5%左右，它的导热性较差，具有相当好的保温能力，不易受外界温湿度的影响。受短绒影响，如果棉籽堆内温度较低时，能延长低温时间，相反堆内的热量也不易向外散发。短绒易吸附水分子，在潮湿条件下易滋生霉菌，相对湿度在84%～90%时霉菌生长很快，放出大量热量，积累在棉籽堆内而不能散发引起发热。另外，干燥的棉籽很容易燃烧，在贮藏期间要特别注意防火。

3. 含油分多，易酸败

棉籽的脂肪含量较高，其中不饱和脂肪酸含量更高，易受高温、高湿的影响使脂肪酸败。特别是霜后花中轧出的种子，不饱和脂肪酸含量占总脂肪含量的80%以上，种皮薄，水分含量高，生理活动更加旺盛，更易酸败而丧失生活力。

4. 容重小，带菌多

棉花种子籽粒大，外被短绒，壳与种仁之间有空隙。未脱绒的棉籽，种子堆的空隙大，容重小，贮藏时占用仓库容积大，但棉花种子种壳坚硬，抗压性能好。棉花种子表面的短绒，常带有大量的附生细菌，在生命活动中产生大量的热。而短绒保温性能好，不易散热，给种子堆发热和微生物的侵染、繁殖、为害创造了良好条件。为了节约仓容，消除病菌，留种用的棉籽可用脱短绒机或用浓硫酸将短绒除去，来春播种时比较方便，种子不至互相缠结，使播种落籽均匀，对吸水发芽也有一定促进作用。但应注意脱去绒的棉籽在贮藏中容易发热，须加强检查和适当通风。

二、棉花种子贮藏技术要点

棉花种子由于容重小，占库容，目前主要采用常温库贮藏。棉籽从轧出到播种须经过5～6个月的时间。在此期间，如果温湿度控制不适当，就会引起棉胚内部游离脂肪酸增多，呼吸旺盛，微生物大量繁殖，以致发热霉变，丧失生活力。轧花过程中要提高工艺，减少破损粒，提高健籽率，以保证种子质量。除此之外，应掌握以下技术环节。

1. 合理堆放

棉籽可采用包装和散装。散装堆放虽对仓壁压力很小，但也不宜堆得过高。一般只可装满仓库容量的一半左右，最多不能超过70%，以便通风换气。堆装时必须压紧，可采用边装边踏的方法把棉籽压实，以免潮气进入堆内使短绒吸湿回潮。华中及华南地区的棉籽，堆放不宜压实。棉籽入库最好在冬季低温阶段冷籽入库，可延长低温时间。但是当堆内温度较高时，则应倒仓或低堆再插入用竹篾编成的通气篓，以利通风散热。

2. 严格控制水分和温度

我国地域广大，贮藏方式应因地制宜。华北地区冬春季温度较低，棉籽水分在12%以下，已适宜较长时间保管，贮藏方式可以用露天围囤散装堆藏；冬季气温过低，须在外围加一层保护套，以防四周及表面棉籽受冻。水分在12%～13%的棉籽要注意经常性测定温度，以防发热变质。如水分超过13%以上，则必须重新晾晒，使水分降低后，才能入库。棉籽要降低水分，不宜采用人工加温机械烘干法，以免引起棉纤维燃烧。

华中、华南地区，温湿度较高，必须有相应的仓库设备，采用散装堆藏法。安全水分要求达到11%以下，堆放时不宜压实，仓内须有通风降温设备，在贮藏期间，保持种温不超过15℃。长期贮藏的棉籽水分必须控制在10%以下。

3. 检查管理

(1)温度检查　在9～10月应每天检查1次。入冬以后，水分在11%以下，每隔5～10 d检查1次，12%以下则应每天检查。方法可采用每隔3 m插竹管一根，管粗约为2 cm，一端制成圆锥形以利插入堆内。竹管分上、中、下层，各置温度计一支，定时定点进行观测。

(2)杀虫棉籽入库后的主要害虫是棉红铃虫，幼虫由田间带入，可在仓内继续蛀食棉籽，危害较大。幼虫在仓内越冬，到第2年春暖后羽化为成虫飞回田间。因此，棉籽入库前如果发现有虫，可在轧花后进行高温曝晒，或将60℃左右的热空气通过种子5 min，再装袋闷2 h，可将棉红铃虫杀死。如果在棉籽入库后发现有虫，可将55～60℃热空气通入种子堆约30 min，整个种子堆受热均匀后，检查虫子已死，即可停止。也可在仓内沿壁四周堆高线以下设置凹槽，在槽内投放杀虫药剂，当越冬幼虫爬入槽内时便可将其杀死。

(3)防火棉籽有短绒，本身含油量又高，遇到火种容易引起燃烧，而且在开始燃烧时往往不易察觉，一旦被发觉时已酿成火灾，应高度重视。在管理上要严禁火种接近棉籽仓库，仓库周围不能堆放易燃物品。工作人员不能带打火机、火柴等物入库，更不能在库内吸烟。在库内甚至不能发生铁器碰撞现象，以免产生火花引起火灾。

4. 脱绒棉籽的保管

脱绒棉籽是指经过脱绒机械或硫酸处理过的种子。这些棉籽因经过处理，其外壳虽然未破碎，但种皮一般都受到机械磨损或腐蚀，透水性增加，比较容易受外界温、湿度的影响，不耐贮藏。在贮藏过程中容易引起发热现象。所以，对脱绒棉籽应加强管理多检查，在堆法上应采用包装通风垛或围囤低堆等通风形式更为有利。

5. 少量种子的贮藏

对于一些稀有种质资源或具有特殊价值材料的棉籽贮藏，可采用低温、冷冻或超低温贮藏。低温贮藏是将降到安全含水量以下的棉花种子装在密封好的塑料袋中贮藏在0～5℃，冷冻贮藏是将贮藏温度控制在－30～－5℃，超低温贮藏是将棉花种子置于液氮(－150℃)超低温环境中。

三、包衣棉籽的贮藏方法

脱绒后的棉花种子，可以进行包衣处理，以增加种子附加值。然而，包衣后种子，贮藏性会有所下降，不应作长期贮藏。包衣后的棉花种子无法转商，只能深埋处理，既浪费种子，又会污染环境。不过，如贮藏条件适宜，管理得当，种子发芽率和田间出苗率仍能基本保持原有水平，翌年仍能使用，既能节约种子，又增加经济效益。

1. 包衣棉籽易于在夏秋两季吸潮、发热、降低发芽率

必须堆成通风垛，在种垛上、中、下各处均匀放置温度计，掌握温度的变化情况。高温潮湿季节须每天检测 1 次，棉籽温度须保持在 20℃以下。如有异常，迅即采取倒仓或通风降温等措施。因此最好放入低温低湿库保存，确保种子安全越夏。

2. 包衣棉籽种皮脆、薄、机械损伤多

如压力一大往往出现种皮破裂的情况。因此，仓储中袋装种子高度不应超过 2 m。

3. 部分种衣剂配方的包衣棉籽带有剧毒

会挥发有毒气味，仓内不应贮存其他种子。同时，应注意人身安全，以防中毒。

四、棉花种子越夏贮藏技术

棉花种子含油分多，易酸败，因此易受夏季高温高湿的影响而导致生活力丧失。棉花种子要安全越夏，需掌握以下技术要点：

1. 严格控制种子水分

采取措施将种子水分控制在 11%以下，且要勤加监控种子堆温度和水分。包衣棉籽水分不宜超过 10%，且应在加工后迅速搞好塑料袋小包装。南方地区要在 5 月底前包装结束，以避过梅雨季节的高温高湿。

2. 堆垛要合理

底层用木架架空，离地面 5～15 cm，离墙 50 cm，堆高一般不超过 13 层，每 8×4 排留一通风道，以利于通风散湿和监测操作。

3. 合理通风

检测到库内湿度过高时，应选择恰当的时机或方式进行通风降湿。

第六节　豆类作物种子贮藏技术

一、大豆种子贮藏技术

(一)大豆种子的贮藏特性

大豆种子含有较高的脂肪(含量 17%～22%)和丰富的蛋白质(含量 35%～50%)，种皮比较薄，种胚比较大，无胚乳。因此，其贮藏特性不仅与禾谷类作物种子有较大差别，而且与其他豆类种子也有所不同。在农作物种子中，大豆属于比较难贮藏的种子。

1. 吸湿性强

大豆种子因其子叶中含有大量的蛋白质(蛋白质为吸水力很强的亲水胶体),同时由于大豆的种皮较薄,种孔(发芽口)较大,所以具有很强的吸湿性。但在干燥的条件下,大豆的解吸(散湿)能力也比较强。研究表明,在 20℃、相对湿度 90%的条件下,大豆种子的平衡水分为 20.9%,而禾谷类作物种子在 20%以下;在 20℃、相对湿度 70%的条件下,大豆种子的平衡水分仅为 11.6%,而禾谷类作物种子均在 13%以上。因此,大豆种子若贮藏在潮湿的条件下,极易吸湿膨胀。大豆吸湿膨胀后,其体积可增加 2~3 倍,对贮藏容器能产生很大的压力,所以大豆种子晒干以后,必须在相对湿度 70%以下的条件下贮藏,否则容易超过安全水分标准,影响安全贮藏。

2. 易丧失生活力

大豆种子的发芽率通常随着贮藏时间的延长而降低(表 8-2)。即使种子水分保持在 9%~10%的水平,但如果种温达到 25℃时,大豆种子仍然很容易丧失生活力。种子水分和温度越高,种子的呼吸强度就越大,种子生活力和活力的丧失也越快。在其他条件一致的情况下,大豆种子发芽率随着种子水分与贮藏温度的升高而降低(表 8-3)。

表 8-2　贮藏时间对大豆种子发芽率的影响(谢皓等,2003)

大豆品种	发芽率/%			备注
	贮藏 1 年	贮藏 2 年	贮藏 3 年	
早熟 18	99	96	76	自然干燥后常温贮藏
科选 93	99	98	71	
中黄 18	97	92	69	
科丰 14	98	94	67	
中黄 17	99	97	70	

表 8-3　贮藏温度对大豆种子发芽率及种子活力的影响(高平平等,1996)

品种	贮藏前发芽率/%	−4～0℃低温贮藏			4℃低温贮藏			常温贮藏		
		发芽势/%	发芽率/%	活力指数	发芽势/%	发芽率/%	活力指数	发芽势/%	发芽率/%	活力指数
闪金豆	99.0	97.0	97.0	174.6	86.0	87.0	117.5	3.0	3.0	1.1
小黑豆	99.0	94.0	95.0	367.7	88.0	91.0	232.9	3.0	3.0	1.6
小白豆	89.0	82.0	82.0	227.6	79.0	79.0	298.4	2.0	2.0	0.8
钢鞭豆	90.3	72.0	75.0	135.9	64.0	65.0	74.8	0.0	0.0	0.0
紫皮豆	98.0	93.0	95.0	266.0	92.0	95.0	172.6	2.0	2.0	0.8

贮藏期间的通风条件也会影响大豆的呼吸作用,从而间接影响种子生活力。当大豆种子水分为 10%时,在 0℃时呼吸强度(放出 CO_2 的量)为 100 mg/(kg·24 h);当温度升高到 24℃时,通风贮藏的,其呼吸强度增至 1 073 mg/(kg·24 h)(即增强了 10 倍多),而不通风的仅为 384 mg/(kg·24 h)(增强还不到 4 倍)。呼吸强度增高,放出的水分和热量又进一步促进呼吸作用,很快就会导致贮藏条件的恶化而影响种子生活力。

大豆种子生活力的影响因素除水分、温度及通风条件外,与种皮色泽也有很大的关系。黑色大豆保持发芽力的期限较长，而黄色大豆最容易丧失生活力。种皮色泽越深，其生活力越能保持长久，这一现象在其他豆类中也有出现，其原因是深色种子的种皮组织较为致密，代谢作用较为微弱的缘故。

3. 破损粒易生霉变质

大豆种子多为圆形、椭圆形、扁圆形或长圆形，种皮比较光滑，散落性较大，种堆通气性较好。同时种皮含有较多纤维素，对虫霉有一定的抵抗力。但大豆种子因皮薄、粒大，在收获、脱粒和干燥过程中，若条件不当，籽粒容易损伤破碎。大豆在田间易受虫害、早霜（夏大豆）和高温高湿（春大豆）的影响，有时虫蚀和霉变粒高达 50%左右（春大豆比夏大豆的霉变粒更高）。这些虫蚀粒、霉变粒、冻伤粒以及机械破损粒的呼吸强度要比完整粒大得多，而且受损伤的暴露面容易吸湿，往往成为发生虫害和霉变的先导，引起大量的生霉变质。

4. 导热性差

大豆种子含油脂较多，而油脂的导热率很小。所以大豆种子在高温干燥或烈日曝晒的情况下，不易及时降温，以致影响种子生活力和食用品质。大豆种子贮藏期间可利用其导热性差的特点以增强贮藏的稳定性，即大豆种子进仓时，必须干燥而低温，仓库严密隔热性能好，则可较长期保持低温状态，不易导致生活力下降。据黑龙江省试验，大豆在木板仓壁和铁皮仓顶的仓库中贮藏，于 1 月份入库，种堆高度为 4m，种温为－11℃，到 7 月份出仓时，仓温达 30℃，而上层种温为 21℃，中层为 10℃，下层为 7℃。如果仓壁加厚，仓顶选用良好的隔热材料，则贮藏稳定性将会大大提高。

5. 蛋白质易变性，油脂易酸败

大豆种子含有大量蛋白质和较多油脂，且种子中的脂肪多由不饱和脂肪酸构成，在高温高湿条件下贮藏，蛋白质很容易老化变性，油脂很容易酸败变质，以致影响种子生活力、加工品质及食用品质。大豆种子收获后干燥降水过程中，应严格控制好温度，以防温度过高对种子产生不利影响。

（二）大豆种子在贮藏期间的变化

大豆种子从收获到再次播种，一般要经过多个月的贮藏，在贮藏期间会发生一系列变化，除在一般农作物种子贮藏过程中所见到的结露、发热、霉变、生虫、酸败等现象外，还会发生某些大豆种子所特有的变化，其中比较突出的就是浸油和红变。

大豆浸油和红变是在贮藏过程中常常遇到的一种不正常变化。当大豆种子水分超过 13%、温度达 25℃以上，即使种子还未发热生霉，但经过一段时间，豆粒会发软，两片子叶靠近脐的部位呈现深黄色甚至透出红色（一般称为红眼）。以后随种温逐渐升高，豆粒内部红色加深并逐步扩大，即所谓的红变，严重时有明显的浸油蜕皮现象，子叶呈蜡状透明。这一变化不仅严重影响种子的生活力，同时也大大降低食用价值，导致出油率下降，油色变深，做成的豆制品带有酸味，豆浆颜色发红等。

大豆发生浸油和红变现象的原因，一般认为是在高温高湿的作用下，种子中的蛋白质凝固变性，破坏了脂肪与蛋白质共存的乳化状态。脂肪渗出呈游离状态，即发生浸油现象，同时脂肪中的色素逐渐沉积以致引起子叶变红。从外观上看，大豆的浸油和红变也表现出逐渐发展的过程。首先，是种皮光泽减退，种皮与子叶呈斑点状粘连，略带透明，习惯上称为“搭皮”，再进一步发展到脱皮，稍加压碾，种皮即破碎脱落，而子叶内面出现红色斑点，逐步扩大，呈明显的蜡状透明，带赤褐色，在整个红变过程中，种皮色泽也不断加深，由原来的淡黄色发展成为深黄、红黄以至红褐色。

大豆浸油和红变与吸湿生霉之间存在一定的关系，即浸油和红变可以单独出现而不伴随着吸湿生霉，而吸湿生霉的发展过程中都会出现浸油和红变。根据实践经验，大豆水分超过13%，当种温超过25℃，就会发生红变。红变的严重程度随着保持高温时间的延长而增加，但红变的发展速度较生霉变质要慢一些。据哈尔滨市香坊仓库观察结果，水分达13.4%的大豆种子，放在25℃条件下贮藏，经3 d后，出现红眼豆0.7%，10 d后增至2.6%，20 d后增至21.8%。

（三）大豆种子贮藏技术要点

为了保证大豆种子的安全贮藏，应注意做好以下几项工作：

1.适时收获，充分干燥

大豆种子首先要注意适时收获，生产上适宜的收获期，常依据收获方法不同而异，如采用联合收割机收获，一般应始于大豆完熟初期为宜，即当大豆植株叶子基本枯黄脱落，荚壳开始干缩，种子变硬，茎、荚、籽粒均呈现原品种固有的颜色，摇动植株豆荚互相碰撞发出响声时，进行收割为宜。如采用分段收割（先用割晒机或改装的联合收割机将大豆植株割倒、放铺，待晾晒干后，再用联合收割机安装拾禾器拾禾，同时脱粒），或人工收割时，则以黄熟期进行为宜。

充分干燥是大多数农作物种子安全贮藏的关键，对大豆来说更为重要。一般要求长期安全贮藏的大豆种子水分必须控制在12%以下，如超过13%，就有霉变的危险。大豆种子干燥的常用方法有带荚晾晒、脱粒晾晒和机械烘干三种方法，其中带荚晾晒是最为经济而稳妥的方法。带荚晾晒是指大豆连株带荚收割后，摊在晒场上铺晒2～3 d，待荚壳干透有部分爆裂时，再行脱粒，这样可有效防止种皮发生裂纹和皱缩现象。脱粒晾晒是针对一些高水分的大豆种子而言，大豆种子入库后，如水分过高也须进一步曝晒。据试验，大豆经阳光暴晒对出油率并无影响，但若阳光过分强烈，则易使子叶变成深黄、脱皮甚至发生横断等现象。因此，在曝晒过程中，以不超过44～46℃为宜，而在较低温度下晾晒，更为安全稳妥。种子晒干以后，应先摊开冷却，再分批入库。机械烘干具有降水快、不受天气条件限制等优点，但容易出现焦斑和裂皮种粒，引起光泽减弱，脂肪酸含量增加。若烘干温度达到50～60℃以上，则会引起蛋白质变性。因此，大豆种子机械烘干时一定要考虑种子水分的高低，合理掌握烘干温度和时间，一般出机种温应低于40℃。

干燥过后的大豆种子还要进行精选，进一步剔除破损粒、瘦秕粒、虫蚀粒、霉变粒、冻伤粒等异常豆粒以及其他杂质，以提高入库种子质量和贮藏的稳定性。

2.低温密闭贮藏

大豆由于导热性不良，在高温条件下又易引起红变，所以应该采取低温密闭的贮藏方法。一般可趁寒冬季节，将大豆转仓或出仓冷冻，使种温充分下降后，再进仓密闭贮藏，最好在种堆表面加一层压盖物（如麻袋、草垫等）。加覆盖的和未加覆盖的相比，在种堆表层的种子水分较低，种温也较低，并且能保持原有的正常色泽和优良品质。有条件的地方可将种子存入低温库、准低温库、地下库等，效果会更佳，但地下库一定要做好防潮去湿工作。干燥的大豆种子对低温的敏感程度较差，因此贮藏期间很少发生低温冻害。

对于包衣大豆种子，在播种剩余又不能转作他用的情况下，采用科学的贮藏方法，保持其播种品质，对节省种子、减少经济损失具有实际意义。张文明等（2001）的研究表明，包衣大豆种子经适度干燥降水后低温密闭贮藏，可以保持其种用价值，降水方法以日晒为宜，低温（0～5℃）贮藏的适宜种子水分为10%左右。

3. 及时倒仓过风散湿

我国夏大豆区和北方春大豆区新收获的大豆正值秋末冬初季节，气温逐渐下降，大豆种子入库后，还需进行后熟作用，会放出大量的水分和热量，如不及时散发，就会引起发热霉变。为了达到长期安全贮藏的要求，大豆种子入库后3～4周内，应及时进行倒仓过风散湿，并结合过筛除杂，以防止出汗、发热、霉变、红变等异常情况的发生。

根据实践经验，大豆在贮藏过程中，进行适当通风很有必要。贮藏在缸坛中的大豆种子，由于长期密闭，其发芽率反而比仓库内贮藏的差。适当通风不仅有利于保持大豆的发芽率，还能起到散湿作用，使大豆水分下降，因为在较低的相对湿度下，大豆种子平衡水分较其它作物种子为低。

大豆种子贮藏期间的害虫主要有印度谷蛾、粉斑螟蛾、谷盗、谷蠹等，可采用种堆表面压盖法，防止蛾类成虫在春暖后交配产卵繁殖危害，或采用药剂熏蒸法杀灭害虫。

我国南方春大豆7、8月份收获到次年3、4月份播种，其贮藏期处在秋、冬、春季节，秋季高温不利于大豆种子安全贮藏，冬、春季一般多雨，空气湿度大，露置的种子容易吸潮。因此，少量种子最好用坛子、缸等盛装密封，以防受潮。大量种子只要水分在安全水分以内，用麻袋包装放在防潮的专用仓库里贮藏即可。我国南方秋大豆11月份收获到次年7月底8月初播种，其贮藏期要经过多雨的春季和高温的夏季，种子最易变质，必须在种子干燥后，随即选用小口的瓦坛进行干燥密闭贮藏，种子入坛时不能装满，要留有一定空间，以保证种子的微弱呼吸。盛装后用塑料薄膜密封坛口，再压上草纸、木板、砖头等，到播种前10 d左右启封，再晒1～2 d即可播种。

二、蚕豆种子贮藏技术

（一）蚕豆种子的贮藏特性

蚕豆是一种比较耐贮藏的大粒豆类种子。蚕豆种子晒干后，在贮藏期间很少有发热生霉现象，更不会发生酸败变质等情况。而经常遇见的突出问题是蚕豆象危害和种皮褐变。

1. 种皮较坚韧，具有防湿性能

蚕豆种子的种皮通常比较坚韧完整，具有防止外界水分进入的性能，对保持种子的干燥非常有利。但种皮破损后，种子吸湿较快，吸湿量可达150%以上。蚕豆种子含有25%左右的蛋白质和55%左右的淀粉，二者的持水力很强。因此，吸湿后的蚕豆种子降湿比较慢。

2. 耐热性较强

蚕豆种子的耐热性比大豆及禾谷类作物种子都强。因此，生产上可采用沸水烫种法杀虫贮藏。

3. 易受蚕豆象危害

蚕豆象是危害蚕豆的主要害虫，以幼虫蛀食豆粒，被害率一般为50%左右，严重的可达90%以上。目前在生产上已采取田间杀虫和仓内防治结合的技术措施，可以大大降低或完全防止蚕豆象的危害。

4. 种皮易变色(褐变)

蚕豆的种皮颜色因品种而不同,但大体上可分为两类,即青皮(青绿色)蚕豆和白皮(苹果绿色,白里带绿)蚕豆,也有少数品种的种皮呈紫红色。青皮蚕豆或白皮蚕豆在贮藏过程中,往往随着贮藏时间的延长而引起种皮变色。变色一般从内脐(合点)和侧面近脐隆起部分先出现,开始呈淡褐色,以后范围逐步扩大,色泽逐步加深,变为褐色、深褐色、红褐色乃至黑褐色。

蚕豆种皮变色的原因主要是籽粒内含有酚类物质和多酚氧化酶的缘故,即酚类物质在多酚氧化酶的催化下发生氧化并聚合成黑色素所致,其发展速度除与温度及 pH 值直接有关外,还受光线、水分及虫害的影响。当温度达 40～44℃,pH 在 5.5 左右时,多酚氧化酶活性最强,而在强光、高水分及虫蚀的情况下,酶的作用更为活跃,因而促进蚕豆变色加快,色泽加深。从散装的种子堆来看,上层表面易受到水、温、光的综合影响,所以首先变色,且变色程度较其他部分严重,在 60 cm 以下,变色程度逐步减轻;通过高温夏季,变色较多,通常变色粒增加 10%～20%,多的可达 50%以上,而度过冬季则变色较少;水分 11%～12%的变色较少,13%以上的变色较多;豆粒遭受蚕豆象危害的,由于害虫在豆粒内部不断进行呼吸、蜕变,放出热量和水分,会加速氧化变色过程。

蚕豆变色不很严重的籽粒仍能正常发芽,可用来播种。但变色较深且贮藏时间较久(特别是通过炎夏季节)的种子,活力会显著降低,即使播后能出苗,也易长成弱苗,造成减产。

(二)蚕豆种子贮藏技术要点

蚕豆收获后,一般采用带荚晾晒的方法降低种子水分,秋播区种子水分在 11%～12%,春播区种子水分在 13%以下,才能安全贮藏。根据生产实践经验,蚕豆种子贮藏技术主要针对防止蚕豆象危害和种皮褐变。

1. 防治蚕豆象

上述提到蚕豆象的成虫是当蚕豆开花结荚期在田间产卵并孵化为幼虫,到收获入库以后,幼虫才发育化蛹和羽化为成虫。因此,防治工作要采取生产单位与贮藏单位相互协助,田间和仓内同时并举的综合措施。在具体操作上要紧紧抓住两个关键时期,一个是蚕豆开花期,此时正值成虫集中田间活动交尾时期,须抓紧田间杀虫以防止产卵;另一个时期是收获以后到 7 月底以前,此时正是幼虫发育和化蛹期,须抓紧入库前后杀虫以防止成虫羽化。

(1)开花期田间杀虫　在蚕豆开花结荚期,喷施马拉硫磷、敌敌畏等药物,杀死飞到田间交尾产卵的蚕豆象成虫。

(2)沸水烫种法杀虫　沸水烫种法是将蚕豆种子放进箩筐或竹篮里,约占容积 1/2,然后浸入沸水中浸烫 25～28 s(不可超过 30 s),边浸边搅拌,使热度均匀,同时继续保持水沸腾。取出后立即放入冷水中冷却,再立即从冷水中取出,摊晾干燥。一般杀虫效果可达 100%。但必须注意蚕豆种子的原始水分须在 13%以下,浸烫时间掌握在 30 s 以内,烫后随即冷却晾干,否则可能会影响发芽率。

(3)药剂熏蒸法杀虫　对于贮藏数量较大的蚕豆种子,用沸水烫种法杀虫比较困难,可在仓内投放磷化铝片剂,然后密封 72 h,亦可杀死全部害虫。剂量按每立方米蚕豆种子 700 kg 计算,用磷化铝片剂 3 片。此法比较简便,但必须注意安全问题,预先要做好充分准备工作,防止发生意外。熏蒸时间最好在 7 月底以前,否则成虫一经羽化完成,就从种子里穿孔飞出,藏匿在各种隐蔽地方,不但导致本批种子受到严重损失,而且会使来年蚕豆在开花期间的被害范围进一步扩大。

蚕豆秸秆是隐藏蚕豆象的重要场所，须在7月底即羽化成虫以前全部烧掉，以减少后患。

2. 防止种皮褐变

根据生产实践上的探索，影响蚕豆褐变的主要因素是光线、温度和水分。因此，要防止蚕豆褐变，应该避光、低温和干燥三方面同时兼顾。

(1)低温贮藏　低温贮藏的目的在于防虫、防褐变。温度在25℃以下即可减少褐变，但要同时防虫，所以温度必须控制在15℃以下。据试验，在0～4℃低温下贮藏的蚕豆种子不生虫，无褐变，发芽率保持完好。蚕豆收获后到晚秋播种须经过一个夏季，要保持低温在5℃以下虽然比较困难，但进入冬季后实行冷冻密闭，在较长保藏时期减少生虫、变色程度，仍有相当实践意义。

(2)低氧贮藏　一般密闭抽氧充氮贮藏有利于保持蚕豆种子生活力，防止生虫和褐变。浙江农业大学种子教研室用去氧剂密封贮藏蚕豆，明显降低种子的变色百分率。据试验，将蚕种子豆装入牛皮纸袋，外套塑料袋、密封、抽真空，对防止褐变有一定效果。但真空密闭贮藏对保持蚕豆种子生活力有一定的损害，所以低浓度的氧气还是必需的。

(3)避光贮藏　蚕豆曝晒时带荚壳或不带荚壳对变色无直接影响，但夏天翻晒脱壳的蚕豆种子时，最好将蚕豆种子放在草席、竹垫等工具上晾晒，不宜直接放在水泥场上曝晒，翻晒后的种子须冷却入库，以免高温引起种皮变色。避光贮藏对防止蚕豆变色有显著的效果。据试验，在相同条件下，受日光照射的比没有受日光照射的变色粒高15%以上。避光贮藏是将蚕豆种子装入涂墨汁的牛皮纸袋，再加套一层塑料袋，密闭；或在蚕豆种子上层表面加麻袋、草垫等覆盖物，既可以避免日光直接照射，又能减少种子吸潮。此法简便易行，成本低，可供生产上广泛应用。

(4)分层压盖　用等量干河沙与蚕豆种子分层压盖囤藏，可以形成低温缺氧条件，同时又能避光，经证明对控制虫害及防止褐变都有很好的效果。如当地缺少河沙，可采用谷糠分层压盖法，亦有同样效果。具体做法是蚕豆种子入库时，先在囤底垫30～50 cm的谷糠，摊平，倒10 cm厚的蚕豆一层，然后上面铺3～5 cm的谷糠。像这样一层谷糠一层蚕豆种子相间铺平，到适当高度时，再在表面加盖30 cm厚的谷糠一层。另一种保藏方法是用新鲜干燥的谷糠(按1筐蚕豆2筐谷糠的比例)拌匀藏在篾囤中，囤底要垫一层谷糠，囤的周围和在种子堆表面都应加谷糠一层以防潮隔热，囤高以1.5～2 m为宜。采用此法时须注意以下几点：①蚕豆种子水分必须在12%以下；②所用谷糠须干燥无虫，新鲜清洁，垫底的和表层覆盖的谷糠应厚实，覆盖的谷糠要经常检查，如发现结露返潮，应及时调换；③每次检查完毕，须立即照原状覆盖严密；④围囤边沿空隙部分须灌注谷糠以杜绝害虫通过。

三、豌豆种子贮藏技术

(一)豌豆种子的贮藏特性

1. 生活力易丧失

豌豆子叶化学成分和蚕豆很相近，含有丰富的蛋白质和少量的脂肪。因此，比含脂肪丰富的大豆等豆类容易贮藏。但由于其颗粒呈球形且较小，种子堆的密度较大，其种皮亦不及蚕豆坚厚，因此在耐藏性方面就远不如蚕豆，在同样的条件下进行保藏，其生活力较易丧失。

2.散落性好

豌豆种子的容重约为 800 g/L,相对密度达 1.32～1.40,静止角在 21°～30°,散落性好,孔隙度小,如大量散装,对仓壁或其他容器的侧压力较大(超过大多数农作物种子)。因此,在仓库建筑时必须注意材料的强度与构造的坚牢度。

3.虫害

豌豆在贮藏中经常发生的问题是豌豆象的为害。据某些地区调查,一般被害率可达 30%左右,而最严重的可达 90%。重量损失一般轻度被害的约 15%,严重的达 40%左右。豌豆象是在豌豆开花结荚期间产卵在嫩荚上。幼虫孵化出来就咬破豆荚,侵入豆粒中,以后随着豌豆收获带入仓库,继续在豆粒中发育,化蛹,最后羽化成虫,隐匿在仓库隙缝、屋檐瓦缝里越冬。到次年豌豆开花期又飞到田间交尾产卵。

4.较耐高温

豌豆种子较耐高温。据试验,当其含水量降低到 14%以下时,温度在 55℃以下时,仍不影响其生活力。

(二)豌豆种子贮藏技术要点

我国北方的农户多用袋子、囤子贮藏豌豆种子,而南方的农户多用盆、罐、缸和桶等容器贮藏。豌豆种子贮藏要注意防潮、防虫和防鼠,其中豌豆种子贮藏的关键是如何有效地防止豌豆象为害。

1.综合防治措施

实践证明,必须根据豌豆象的生活习性,采取综合技术措施防治,才能达到目的。一是在豌豆开花结荚期,喷施农药,杀死飞到豌豆嫩荚上产卵的成虫;二是对新入库的豌豆种子,进行突击熏蒸,杀死随豌豆种子收获带入仓库的幼虫;三是冬季清扫仓库,彻底通风降温,冻死隐藏在仓库中的成虫,同时也可以进行熏蒸。

2.开水烫种法

若贮藏少量豌豆种子,消灭豌豆象亦可采用开水烫种法,即用大锅将水烧开,把豌豆(水分在安全标准以内)倒入竹筐内,浸入开水中,边浸边搅拌,经 25 s,立即将竹筐提出放入冷水中浸凉,然后摊在垫席上晒干贮藏。处理时要严格掌握开水温度,烫种时间不可过长或过短,开水需将全部豌豆种子浸没,烫时要不断搅拌。

3.囤套囤密闭贮藏法

如果贮藏大量种子,从实践中摸索出的囤套囤密闭贮藏法是一种切实易行的措施。当豌豆种子刚收获后,呼吸作用非常旺盛,产生大量热能,用密闭保温法使热量不易散发,种温很快升高,经过一定时间,即可杀死潜伏在豆粒内的豌豆象幼虫;同时由于豌豆象在高温下强烈呼吸作用所产生的大量 CO_2,也能促使其幼虫窒息死亡。此法具体步骤是当豌豆种子收获后,趁晴天晒干,使水分降到 14%以下;当种温晒到相当高时,趁热入囤密闭,使在密闭期间温度继续上升达到 50℃以上(如未达到,杀虫效果不好);入仓前预先在仓底铺一层谷糠(先经过消毒),压实,厚度须在 30 cm 以上;糠面垫一层席子,席子上围一圆囤,其大小随豌豆种子数量而定,然后将晒干的豌豆倒进囤内,再在囤的外围做一套囤,内外囤圈的距离应相隔 30 cm 以上;在两囤的空隙间装满谷糠,最后囤面再覆盖一层席子,席上铺一层谷糠,压实,厚度须在 30 cm 以上。这样豌豆种子上下和四周都有 30 cm 厚的谷糠包围着,密闭的时间一般为 30～50 d,随种温升高程度加以调整。密闭后的10 d内，须每天检查种温，每隔1 d检查虫霉情况，到10 d以后，就可每隔3～5 d检查1次。豌豆种子在密闭前后，须测定发芽率。上述方法除囤边部位有时有很少数害虫未杀死外，其他部位能达到100%的杀虫效果，而且经过这样处理的豌豆种子不降低发芽率，理化特性也不受影响。但必须抓紧在豌豆种子收获后尽快进行处理。

此外，贮藏过程中，要注意合理堆放。贮藏豌豆种子时，最好用麻袋包装，减少对仓壁、囤壁的侧压力。在堆放时，不要超过安全线，并注意不要倾向仓、囤的一侧，以防墙裂囤塌。

四、其他主要豆类种子贮藏技术

(一)菜豆种子的贮藏技术

1.菜豆种子的贮藏特性

(1)易受潮吸湿　菜豆种子较大，一般千粒重250～350 g，种子形状有肾形、长或短桶形、椭圆形。干燥的种子易受潮、吸湿，因种子含水量高，呼吸旺盛，产生大量的呼吸热使种子温度升高，加快种子表面附有微生物的繁殖、发育，使种子发热、霉变，使种子活力迅速下降。菜豆种子在一般条件下可贮藏3-5年，在干燥冷凉的条件下贮藏，可保证发芽力。在密封贮藏时，要求低温、低湿的贮藏条件，若空气相对湿度降至30%以下，菜豆种子则易变为不透水、不易发芽的硬实种子。

(2)虫害　菜豆象又叫大豆象，是一种世界性的害虫，危害严重时可造成贮藏食用豆类35%的重量损失。菜豆象一年发生1～4代，以幼虫或成虫在仓库内越冬。第二年春播时随被害种子带到田间或成虫羽化后飞到田间。卵产在豆荚的缝上，或豆荚内；经5～6 d孵化，幼虫侵入种子内，以排泄物堵塞入口，老熟后在豆内化蛹。幼虫期24 d，6～8周完成一个世代，第二代以后的各代均在仓库内完成。

2.菜豆种子贮藏的技术要点

在种子贮藏过程中，要严防种子混杂，还必须尽量保持种子的生活力，要密切注意种子含水量、贮藏温度、湿度等。

(1)及时采收干燥　菜豆的种子发育大致在开花后25～30 d完成。当豆荚从青绿色转为黄色、曲折不易折断时，为种用成熟，种荚老熟后应及时采摘、晾晒、脱粒、清选。脱粒的种子，须选晴天晾晒2～3 d，使其充分干燥，以利安全贮藏。

(2) 常规贮藏　常规贮藏是将充分干燥的种子用透气的布袋、麻袋或者塑料编织袋盛装，置于冰凉、干燥无降温除湿装置的种子库内贮藏的方法。通常库内的温度控制在10～15℃，空气相对湿度控制在50%～60%，种子含水量控制在8%以下，主要用于大量生产用种的短期(1～2年)贮藏。

(3)冷却防潮贮藏　冷却防潮贮藏是采用设有防潮层、隔热层和冷却装置的种子库贮藏种子的方法。通常库内温度控制在0～10℃，空气相对湿度60%以下，种子含水量控制在8%以下，主要用于高温、高湿地区生产用种或者生产用原种的中短期(3～5年)贮藏。

(4)低温干燥贮藏　用于低温干燥贮藏的种子库设有较为严密的绝热防潮设施，安装精良的冷冻机和降湿设备，将空气相对湿度控制在30%以下，温度控制在15℃以下，种子含水量控制在6%以下，主要用于品种资源、原种和原原种的长期贮藏。

(二)豇豆种子的贮藏技术

1.豇豆种子的贮藏特性

(1)易受潮吸湿 不同品种豇豆种子大小差异不大,一般千粒重100～200 g。种子为肾形或弓月形。干燥的种子易受潮、吸湿,易使种子发热、霉变,使种子活力迅速下降。在一般贮藏条件下,种子的发芽年限为3～4年。

(2)虫害 豇豆贮藏期间极易遭受豆象危害,有时使80%的豇豆种子受到侵害,损失十分严重。受害的种子,轻者生活力降低,出苗后生长不良,成为弱苗,重者完全丧失生活力,失去种用价值。豆象性活泼,善于飞翔,多以成虫越冬。产卵习性因种而异,除野生外,仓库内的豆象在所寄生的豇豆籽粒上产卵,次年春天飞出到大田,在结荚的豇豆上产卵。

2.豇豆种子贮藏的技术要点

豇豆种子贮藏期间极易遭受豆象危害,贮藏的关键就是如何能有效地防止豆象的为害。防治豇豆种子贮藏期间受豆象蛀食危害可采取下列措施。

①药剂防治 在豇豆开花期喷杀虫剂,可选用80%敌百虫晶体或可湿性粉剂1 000倍液或2.5%的敌杀死乳油5 000倍液或50%马拉硫磷乳油1 000倍液等。

②及时采收干燥 豇豆种荚为分期成熟,当种荚萎黄,弯曲不易折断,手按豆荚种子可活动时,便可采收。采收后最好摊放在阴凉通风处后熟5～7 d,再干燥脱粒。将脱粒后的种子干燥至含水量小于14.0%时贮藏,可以减轻其危害。种荚采收后,挂在阴凉通风处晾干不脱粒,直至第二年播种前脱粒,也可免遭豆象危害。

③密闭存放 种子收获晾晒干后,装入容器中密闭20 d,使豆粒内的虫子窒息死亡。密封时也可在容器中放入樟脑丸,杀虫效果更好,但种子不能再食用。

④开水烫种 在种子采收后半个月内,种子含水量降至13%～14%时,用开水杀虫。具体方法,把种子放在竹筐里,种子和筐一起浸入开水中30 s,水面应超过种子表面3 cm以上,并搅动种子,使受热均匀。烫种后立即取出放入冷水中散热,以防烫伤种子,影响发芽力。充分冷却后摊开晾干。

⑤ 药剂熏蒸 当种子脱粒晾晒至含水量14%以下时,把磷化铝药片插入豆堆或豆包中间,密闭3～5 d。用药量为每100 kg或每立方米豆种1片(3 g),密闭熏蒸48 h,温度低于20℃,熏蒸72 h。熏蒸过的种子不能食用。

第七节 蔬菜种子贮藏技术

一、蔬菜种子的贮藏特性

蔬菜种子种类繁多,种属各异,甚至分属不同科。种子的形态特征和生理特性很不一致,对贮藏条件的要求也各不相同。

蔬菜种子的颗粒大小悬殊,大多数种类的蔬菜种子比较细小,如各种叶菜、番茄、葱类等种子,并且大多数的蔬菜种子含油量较高。

蔬菜大多数为天然异交作物或常异交作物，在田间很容易发生生物学变异。因此，在采收种子时应进行严格选择，在收获处理过程中严防机械混杂。

蔬菜种子的寿命长短不一，瓜类种子由于有坚固的种皮保护，寿命较长，番茄、茄子种子一般室内贮藏3～4年仍有80%以上的发芽率。含芳香油类的大葱、洋葱、韭菜以及某些豆类蔬菜种子易丧失生活力，属短命种子。对于短命的种子必须年年留种，但通过改变贮藏环境，寿命可以延长。如洋葱种子在一般条件下贮藏1年后就变质，但在含水量降至6.3%，－4℃条件下密封贮藏7年仍有94%的发芽率。

二、蔬菜种子贮藏技术要点

1. 做好清选工作

蔬菜种子籽粒小，重量轻，不像农作物种子那样易于清选。籽粒细小及种皮带有茸毛短刺的种子易黏附和混入菌核、虫瘿、虫卵、杂草种子等有生命杂质以及残叶、碎果、种皮、泥沙、碎秸秆等无生命杂质。这样的种子在贮藏期间很容易吸湿回潮，还会传播病虫杂草，因此在种子入库前要对种子充分清选，去除杂质。蔬菜种子的清选对种子安全贮藏，提高种子的播种质量比农作物种子具有更重要的意义。

2. 合理干燥

蔬菜种子日光干燥时须注意，小粒种子或种子数量较少时，不要将种子直接摊在水泥晒场上或盛在金属容器中置于阳光下曝晒，以免温度过高烫伤种子。可将种子放在帆布、苇席、竹垫上晾晒。午间温度过高时，可暂时收拢堆积种子，午后再摊开晾晒。在水泥晒场上晒大量种子时，不要摊得太薄，并经常翻动，午间阳光过强时，可加厚晒层或将种子适当堆积，防止温度过高，午后再摊薄晾晒。

蔬菜种子干燥也可以采用自然风干方法，将种子置于通风、避雨的室内，令其自然干燥。此法主要用于量少、怕阳光晒的种子（如甜椒种子），以及植株已干燥而种果或种粒未干燥的种子。

3. 正确选用包装方法

大量种子的贮藏和运输可选用麻袋、布袋包装，少量种子的包装或大量种子的小包装则可选用金属罐、盒，外面再套装纸箱可作长期贮存或销售，也适于短命种子或价格昂贵种子的包袋。纸袋、聚乙烯铝箔复合袋、聚乙烯袋、复合纸袋等主要用于种子零售的小包装或短期的贮存。含芳香油类蔬菜种子如葱、韭菜类，采用金属罐贮藏效果较好。密封容器包装的种子，水分要低于一般贮藏的种子含水量。

4. 科学贮藏

大量种子的贮藏与农作物贮藏的技术要求基本一致。留种数量较多的可用麻袋包装，分品种堆垛，每堆下应有垫仓板以利通风。堆垛高度一般不宜超过6袋，细小种子如芹菜之类不宜超过3袋。隔一段时间要倒桩翻动一下，否则底层种子易压伤或压扁。有条件的应采用低温低湿库贮藏，有利于种子生活力的保持。

蔬菜种子的少量贮藏较广泛，方法也更多。可以根据不同的情况选用合适的方法。

（1）低温防潮贮藏　经过清选并已干燥至安全含水量以下的种子装入密封防潮的金属罐或铝箔复合薄膜袋内，再将种子放在低温、干燥条件下贮藏。罐装、铝箔复合袋在封口时还可以抽成真空或半真空状态，以减少容器内氧气量，使贮藏效果更好。

(2)在干燥器内贮藏　目前我国各科研或生产单位用得比较普遍的是将精选晒干的种子放在纸口袋或布口袋中,贮于干燥器内。干燥器可以采用玻璃瓶、小口有盖的缸瓮、塑料桶、铝罐等。在干燥器底部盛放干燥剂,如生石灰、硅胶、干燥的草木灰及木炭等,上放种子袋,然后加盖密闭。干燥器存放在阴凉干燥处,每年晒种一次。并换上新的干燥剂。这种贮藏方法,保存时间长,种子发芽率高。

(3)整株和带荚贮藏　成熟后不自行开裂的短角果如萝卜及果肉较薄、容易干缩的如辣椒,可整株拔起;长荚果如豇豆可以连荚采下,捆扎成把。以上的整株或扎成的把,可挂在阴凉通风处逐渐干燥,至农闲或使用时脱粒。这种挂藏方法,种子易受病虫损害,保存时间较短。

5. 蔬菜种子的安全水分

蔬菜种子的安全水分随种子类别不同,一般以保持在 8%～12%为宜,水分过高,贮藏期间生活力下降很快。根据我国最新"农作物种子质量标准"(2010 年),不结球白菜、结球白菜、辣椒、番茄、甘蓝、球茎甘蓝、花椰菜、莴苣种子含水量不高于 7.0%;茄子、芹菜种子含水量不高于 8.0%;冬瓜种子含水量不高于 9.0%;菠菜种子含水量不高于 10.0%。在南方气温高、湿度大的地区特别应严格掌握蔬菜种子的安全贮藏含水量,以免种子发芽率迅速下降。

6. 蔬菜种子越夏贮藏

温度和水分是影响种子贮藏寿命的两个最重要因素,降低其中任何一个因素,都能有效的延长种子的寿命。对于越夏的种子,最佳贮藏条件是采用低温低湿库进行贮藏。但是,在我国广泛地采用低温低湿贮藏还有困难的情况下,若能保持种子处于较低的含水量状态,也能较好地保持种子活力。

第八节　马铃薯和甘薯种薯的贮藏技术

一、马铃薯种薯贮藏技术

马铃薯又名土豆、洋芋、山药蛋、荷兰薯等,原产于南美洲的秘鲁与智利的高山地区,17 世纪初传到我国,是目前我国仅次于水稻、小麦、玉米的四大粮食作物之一。主要分布在黑龙江、吉林、内蒙古、青海、甘肃、山西、陕西、云南、贵州、浙江等省、自治区。种植面积约为 460 万 hm^2,占世界的 25%;鲜薯产量约 7 500 万 t,约占世界的 19%,居世界第一。

(一)马铃薯种薯的贮藏特性

1. 种薯耐贮性差异大

马铃薯种薯的耐贮性差异较大,与品种特性、栽培管理有着密切关系。马铃薯品种较多,按皮色可分为:白皮、红皮、黄皮和紫皮 4 种类型,其中以红皮种和黄皮种较耐贮藏。氮肥施用过量,导致茎叶徒长,种薯水分高,干物质积累少,不耐贮藏;相反,施用氮磷钾复合肥、马铃薯专用复合肥或配方施肥,使茎叶与种薯膨大相互协调,增加干物质含量,可增强耐贮性。

2. 种薯在贮藏期间具有三个生理阶段

(1)生理后熟阶段。收获后的种薯在生理上有一个后熟期,该期种薯表现以下特点:表皮尚未充分木栓化，含水量高，呼吸旺盛，由于收获或分级等原因造成的伤口尚未愈合。这时，如果通风不良，造成窖温过高，种薯会大量腐烂和出现黑心现象，但一般经过15～30 d的后熟作用后，其表皮充分木栓化，伤口得到愈合，种薯的各项生理生化活动逐渐下降，种薯开始进入休眠状态。

(2)休眠阶段。种薯完成生理后熟后，进入休眠阶段。种薯休眠包括生理休眠和强迫休眠两种情况。生理休眠是指种薯放在最适宜的发芽条件下(温度20℃，相对湿度90%，氧浓度2%)，种薯也不发芽的现象。强迫休眠是指幼芽生理上已具备了伸长的可能，但不具备发芽条件，芽的生长处于抑制状态而不能萌发的现象。种薯生理休眠期一般1.5～3.5个月，其长短受品种、收获期、栽培条件和贮藏条件的影响。一般早熟品种的生理休眠期比晚熟品种的生理休眠期长；早收获种薯的生理休眠期比晚收获种薯的生理休眠期长；在冷湿之后收获的种薯比正常条件下收获的种薯，其生理休眠期长；在显著干热季节收获的种薯，生理休眠期变短；在1～22℃，生理休眠期随着温度的升高而逐渐变短。在休眠时，种薯的外表虽然没有可见的变化，却发生着结构变化：周皮细胞内壁不断为木栓质充填加厚，在遇光时产生花青素、叶绿素等色素及茄素(龙葵素或茄碱)；芽眼的分生组织仍继续进行分裂活动，是种薯中结构变化最大和生理生化过程最活跃的部位。在休眠时，种薯的呼吸强度一般比较弱，但受很多因素影响。温度是影响种薯呼吸的主要因素，2～4℃时，呼吸强度最弱，5℃以上随温度的升高呼吸强度增强；湿度的增加，也会刺激呼吸作用增强；种薯的损伤和病菌的感染会使呼吸加强；氧气的不足会使呼吸强度降低，但高温下缺氧导致种薯窒息，造成种薯黑心，会严重影响发芽，对种薯贮藏尤其不利。种薯的各种化学成分在休眠期也发生一些变化。种薯占95%以上的碳水化合物是淀粉，淀粉随着贮藏期的延长而不断减少，还原糖含量不断增加，淀粉转化成还原糖的速度与温度有密切关系：当贮藏温度在0～10℃时，淀粉含量随温度降低而迅速转化为还原糖，还原糖含量逐渐增加。当贮藏温度在10℃以上时，淀粉含量变化很小，基本保持稳定。种薯中的淀粉和还原糖可以相互转化，如将种薯放于室温20℃(左右)条件下，一定时间后，种薯中的还原糖又可转化为淀粉。种薯的蛋白质含量在收获后至休眠期末变化很小，其它物质如维生素C含量会随贮藏时间的延长而减少。种薯水分含量为80%～85%，一般情况下，贮藏的第1个月，种薯的失水量为鲜重的1.5%，以后每月为0.5%～1%。为减少种薯水分的损耗，贮藏期间的相对湿度应在85%以上。

(3)萌芽阶段。通过休眠的种薯，在适宜的条件下，芽开始萌发生长。种薯贮藏3个月以上，休眠期结束时，如贮藏温度高于5℃，则会发芽。发芽的马铃薯一昼夜内质量损失在0.05%～0.07%。需要抑制发芽时，要将温度控制在2～4℃，或者利用抑芽剂[青鲜素(MH)或萘乙酸甲酯等药剂]处理。

(二)马铃薯种薯贮藏的技术要点

1. 马铃薯种薯的入库前管理

种薯收获前1周要停止浇水，以减少含水量，促进薯皮老化。新收获的马铃薯，还未完全成熟，表皮没有充分木质化，收获时造成的伤口还没有愈合，其呼吸强度非常旺盛。如这时马铃薯立即下窖贮藏，块茎散发大量热量，使薯堆发热，造成烂熟。因此，新收获的种薯要放在通风良好，温度在15～20℃的库房中，薯堆高和宽大致为2～4 m，堆与堆之间留通风道，经过15～20 d的预贮过程，使表皮木栓化，薯皮干爽，以便修复收获时的机械损伤，以利于及早进入休眠和减少病害，这种方法称为愈伤处理。与此同时，种薯贮藏前还要严格挑选，剔除病、烂、受伤、有麻斑和受潮的不良薯块。

2. 贮窖的选择

窖址应选地势高、地下水位低、排水良好、土质坚实、向阳背风和保暖的地方，并应在收获前 1 个月修好以充分干燥。无论新窖与旧窖，都要用石灰水喷洒消毒，窖底铺一层垫料(一般用稻草)。根据气候、土质、地势等条件，因地制宜选择窖型。不太冷、土壤坚实性不太强的黑土地区应选沟窖；不太冷、土质坚实的地区应选棚窖；气候较寒冷、土壤坚实的黄土地区应选井窖；在较寒冷、土壤坚硬的土坡或土丘旁应选窑洞。贮窖最好挖通气沟，即在堆底地面上，挖成十字形或丰字形沟，其深宽均为 20 cm，沟长与窖壁相接，在沟上铺秸秆或树条，以不漏种薯为宜。

3. 确定马铃薯种薯窖藏容量

适宜的贮藏数量为种薯的堆积高度不超过贮藏窖高度的 66%，也就是可以利用容积约占窖容积的 60%～65%。由于种薯大小不同，一般 1 m^3 种薯质量为 650～750 kg，根据窖的总容积，就可以计算出适宜的种薯贮藏数量。

4. 选用合适的堆放技术

第一，要按不同品种分别贮藏，以防休眠期长短、耐贮性强弱不一致造成互相影响以及造成品种的混杂。第二，种薯堆放高度应因品种而异。在一般情况下，薯堆的温度总是高于周围的温度，高出多少因薯堆的高度而异。不通风的种薯堆内最高温度比周围空气温度高出的温度一般是薯堆高度的 1.8 倍。因此，为使堆内温度不至于过高，通常要求堆高不超过 2 m，一般不超过窖高的 66%，达到窖高的 50%最合适，这样可以保证良好的空气流通和块茎的呼吸正常进行。第三，建造薯堆通气系统。在堆内插入秸秆绑的通气把，直径为 20 cm 左右，底部与贮窖通气沟相接，上面高出薯堆 30 cm 左右，也可用木板条做成三角形通气塔代替；第四是在种薯堆表面加覆盖物如稻草、麦秆等，这样既能保温又能吸湿，但覆盖物吸湿后应及时更换。

5. 药物处理

贮藏中采用青鲜素(MH)或萘乙酸甲酯等药剂处理，不仅可以抑制或减少发芽，还能抑制病原微生物的繁殖及防腐。药物处理的时间以收获后 2 个月(在休眠期)比较适宜，否则经过休眠期限开始萌芽的马铃薯，即使用药物处理仍不能抑制发芽。药物处理的具体方法是先配药，药物要现用现配，称取 98%的萘乙酸甲酯 150 g，溶解于 300 g 丙酮或酒精内，再缓缓拌入预先制好的 10～12.5 kg 的粉状细土中，很快拌匀后装入用纱布或稀麻布缝制的口袋内；第二步是撒药。将配制好的药物，像扑粉似地均匀地撒在 5 000 kg 马铃薯块上。为便于操作，防止药物影响人体健康，也可将口袋扎在竹竿的一端，不断地摆动竹竿，就可将药物均匀地撒在薯块上。

6. 控制贮藏窖的温度和湿度

贮藏温度是决定块茎贮藏质量的最重要条件。在整个贮藏期间，贮藏温度 2℃～3℃可以使种薯活力更强。刚入窖时正值外界的气温较高，种薯的周皮没有完全木质化，伤口没有完全愈合，呼吸强度大，放出热量多，薯堆温度高，湿度大。因此，该期间应该加强空气流通，降低薯堆温度。而立春后，块茎正处于深度休眠，呼吸弱，放出热量少，外界温度降低到一年中最低温度，所以该期间应关闭窖门，防止外界冷空气进入窖内，过度降低薯堆温度，造成种薯受冻。开春后温度迅速增高，此时不可随便打开窖门或气孔，防止外界热空气进入而增高窖内温度，使种薯发芽。贮藏湿度也是决定种薯贮藏质量的重要条件。在种薯的贮藏期间，保持窖内80%～93%的适宜相对湿度，种薯不失水，不会造成萎蔫，同时也不会因湿度过大而造成腐烂，保证种薯贮藏质量。刚收获种薯表面湿度大，加之种薯本身含水量高和种薯呼吸产生的水汽，通过薯皮的渗透和蒸发，在薯堆内水汽量高，而由对流进入薯堆的空气往往水汽量低，因此，当空气从薯堆中泄出时，就会带走较多的水分。在通风的情况下，这些带有较多水分的空气扩散到外界，以及外界较干空气的进入，这样循环往复就会使窖内湿度不断降低。因此，在种薯贮藏初期，在薯堆温度高、湿度很大的情况下，需要加强空气对流，以降低堆内的湿度。但当进入严冬季节，窖温开始逐渐下降，此时窖门气眼全部封闭，与外界空气的对流全部停止，窖内的水气量基本保持恒定；当气温进一步下降时，窖顶温度达0℃以下时，如果窖内水汽量过大，多余的水汽还会在窖的四壁凝结成水滴。因此，常在薯堆上面覆盖一定厚度的草或其他秸秆，使堆顶部的块茎较温暖，堆顶种薯不易凝水；或接受由窖顶融化的霜水，这样可使薯堆免受湿度过大而引起腐烂。

7. 冷藏

在休眠期后的马铃薯转入冷库中贮藏，可以较好地控制发芽和失水。在冷库中可以进行堆藏，也可以装箱堆码。将温度控制在3～5℃，相对湿度85%～90%。

8. 播种前处理

播种前种薯适当通风露光，提高温度，促进皮层产生叶绿素，芽眼部分积累茄素（龙葵素），有利嫩芽生长，幼苗健壮。

二、甘薯种薯贮藏技术

甘薯，又称红薯、地瓜，是富含淀粉的块根作物。我国北方的华北地区种植较多，留种材料是薯块。甘薯种薯的贮藏特性是由其本身的形态特征、内部构造和所含化学成分以及贮藏环境条件如温度、湿度、气体变化情况等决定的。

（一）甘薯种薯的贮藏特性

1. 易受损，易受病菌侵害

种薯皮薄，组织脆嫩，水分含量高达65%～75%，在收获和运输过程中稍不注意就会擦伤、破碎，致使病菌极易侵害而腐烂。但新收获的种薯受到不同程度的损伤，如在高温高湿条件下，保持良好通风，种薯损伤部分就会形成木栓组织保护层，不仅能阻碍水分损耗，同时能阻碍氧气和各种病原菌侵入。

另在收获前，如水涝受渍、低温霜冻等原因使秋薯受到损伤，虽然当时表面无异常现象，但抗病力降低，生活力明显下降，贮藏时易腐烂变质，蒸煮时有硬心。

2. 对温度敏感

种薯可溶性糖含量在5%～10%，对温度十分敏感。如果长时间处于15℃以上，不但易发芽，而且由于呼吸旺盛，干物质大量消耗，可溶性糖增加，抗病力降低；当温度超过20℃则易发生热害，造成烂薯。种薯入窖初期，强烈的呼吸作用放出大量的水分、热量和二氧化碳，如不及时通风排除，轻则促使种薯发芽，重则导致病害蔓延。在一定范围内，温度越高，湿度越大，病菌繁殖蔓延越快，种薯呼吸强度越大，消耗营养物质越多，放出热量、水分和二氧化碳越多，如此反复互相促进，造成种薯腐烂，引起“烧窖”。如果长时间处于9℃以下，又会发生冷害，发生冷害的种薯薯心原果胶增加，原果胶不溶于水，易形成煮不烂的硬核(冷生核)。初期的硬核肉色不变，淀粉逐渐转化为糖，形成甜核。继续变化使单宁减少，多酚物质增加，遇空气迅速氧化，肉色发暗，其断面很少有乳白色汁液，生活力降低。如继续发展，病菌侵入使肉味变苦，维管束变黑，表面有明显凹陷斑块，严重的脱水腐烂，失去生活力。因此，温度低、湿度大，会加快腐烂程度。目前认为种薯最适宜的贮藏的温度为13℃。

3. 对湿度敏感

当相对湿度低于80%时，种薯开始失水，发生干缩糠心，淀粉加速分解，抗病力减弱，耐贮能力下降，即所谓的干害；当相对湿度过于饱和时，又会引起窖顶滴水导致病菌繁殖，发生腐烂，即所谓的湿害。为了防止干害或湿害的发生，窖内相对湿度应保持在85%～90%，同时注意排水防淹。

4. 种薯易"闷窖"

种薯入窖贮藏，由于长时间不通风，易形成氧气过低，二氧化碳过高，影响正常呼吸，引起细胞组织酒精积累中毒，生活力下降，抗病力减弱，日久也会造成腐烂。当窖内气体中氧气和二氧化碳含量分别为15%和5%时，可有效降低呼吸速率，减少贮藏期间薯块对养料的消耗，对控制病菌的活动和提高薯块的贮藏能力有益。甘薯缺氧主要是入窖初期气温较高，或装薯过满，或封窖过早造成的。

5. 易发病

甘薯在贮藏期间的主要病害是软腐病、黑斑病和茎线虫病，其次是镰刀菌干腐病、青霉病等。发病的主要原因是薯块感染病菌、拐子带菌或病窖传染等。薯块受冻害、淹水或缺氧时，常发生软腐病。黑斑病在贮藏初期气温较高时，发病较重，后期气温较低，病害发展较慢。因此，入窖前应严格选择没有破皮损伤和不带病的薯块，同时注意窖的消毒。

(二)甘薯种薯贮藏的技术要点

1. 适时收获，严格选择种薯

甘薯没有明显的成熟期，所谓适时收获，就是将种薯在不影响茬口安排的前提下，尽可能地延长种薯生长期，根据当地的气温变化规律，保证种薯不受低温霜冻的时期内采收贮藏。实践证明，淮河以北宜在秋季平均气温达到15℃左右时采收，平均气温降至12℃之前全部入窖，即霜降前必须全部入窖。收获时首先进行选株，并作标记，待地上部枝叶全部割除2～3d后再挖薯。从收获到入窖，应轻刨、轻装、轻运、轻放，以减少机械损伤和病害感染机会。严格选择种薯，剔除损伤、受霜冻、带病斑、受水渍涝、在露天放置过久的种薯。

2. 选择适宜的窖址和窖型

窖址应选择地势高、地下水位低、排水良好、土质坚实、运输方便、向阳背风、保暖的地块，并应在收获前1个月修好，以充分干燥。无论新窖与旧窖，种薯入窖前须用硫黄熏蒸或福尔马林消毒或硫酸铜、多菌灵喷洒，也可用枯草残枝烧窖灭菌，窖底铺一层垫料布(一般用稻草)，贮藏窖的深度，要超过历年冻土层的深度，高于历年地下水位的高度，以免窖内过于潮湿，引起烂窖，或温度过低，引起冻窖。应根据气候、土质、地势等条件，因地制宜选择窖型。常用的有高温大屋窖、深井窖、棚窖等。高温大屋窖是一种新型保管鲜薯的技术，鲜薯入窖后立即进行高温处理，不仅能有效的抑制黑斑病菌的发生和流行，而且可促使薯块不定芽萌发，育苗时能提早2～3 d出苗，出苗率提高10%以上。但要注意发芽和"糠心"现象的发生。深井窖适于气候寒冷、土质坚实的地区，优点是保温保湿性好，建窖简便，成本低，但甘薯只能装七成满，以便留出换气的地方，否则会因湿、热而加重腐烂。棚窖适合于地下水位高，土质疏松、土层薄的地区，缺点是保温保湿性差，需要年年拆建。

3. 加强贮藏窖的管理

根据贮藏期间气候的变化和种薯的生理变化，应及时调节贮藏窖的温湿度，注意"两头防热，中间防寒"，通过合理的通风和密闭，使贮藏窖温度保持在 10～15℃，相对湿度保持在 85%～90%。具体做法：

前期，即从薯块入窖到封窖。此期甘薯呼吸旺盛，温度高，湿度大，管理上以通风降温散湿为主，防止薯块糠心、发芽和病害侵染蔓延。薯块入窖后温度保持在 20℃左右，以促进薯块伤口愈合，7 d 之后打开窖门及通风口，通风降温散湿，使窖内温度降至 15℃，空气相对湿度保持在 85%～90%。如果白天窖外温度高，可将窖口用苇席或草帘遮盖，也可昼关夜开。若遇霜冻，注意防寒。当窖温稳定在 14～15℃时进行封窖。

中期，即从封窖到来年气温开始回升。此期经历时间最长，而且正处在最寒冷的季节，同时薯块呼吸减弱，产生热量少，是薯块最易遭受冷害的时期。管理上以保温防寒为主，将窖温保持在 12～14℃，不低于 10℃，防止薯块遭受冷害。封窖时薯堆表面铺盖 30 cm 左右厚的干草，有利于薯窖的保温和防寒。应进行密闭贮藏，封闭全部气孔和窖门。必要时，还应加厚窖顶和四周土层，在贮藏窖的东、北、西 3 个方向加设风障，以利保温保湿。

后期，即从气温回升、大地开始化冻到薯块出窖。此期随着外界温度的不断回升，窖内温度开始升高，薯块呼吸逐渐加强，加之经过长期贮存，对不良环境的抵抗能力下降，管理不当容易使薯块遭受冷害、病害侵染造成腐烂。所以这一时期管理以稳定窖温为主，将窖温维持在 11～13℃，适当通风、散热、散湿。对贮藏量大，湿度大的窖，气温升至 11℃时，晴天中午打开通风口，通风散湿，傍晚及时关闭。若遇寒流，应做好防寒保温工作，但也要防止窖内温度过高引起烂薯或发芽。

4. 注意控制与调节种薯堆温湿度

种薯堆放所占空间，应是贮藏窖容积的 70%～80%。种薯过多，氧气不足，二氧化碳浓度过大，常会导致"闷窖"；种薯过少，散发热量不足，易引起"冻窖"；将种薯堆积成正方形，尽量集中，减少与外界空间接触面，使其散热面积达到最小，以充分利用堆积热，保持种薯安全越冬；在种薯堆表面加覆盖物厚度为 20 cm 左右，如稻草、麦秆等，既能保温，又能吸湿，但吸湿后应及时更换。由于使用窖型和种薯堆放方式不同，薯堆不同部位温度差别明显：如井窖种薯堆上层温度多低于中、下层；沟窖种薯堆中层温度高于上、下层，以下层温度最低；棚窖种薯堆上、中层温度多高于下层。所以，应多设几个测温点并应经常检查。

第九节　主要花卉种子(球)贮藏技术

与农作物和蔬菜种子相比较，花卉种子的生产规模和数量相对较小，但是包含了许多栽培条件各不相同的植物种类，从温室中几平方米的海棠到田间几公顷的万寿菊。一些价格昂贵的盆花种子和切花种子的生产是以克为计量单位，而田间成本低廉的异花授粉种子的生产，则以磅或千克为计量单位。花卉种子贮藏除与种子的遗传特性和个体发育程度有关外，其贮藏条件主要与温度、湿度有关，在高温高湿条件下，种子容易丧失生活力；在低温干燥条件下，贮藏时间较长。

一、花卉种子的贮藏特性

花卉种子种类繁多，其寿命也是长短不一，贮藏在相对适宜的条件下花卉种子的自然寿命可分为短命(短于1年)、中命(2～3年)和长命(长于3年)种子，如表8-4所示。

表8-4 在适宜的条件下花卉种子相对贮藏寿命

短命种子(短于1年)	中命种子(2～3年)	长命种子(长于3年)
莲花 Anemone	庭荠 Alyssum	金盏菊 Calendula
文竹 Asparagus	金鱼草 Antirrhinum	鸡冠花 Celosia
翠菊 Aster	辣椒果 Capsicum	矢车菊 Centaurea
海棠 Begonia	瓜叶菊 Cineraria	满天星 Gypsophila
长春花 Catharanthus	彩叶草 Coleus	牵牛花 Morning glory
非洲菊 Gebera	仙客来 Cyclamen	沙斯塔雏菊 Shasta daisy
凤仙花 Impatiens	大丽花 Dahlia	甜豌豆 Lathyrusodoratus
鸢尾花 Iris	石竹 Dianthus	百日草 Zinnia
百合 Lilium	一品红 Euphorbia	
三色堇 Pansy	千日红 Gomphrena	
福禄考 Phlox	向日葵 Helianthus	
报春花 Primula	芙蓉 Hibiscus	
一串红 Salvia	薰衣草 Lavandula	
大岩桐 Sinningia	洋桔梗 Lisianthus	
堇菜 Viola	半边莲 Lobelia	
	荷花 Lotus	
	羽扇豆 Lupinus	
	牡丹 Paeonia	
	罂粟花 Papaver	
	天竺葵 Pelargonium	
	矮牵牛 Petunia	
	马齿苋 Portulaca	
	金光菊 Rudbeckia	
	非洲紫罗兰 Saintpaulia	
	红景天 Sedum	
	万寿菊 Tegetes	
	马鞭草 Verbena	

花卉种子的寿命与种子的结构、种被透水性、化学成分、成熟度等因素均有关系。由于小粒的种子相对于大粒种子具有较大表面积比，吸水速度较快，导致小粒种子更加容易劣变；种

被透水性越强,种子劣变的速度就越快;含油量较高的花卉种子如三色堇种子的贮藏寿命较短;一串红等种子在吸胀时会产生果胶类黏液物质,导致种子周围的相对湿度增大,贮藏寿命较短;很多花序为无限生长的总状花序、伞状花序、复伞状花序、穗状花序等花卉种子由于成熟发育程度不一致,同批种子的耐藏性也不一致。

二、花卉种子贮藏技术要点

1.及时合理采收种子

适时采收成熟的花卉种子,保证种子品质和产量。采收过早,种子的贮藏物质尚未充分积累,生理上也未成熟,种子的活力较低。采收过迟,会导致种子劣变。通常在果实接近脱落,如干果已干燥接近裂开、浆果变软的时候进行采收,此时种子的干物质积累达到了最大值,到达生理成熟,种子活力最高。同时需要注意观察果实的颜色变化及花瓣干枯的程度,掌握不同花卉种子蜡熟期的特征,在生产中根据观察不同花卉种子所特有的蜡熟期特征进行适时采收,可避免种子散落,降低产量。如紫茉莉、石竹种子呈黑色,一串红、醉蝶花种子呈深褐色时要立即采收。很多花卉的种子,蜡熟期很短,完熟期迅速到来,种子从急骤开裂的果实中散落,如三色堇、凤仙花、茑萝、牵牛花等花卉的果实颜色出现蜡熟后期特征时极易开裂,因此,这类花卉种子必须在蜡熟后期及时采收。

根据花卉种子生产的方式、果实的类型和着生部位选择不同的采收方法,在温室内生产的杂交种子,经授粉后,就可以根据种子在母株上的成熟顺序分批采收果实。大田里生产的异花授粉品种,如果气候环境条件适宜,开花期和坐果期持续时间就会较长,须陆续分批采收种子。如紫茉莉、波斯菊等边开花边结实的花卉,每天观察,随时采集陆续成熟的种子。开裂的干果如蒴果、荚果、角果等,在果实成熟前自然干燥。开裂散出种子或种子与干燥的果实一同脱落,对这类种子应在果实成熟开裂或脱落前,于清晨空气湿度较大时采收。如果在强烈的阳光下采收,果实容易开裂,种子易散落,如凤仙花、花菱草、月见草等果实由绿色转黄褐色时,应及时采下其果实。对不开裂的干果和不易散落的种子,以及成熟期比较一致的花卉种类,当大部分果皮出现变黑、变黄、变褐等成熟特征时,一次性刈割果枝采集种子,如万寿菊、翠菊、孔雀草、百日草的种子是四周先成熟,应待大部分果实成熟变色时将整个干枯的头状花序一同采下。浆果、柑果、梨果、瓠果等肉质果,成熟的特征是果皮的颜色发生变化,一般由绿色变为红、黄、白、黑等颜色;果皮由硬变软,如君子兰、冬珊瑚、石楠等的肉质果。肉质果成熟后要及时采收,过熟会脱落或被鸟虫取食;如果在肉质的果皮干燥后采收,会加深种子的休眠或受霉菌侵染。肉质果采收后,应先在室内放置几天使种子充分成熟,腐烂前用清水浸泡在水里,搓洗去果肉或果浆,并去除浮于水面的不饱满种子,一定要把果肉洗净,否则易滋生霉菌。

无论用上述哪种方法采收花卉种子,都要在种子袋上粘贴标签,写上种子的中文名或学名,以免混淆,同时还应记录种子采收的时间、地点等内容。

2.合理干燥

种子采收后需要晾晒的,连同果壳一起晾晒,可将种子放在帆布、苇席、竹垫上晾晒。怕光的种子采用自然风干法,即将种子置于通风、避雨的室内,使其自然干燥。一些温室种子的生产者,都具备适合种子干燥的设备如加温干燥箱,可以连同果荚一起干燥。一般草本花卉种子的安全水分含量为7%以下。

3. 重视种子的清洁精选

花卉种子的种类和品种多、籽粒小和重量轻。根据不同的植物种类、生产和收获方式不同,进行清洁和精选。田间刚收获的种子中混杂了各种大小的土壤泥沙和植株碎片,种子清洁的目的是去除所有的田间杂质、植株碎片和空瘪粒以及未成熟的小种子,精选的目的是获得纯净度和生活力较高的高品质花卉种子。

对温室内生产的可多次人工采收的 F_1 杂交种子,因混有的植株碎片和杂质较少,种子的清洁较为容易,只需要利用手筛或小型空气吹风机就能去除所含的杂质碎片或较轻的小种子。从田间收获的异花授粉的种子,由于花卉种类和采收方式(人工采收或机械采收)不同,会混有较多的泥沙和植株碎片,占体积的 20%～80%。整株拔回的晾干后脱粒,连果实一起采收的要去除果皮、果肉及附属物。若混有泥沙等杂物,收获的种子就需要先用空气筛清选机,以去除植株碎片和泥沙、去除空瘪粒和未成熟种子。

为提高花卉种子的商品价值,需要进一步进行精选以提高种子的整齐度、净度和生活力。有的种皮带有茸毛短刺,易黏附或混入菌核、虫瘿、虫卵及杂草种子等,需要使用去毛机去除种皮上的种毛,有的种皮较厚的硬实种子需要经过预措处理。

4. 选择适宜的包装材料

可用聚乙烯铝箔复合袋包装,外套纸质种子袋,含芳香油的花卉种子宜装在金属罐、木盒或有色玻璃瓶中贮藏。罐装、铝箔袋在封口时抽成真空或半真空状态,以减少容器中的氧气量。为准确了解种子的情况,要求种子公司需在种子外包装上注明种子有效期限。

5. 选择适宜的贮藏方法

在我国花卉生产中常采用以下方法来贮藏花卉种子。

(1)自然干燥贮藏法　主要适用于耐干燥的草本花卉种子,经过阴干或晒干后装入纸袋中或纸箱中保存。此种方法适宜次年就播种的短期保存。

(2)干燥密闭贮藏法　将充分干燥的种子,装入密闭容器中密封起来放在冷凉处保存,可保存稍长时间。

(3)低温干燥密闭贮藏法　将充分干燥的种子存放在干燥器中,置于 1～5℃的低温环境中贮藏,可以较长时间保持花卉种子的生活力,是正常型种子主要的贮藏方式。

(4)层积沙藏法　有些顽拗型的花卉种子,置于干燥环境下容易丧失发芽力,可采用层积沙藏法,即在贮藏室的容器底部铺上一层厚约 10 cm 的湿沙,再铺上一层种子,如此反复,使种子与湿沙交互作层状堆积贮藏。一些有休眠种子用这种方法处理,如将采收的牡丹、芍药等种子,置于 2～7℃的条件下与湿沙层积贮藏,可以促进种子的后熟和通过休眠,促进种子发芽。

(5)水藏法　睡莲、荷花等水生花卉种子必须贮藏在水中才能保持其发芽力,如睡莲贮藏于 5℃左右的水中,低于 0℃时种子会受到冻害,影响出芽。

花卉种子价值较高,很多花卉种子公司都具备优越的贮藏条件和设施来贮藏花卉种子,以保证其较高的活力。目前对花卉种子贮藏条件的研究内容较少,陈叔平(1995)采用来自 3 个不同生态区的同一个品种种子,两种包装条件,贮于－18℃、－10℃、0℃及室温下,研究甜菊种子在不同贮藏条件下的生活力变化。不密闭条件下,种子生活力随贮藏温度不同,降低速率亦不同,12 个月贮藏期是甜菊种子生命力的转折点,北京常温下甜菊种子的有效寿命约 1 年左右。密闭条件下种子生活力比不密闭条件下的高,贮于 0℃以下的甜菊种子,三年以上仍有一定发芽率。

第十节　主要牧草及草坪草种子贮藏技术

牧草通常是指可供养殖动物采食的各种栽培或野生的一年生或多年生草类，如豆科牧草、禾本科牧草等，广义上讲，还包括草坪草、绿肥植物和一些半灌木、灌木等。草坪草是指能够形成草坪、耐修剪和供人们使用的一些草本植物以及地被植物，大多数是根茎型和匍匐型的多年生禾本科草类（约占草坪草的90%以上），也有一些是非禾本科（如莎草科、豆科、旋花科等）的矮生草类。

一、牧草及草坪草种子的贮藏特性

一年生和多年生的牧草主要是通过种子进行有性繁殖的。由于牧草的育种目标主要是地上营养体的产量而不是种子产量，所以牧草没有产生种子的优势。大多数牧草结实率低，种子产量也低。多数牧草还保留有某些野生的特性，种子成熟一致性差，种子落粒性极强，禾本科牧草种子成熟后常从花序上脱落，豆科牧草种子常从荚果中崩落。

禾本科牧草种子外面具有稃壳，对种子起到一定的保护作用。某些豆科牧草种子存在硬实现象，耐贮藏。一般来说，豆科牧草种子比禾本科牧草种子寿命长，在豆科牧草中，小粒硬实种子寿命长，一年生牧草的种子比多年生牧草种子寿命长（表8-5至表8-7）。但有些牧草种子贮藏2年即丧失生活力，如豆科中的绛三叶、苕子，禾本科牧草中的多年生早熟禾等种子的耐藏性极低。

表8-5　禾本科牧草种子贮藏年限与发芽率（陈宝书等，1999）

种类	贮藏时间/年	发芽率/%	供试品种数
苏月草	11～13	82.0～64.0	3
	18	70.0	1
一年生黑麦草	5	93.5	1
扁穗雀麦	9	91.0	1
日本雀麦	9	86.0	1
纤毛鹅冠草	8	91.0	1
老芒麦	8	82.0	4
	9	64.0	1
无芒雀麦	6	84.0	1
	8	78.6	10
	9	45.0	2
	11	0	1
冰草	8	33.0	1
虉草	5	88.5	1
高牛尾草	5	19.5	1

表 8-6　豆科牧草种子贮藏年限与发芽率(陈宝书等,1999)

种类	贮藏时间/年	发芽率/%	硬实率/%	有生活力的种子/%	供试品种数
紫花苜蓿	4	91.1	6.5	97.6	3
	13～16	92～88.7	4.2～2.1	96.2～90.8	27
	18	77.0	0	77.0	1
百脉根	6	69.0	3.0	72.0	1
白花草木樨	14	46.0	53.0	99.0	1
天兰苜蓿	6	8.5	90.5	99.0	1(野生)
野火球	5	8.5	79.5	88.0	1(野生)
	5	74.0	14.3	88.3	1
红豆草	8	51.0	—	—	1
	10	9.0	—	—	1
绛三叶	13	80.5	8.0	88.5	1
红三叶	7	69.0	—	—	1
	8	54.0	—	—	3
	14	47.0	14.0	61.0	1
箭筈豌豆	6	97.0	—	—	1
	10	60.0	—	—	1
黄花羽扇豆	10	91.0	—	—	1
豌豆	13	74.0	—	—	1

表 8-7　草坪草种子的贮藏期与发芽力(陈宝书等,1999)

种类	贮藏时间/年	发芽势/%	发芽率/%
草地早熟禾	15	12	19(野生)
扁秆早熟禾	15	10	16(野生)
普通早熟禾	15	10	14
草地羊茅	15	4	28
尾状羊茅	15	6	21
紫羊茅	15	5	18
意大利黑麦草	8	49	57
	14	35	46
多年生黑麦草	8	45	53
	14	26	32
鸡脚草	5	41	69
	14	17	33
冰草	5	48	61
	15	21	26
无芒雀麦	5	53	87
	15	16	24
白三叶	12	58	80
百脉根	12	43	51
红三叶	5	44	78
	12	22	41

二、牧草及草坪草种子贮藏的技术要点

1. 适时收获

确定牧草种子最适的收获时间，既要考虑能获得品质优良的种子，也要注意尽可能地减少因收获不当造成的落粒损失。多年生黑麦草、草地羊茅、多花黑麦草、鸭茅等牧草种子成熟时因种子落粒每公顷可损失种子 100～290 kg。因此，必须适时收获。牧草种子的成熟过程可分为乳熟期、蜡熟期和完熟期。当用联合收割机收获的，一般可在蜡熟期或完熟期进行，而用割草机、人工收获或收割后需在草条上晾晒的，可在蜡熟期进行。种子水分可作为指示收获的一个指标，对于大多数牧草来说，当种子水分达到 35%～45%时即可收获。

豆科牧草种子成熟时，植株还未停止生长，茎叶处于青绿状态，给种子收获带来很大困难。因此，在种子收获之前要进行干燥处理，常用飞机或地面喷雾器对田间生长的植株喷施化学干燥剂，在喷后 3～5 d，直接用联合收割机进行收割，匍匐型牧草用割草机割成草条，晾晒之后用脱粒机脱粒。

矮柱花草、圭亚那柱花草和大翼豆种子的落粒性非常强，常常随成熟落地，加之种子的成熟期不一致，用收割机收割的植株地上部分持留种子量仅占总产量的 1/3～1/2，给种子生产带来巨大困难。目前国内外常采取收割后将带种子的牧草堆积于原地，等种子完全脱落后再用吸种机将散落于地面上的种子吸起或人工扫起。

2. 及时干燥

牧草种子收获之后水分仍然较高，必须及时干燥，使其水分达到安全水分标准。牧草种子的干燥方法有自然干燥和机械干燥。刈割成草条的牧草可在草条上将种子自然干燥一段时间后再进行脱粒。有些牧草刈割后常捆成草束，可将种子留于植株上自然干燥。草条上干燥的牧草，在干燥期翻动 1～2 次，之后进行脱粒。捆成草束干燥的牧草，为了加速干燥防止产生霉烂，一般应将草束成行码成人字形，架晒于晾晒场上，也可将草束打开摊晒于场上，厚度为 5～10 cm，在日光下干燥。牧草干燥至一定程度，即可进行脱粒。如脱粒后的种子水分仍然较高时，仍应进行曝晒或摊晾。在现代牧草种子生产中，种子常采用机械干燥的方法，特别是在气候潮湿的地区。常用的干燥设备有火力滚动烘干机、烘干塔及蒸气干燥机。机械干燥时，出机种温应保持在 30～40℃，如果种子水分较高时，最好进行两次干燥，并采取先低温后高温的方法，以防因干燥方式不当而降低种子质量。

3. 合理包装

经干燥、清选分级后的牧草种子应进行合理包装以利于贮藏和运输。包装可用麻袋、棉布袋、纸袋或薄膜(塑料或金属箔)袋、金属板或纤维板筒、玻璃罐、纤维板箱或各种材料制成的容器。贮藏准备成批出售的种子，包装容器可用较大的针织袋或多层纸袋、大纤维板筒、金属罐或纤维板箱(盒)；零售的牧草种子一般与成批出售的容器相同，但贵重的牧草、草坪草种子零售时或原种的包装容器一般是小纸袋、薄膜袋、压制的薄膜套、小纤维板盒或小金属罐。国际市场上出售的牧草种子一般用麻袋、编织袋、多层纸袋包装，每袋可装 50 磅或 100 磅(22.7 kg 或 45.4 kg)，或 25 kg。种子袋的内层常为防潮的聚乙烯膜。

4. 选择适宜的贮藏方法

(1)普通贮藏法　又称开放贮藏法，将充分干燥的种子用麻袋、布袋、无毒塑料编织袋、木

箱等盛装种子，贮存于贮藏库里，由于种子未被密封，种子的温度和水分随库内的温、湿度而变化。贮藏库可根据需要安装特殊的降温除湿设施，当库内温度或湿度比库外高时，可利用排风换气设施进行调节，使库内的温湿度低于库外或与库外达到平衡。

普通贮藏法简单、经济，适合于贮藏大批量的生产用种，贮藏时间以1～2年为宜，如时间过长，种子生活力将会明显下降。

(2)干燥密闭贮藏法　干燥密闭贮藏法是指将种子干燥至符合密闭贮藏要求的水分标准，再用各种不同的容器或不透气的包装材料密封起来，进行贮藏。此法在一定的温度条件下，不仅能较长时间保持种子的生活力，延长种子的寿命，而且便于交换和运输。在湿度变化大、雨量较多的地区，采用此法贮藏种子的效果更好。目前用于干燥密闭贮藏种子的容器主要有：玻璃瓶、干燥箱、铁皮罐、铝箔袋、聚乙烯薄膜等。有试验表明，种子在中等温度条件下，密闭防潮安全贮藏3年，适宜的种子水分为：紫花苜蓿6%；三叶草、多年生黑麦草8%；翦股颖、早熟禾、羊茅、鸭茅、野豌豆9%；雀麦、一年生黑麦草、饲用玉米、燕麦10%。

(3)低温低湿贮藏法　即采用低温低湿库贮藏。低温低湿贮藏库装备有制冷机和除湿机等设备，库内温度控制在15℃以下，相对湿度在65%以下，可大大加强种子贮藏的安全性，延长牧草种子的寿命。牧草种子低温低湿贮藏的具体做法及低温低湿库管理措施与一般农作物种子的技术要求基本一致。

本章小结

本章主要介绍了水稻、大小麦、玉米、油菜和花生、棉花、豆类、蔬菜、甘薯和马铃薯、花卉、主要牧草和草坪草种子的贮藏特性，重点阐述了各种不同类型种子的贮藏技术。

应用案例

一、春季从北方调入玉米种子入库贮藏操作技术

1. 首先，应测定种子水分，玉米种子在北方贮藏安全水分高于南方，如调入种子的水分高于14%，应翻晒降低水分到安全贮藏水分。

2. 其次，要测定种子发芽率等指标，如未达到入库要求的不能入库。

3. 种子翻晒后入库应注意冷却后再入库，多个品种同时入库应防止混杂。

二、杂交稻种子低温低湿仓库贮藏技术

1. 种子入库前，彻底清仓，按照操作规程严格消毒或熏蒸。种子垛底必须配备透气木质(或塑料)垫架。两垛之间、垛与墙体之间应当保留一定间距。

2. 把好入库前种子质量关。种子入库前搞好翻晒、精选与熏蒸；种子含水量达不到国家规定标准，无质量合格证的种子不准入库；种子进库时间安排在清晨或晚间；中午不宜种子入库，若室外温度或种温较高，宜将种子先存放缓冲室，待后再安排入库。

3. 合理安排种垛位置，科学利用仓库空间，提高利用率。

4. 库室密封门尽量少开，即使要查库，亦要多项事宜统筹进行，减少开门次数。

5. 严格控制库房温湿度。通常，库内温度控制在15 ℃以下，相对湿度控制在65%左右，并保持温湿度稳定状态。

6. 建立库房安全保卫制度。加强防火工作，配备必要的消防用具，注意用电安全。

7. 种子进低温库不能马上开机降温，应先通风降低湿度，否则降温过快，达到露点，易造成结露。

思考题

1. 杂交水稻种子的贮藏特性与常规水稻种子相比有哪些不同？如何做好杂交水稻种子的安全越夏贮藏？

2. 小麦种子热进仓储藏应注意哪些技术要点？

3. 南方玉米种子应如何安全越夏贮藏？

4. 大豆种子贮藏期间发生浸油和红变现象的原因是什么？如何防止浸油和红变？

5. 试述油菜种子与蔬菜种子贮藏技术的异同点有哪些。

6. 脱绒棉籽的保管贮藏应注意哪些方面？

7. 甘薯种薯与马铃薯种薯在贮藏期间对温湿度要求有哪些不同点？

8. 试述花卉种球常用的贮藏方法有哪些。

9. 简述牧草种子的贮藏特性与贮藏技术要点。

实验实训指导

实验实训一　种子容重和相对密度的测定

一、目的

通过实训，使学生加深种子容重和相对密度的概念，并正确掌握测量仪器的使用。

二、材料和用具

1. 材料

各种农作物种子(包括水稻、小麦、玉米、油菜等)、酒精、二甲苯等。

2. 用具

61-71 型排气式容重器、小量筒、比重瓶、天平、计算器。

三、方法和步骤

1. 种子容重的测定

种子容重是指在一定容积内种子的重量，一般以每升内种子的重量克数表示。种子净度、饱满度、干燥程度等品质指标与种子容重有显著的相关。

当前测定种子容重的仪器种类很多，以 61-71 型排气式容重器应用最广(图实 1)。该种仪器是在国际排气式容重器的基础上加以改进的，使用效果好。

该容重器主要由容器筒部分和称重部分组成。

使用时，先装置好仪器的各部件，校正好天平，把空容器筒装在箱盖上方的容器座上，套上空筒，插入插片，放入排气砣。取试样倒入漏斗筒内，将漏斗筒套在空筒上，打开漏斗开关，使种子流入空筒内。以左手拿容器筒，右手迅速而平稳抽出插片，这时排气砣及试样落在容器筒底部，再把插片迅速而平稳地插入。随后取下漏斗筒，再取下容器筒和空筒，用手指按住插片，把容器筒倒转，使插片上多余种子倒出来，然后再取出插片。把容器筒与试样一起称重，精确

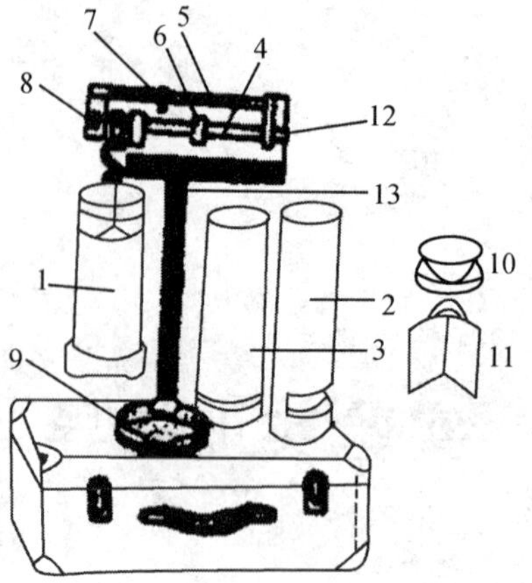

图实1　61-71型容重器

1.容器筒　2.漏斗筒　3.空筒　4.粗秤杆　5.细秤杆　6.大游砣　7.小游砣
8.调节螺丝　9.容器座　10.排气砣　11.插片　12.平衡指板　13.支柱

度为0.5 g。每个样品重复两次，允许差距为5 g/L。如两次重复在允许差距内，求其平均数，否则再测1次，取其接近的两个数值平均数。

使用61-71型容重器时应注意以下事项：

(1)要除去样品中的大型杂质和细小杂质，因为杂质会影响容重测定结果的一致性和正确性。

(2)样品要经过充分混合，使其均匀。

(3)种子倒入漏斗时，漏斗底部的开关必须关闭。种子倒入漏斗后，把开关迅速打开，种子漏完后随手关闭开关。

(4)种子落入容器筒底后，在插片未插入前，仪器不能受任何震动。

2.种子相对密度的测定

测定种子相对密度的方法有好几种，其中最简便的方法是用有精细刻度的5～10 mL的小量筒，内装50%酒精约1/3，记下酒精（或水）所达到的刻度，然后称适当重量（一般为3～5 g）的净种子样品，小心放入量筒中，再观察酒精平面升高的刻度，即为该种子样品的体积，代入下式，求出相对密度：

$$种子相对密度=\frac{种子质量/g}{种子体积/mL}$$

上法比较粗放，如要求更精确些，可用比重瓶测定。其操作程序如下：

(1)称净种子样品2～3 g(精确度到毫克)。

(2)将二甲苯(也可用甲苯或50%酒精)装入比重瓶，到标线为止，如有多余用吸水纸吸去。如果比重瓶配有磨口瓶塞，则把二甲苯装满到瓶塞处，再把溢出的揩干。

(3)把装好二甲苯的比重瓶称重(W_2)。

(4)倒出一部分二甲苯，将已称好的种子(W_1)投入比重瓶中，再用二甲苯装满到比重瓶的标线，用吸水纸吸去多余的二甲苯，投入后，注意种子表面应不附着气泡，否则会影响结果的准确性。

(5)将装好二甲苯和种子的比重瓶称重(W_3)。

(6)应用下式计算出种子相对密度(S)。

$$S=\frac{W_1}{W_2+W_1-W_3}\times G$$

G代表二甲苯的相对密度,在15℃时为0.863。如用其他药液代替二甲苯,须查出该药液在测定种子相对密度时的温度条件下的相对密度。

四、作业

1. 根据测量结果,计算种子的容重和相对密度。

2. 结合计算结果,试述不同形状、不同含油量种子对种子容重、相对密度的影响。

实验实训二 种子散落性的测定

一、目的

通过对种子静止角和自流角的测定,加深对种子散落性概念的理解,明确衡量种子散落性好差的两个指标及不同水分、形态对种子静止角的影响,并掌握正确仪器的使用方法。

二、材料和用具

1. 材料

不同水分的水稻、小麦、大豆、油菜等农作物种子500 g。

2. 用具

长方形玻璃缸、玻璃缸盖、量角器、自流角测量仪、玻璃板、天平。

三、方法和步骤

1. 静止角的测定

(1)将种子倒入长方形玻璃缸中以其高度的1/3为宜。

(2)摇动玻璃缸使其内部的种子平整,然后盖上玻璃盖,然后慢慢地将它向一侧倾倒,使种子形成一个斜面而与水平面成一定角度,即为该种子的静止角。

(3)用量角器测量这个角度并加记录。

(4)用同法重复3次,取平均值。

2. 自流角的测定

(1)称取种子10 g,置于自流角测量仪玻璃板的一端。

(2)将玻璃板有种子的一端慢慢提起,使种子滚落,当种子开始滚落时即记下玻璃板与水平面所成之角度,为始角。

(3)再记下种子绝大部分滚落时所成之角度,为终角。

(4)始角与终角范围内的角度为自流角。

(5)用同法重复3次,取平均值。

3.种子对仓壁侧压力的计算

根据测得的有关数据,计算种子对仓壁的测压力。

计算公式为:$p=\frac{1}{2}mh^2\ \mathrm{tg}^2\left(45°-\frac{\alpha}{2}\right)$

式中:p——侧压力(kg/m);

m——种子容重(kg/m³);

h——种子堆高度(m);

tg——正切(函数);

α——静止角(°)。

四、作业

1.试述不同种子水分对静止角、散落性、仓壁侧压力有何影响。

2.试述不同形态种子对静止角、散落性、仓壁侧压力有何影响。

3.试说明种子散落性好差与种子安全贮藏的关系。

实验实训三 种子平衡水分的测定

一、目的

通过测定种子平衡水分,使学生了解各种作物种子在不同的相对湿度条件下和不同种类种子在同一相对湿度条件下的种子平衡水分特性;并通过测定平衡水分,求得某种种子的临界水分。

二、材料和用具

1.材料

水稻、小麦、大豆、油菜等农作物种子500 g。

2.用具

广口瓶、小筐、天平。

三、方法和步骤

(1)称取种子40 g,装入小筐中,共9份。

(2)配制浓度为29.25%、26.25%、23.50%、20.25%、17.75%、11.75%的硫酸溶液和氯化锂、醋酸钾、硫酸钾饱和溶液。

(3)在广口瓶内分别放置各种不同溶液250 mL,以便调配不同相对湿度。

(4)把存有种子的小筐挂在瓶塞的钩上并密封,然后将瓶置于20℃的恒温箱(室)中定期观察,1周后称重,以后每隔1周称重,直至恒重,然后测定种子水分。表实1为20℃时不同溶液的相对湿度。

表实1　20℃时不同溶液的相对湿度

溶液	相对湿度/%
饱和溶液:氯化锂($LiCl\cdot H_2O$)	12.4
醋酸钾($KC_2H_3O_2$)	23.2
硫酸钾(K_2SO_4)	97.2
硫酸溶液/%:29.25	35
26.25	47
23.50	57
20.25	68
17.75	76
11.75	88

四、作业

画出各种种子的吸水平衡曲线,并求出临界水分。

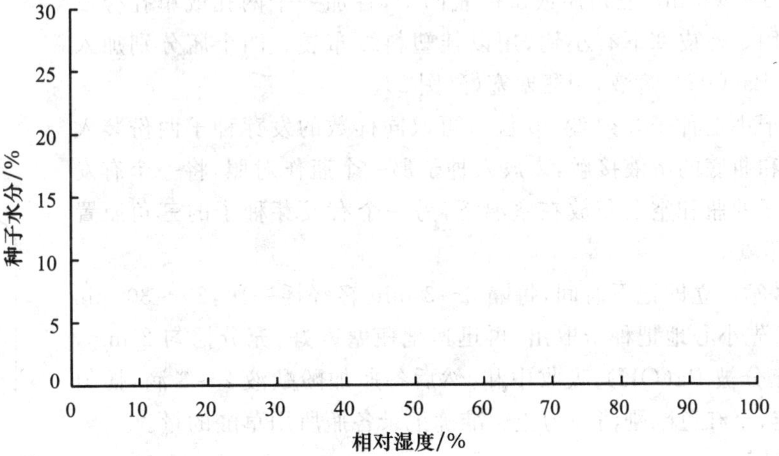

种子的吸水平衡图

实验实训四　种子呼吸强度测定

一、目的

了解呼吸强度的测定原理,学会呼吸强度的测定方法。

二、原理

种子在密闭瓶中，由于呼吸作用，使瓶内 CO_2 增多，CO_2 溶于水形成 H_2CO_3。当瓶中装有定量的 $Ba(OH)_2$ 溶液时，H_2CO_3 便与 $Ba(OH)_2$ 中和。剩下未反应的 $Ba(OH)_2$ 用 $H_2C_2O_4$ 滴定中和。呼吸产生的 CO_2 越多，则 $H_2C_2O_4$ 的滴定用量便越少，与对照瓶（无种子材料）比较，少用的草酸量即相当于种子呼出的 CO_2 量。

三、材料和用具

1. 材料

干小麦种子、发芽的小麦种子各 5 g。

2. 试剂

0.7% $Ba(OH)_2$ 溶液，酚酞指示剂，0.023 mol/L 草酸溶液。

草酸溶液配制：准确称取重结晶的草酸（$H_2C_2O_4 \cdot 2H_2O$）2.865 2 g 溶于蒸馏水，配成 1 000 mL。每 mL 溶液相当于 1 mg 的 CO_2。

3. 用具

三角瓶或试剂瓶、温度计、酸滴定管、尼龙纱制作的小篮、托盘天平。

四、方法和步骤

(1)取 250～500 mL 三角瓶或试剂瓶四个，各加一个两孔或单孔橡皮塞，供滴定之用。橡皮塞下有小钩，用以挂塑料纱布袋。四个瓶分别加入 20 mL 0.7% $Ba(OH)_2$ 溶液，用瓶塞塞好（图 2）。

(2)称取干小麦种子 3 g（约 50 粒），再取同样数的发芽种子两份装入布袋中，不要和瓶底的溶液接触，未放入种子那一个瓶作对照，将一个有发芽种子、干种子的瓶和空白瓶放在室温下，另一个有发芽种子的三角瓶置于 35～40℃环境中。

(3)装置好后，立即记下时间，每隔 2～3 min 轻轻摇一次，20～30 min 后进行滴定。先小心地把种子取出，再迅速把瓶塞塞好，充分摇匀 2 min，使瓶内 CO_2 充分被 $Ba(OH)_2$ 吸收中和，然后各瓶加酚酞液 2～3 滴，摇匀后用草酸滴定，至红色刚刚消失为止。准确记录各瓶所用草酸的量。

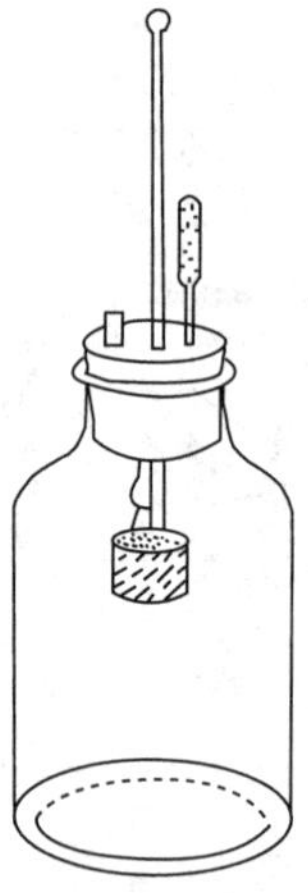

图 2 呼吸瓶组成

(4)结果计算

依照下式计算呼吸强度即每百克小麦每小时放出 CO_2 的毫克数[mg/(100 g·h)]。

$$呼吸强度=\frac{空白滴定值-正式滴定值}{种子质量(g)\times 测定时间(min)}\times 60\times 100\%$$

5. 注意

(1)滴定时要缓慢，要不断轻轻摇动三角瓶下部，切不可急滴，尤其在后期阶段，以免过量作废。

$$Ba(OH)_2+CO_2=BaCO_3\downarrow+H_2O$$

$$Ba(OH)_2+(COOH)_2=BaC_2O_4\downarrow+2H_2O$$

(2)用 0.023 mol/L 浓度的草酸是因为该浓度的草酸 1 mL 刚好相当于 1 mg CO_2量。

五、作业

记录实验结果,并分析说明各瓶呼吸强度差异的原因。

实验实训五　种子仓库害虫检查和形态特征识别

一、目的

通过本实验,掌握种子健康测定中几种常见的种子虫害检查方法,并了解仓库内种子受虫害的程度和不同仓库害虫的形态特征,要求能掌握几种常见仓库害虫的形态特征并能加以识别。

二、材料和用具

1.材料

水稻、大小麦、大豆、豌豆等作物种子以及玉米象、谷蠹、拟谷盗、大谷盗、锯谷盗等害虫的标本或活虫。

2.用具

放大镜、高倍显微镜、套筛、恒温光照培养箱、玻璃培养皿、电动筛选器、解剖刀、镊子、铜丝网、天平等。

三、方法和步骤

1.种子仓库害虫的检查

(1)直接检查

①送验样品中分出一半作为试样。

②将分析用具(镊子)及表面用酒精擦净。

③将种子倒在白瓷盘内,用放大镜逐粒观察。

④计算暴露于种子外面的成虫或幼虫数。

⑤取试样 1 000 粒,拣出受害虫侵害过种子(如种子表面有斑点,变色突起,蛀孔等),计数。

⑥计算虫害种子百分率(%)和害虫含量(头/kg)。

(2)过筛检查

①从送验样品中分出一半作为试样。

②根据不同种子和害虫种类选用不同筛孔。

③将种子倒入上层筛内进行过筛。

④将各层筛上的样品倒在白色瓷盘上,检查谷蠹、玉米象、锯谷盗等害虫的头数。

⑤汇总各层害虫并计算种子害虫的含量(头/kg)。

2. 种子仓库害虫的识别

(1)用毛笔或毛刷蘸取一害虫。

(2)头部向前置于放大镜或解剖镜下。

(3)仔细观察其头部、触角、前胸背板、鞘翅等部位的形态特征。

(4)对照彩图,认真识别。

四、作业

1. 简述识别种子仓库害虫的意义。
2. 如何判别种子仓库害虫是死的还是活的?
3. 描出玉米象、谷蠹、拟谷盗、大谷盗、锯谷盗等害虫的形态特征图。

实验实训六　种子仓库类型及种子堆放方式

一、目的

要求了解各种种子仓库类型和种子堆装方式与仓库容量的关系,以及当地种子贮藏仓库类型及其结构特点、仓库结构和堆装方式对安全贮藏的影响,并了解种子贮藏的管理和当地的种子贮藏技术和管理经验。

二、内容

(一)仓库类型与结构

1. 房式仓:①木板结构;②砖木结构;③钢筋水泥结构。
2. 圆筒仓:①土圆仓;②机械化立筒仓。
3. 低温低湿库:①制冷设备;②隔热保冷结构;③隔气防潮结构;④保温材料。
4. 仓内设施:①防潮层;②防雀网;③防鼠板;④垫仓板;⑤其他。

(二)堆装方法

1. 散装法:①围包、围囤散装;②全仓散装。
2. 包装法:①实垛法;②非字及半非字形堆垛法。

(三)了解种子贮藏期间的管理

包括防潮通风、种温检查、防虫熏蒸、低温库的湿度和温度的检查和控制,以及种子出库和发芽试验等管理。

(四)了解当地主要作物种子的贮藏特性和贮藏管理的特点及要求

三、作业

1. 简述种子仓库应有哪些基本设施。
2. 根据参观看到的各种仓库类型,分析其优缺点。
3. 根据种子质量状态,如何选用不同的堆放方式?
4. 分析当地主要种子仓库的结构特点和安全贮藏种子的效果。
5. 通过参观,你认为做好种子贮藏的关键有哪些。

参考文献

[1] Basra A. S. Seed quality:basic mechanisms and agricultural implication. Food Products Press,1995.

[2] Bewley J. D., Black M. Seeds: physiology of development and germination, Plenum Press, New York and London,1985.

[3] ChinH. F.. Symposium on storage and vigor. Seed Sci. & Technol. ,1988,16 (1) 1-4.

[4] CopelandL. O., McDonaldM. B. 1985. Principles of seed science and technology. Burgress Publishing Company.

[5] CorbineauF. ,Come D.. Storage of recalcitrant seeds of fourtropical species, Seed Sci. & Technol. ,1988(1) 97-104.

[6] DharmalingamC.. Mid-storage correction to prolong viability of rice seeds,International Rice Research Newsletter,1990,15 (3) 21-22.

[7] EllisR. H., Hong T. D. ,Roberts E. H. A low-moisture-content limit to logarithmicrelations between seed moisture content and longevity. Annals of Botany,1988,61:405-408.

[8] HalmerP., Bewley,J. D. A physiological perspective on seed vigour testing. Seed Sci. & Technol. ,1984,12 (2)561-576.

[9] Hampton J. G., TeKrony D. M. Handbook of vigour test methods, 3rd Edition,The Intermational Seed Testing Association,1995.

[10] Hong T. D., Ellis R. H. A protocol to determine seed storage behavior. IPGRI.

[11] Hu J. ,Guo C. G., Shi S. X. 1994. Partial drying and post-thaw preconditioning improve the survival and germination of cryopreserved seeds of tea (*Camellia sinensis*),Plant Genetic Resources Newsletter,1996(98):25-28.

[12] ISTA. International Rules for Seed Testing. Seed Science and Technology, 24,supplement,1996.

[13] KhanA. A.. The physiology and biochemistry of seed development, dormancy, and germination, New York: Elsevier,1982.

[14] MajorW., RobertsE. H. Dormancy in cereal seeds. Journal of Experimental Botany, 1968,19(58) 77-89,90-101.

[15] RobertsE. H. Predicting the storage life of seeds. Seed Sci. and Technol., 1973(1): 499-514.

[16] Song W. J., Zhou W. J., Jin Z. L., *et al*. Germination response of *Orobanche* seeds subjected to conditioning temperature, water potential and growth regulator treatments. Weed Research, 2005(45): 467-476

[17] Song W. J., Lou J., Hu J., Cao D. D., Zhou W. J. The influence of temperature and moisture content on the longevity of bio-coated rapeseed (*Brassica napus* L.) during storage, Journal of Zhejiang University (Agric. & Life Sci.), 2004, 30(4): 363-368.

[18] Thornton J. M., Powell A. A. Short-term aerated hydration for the improvement of seed quality in *Brassica oleracea*. Seed Science Research, 1992(2): 41-49.

[19] Tylkowska K., Biniek A.. Fungi and germination of carrot and parsley seeds under osmoconditioning and fungicide treatment. PhytopathologiaPolonica, 1996(12): 51-61.

[20] 胡晋. 种子贮藏加工. 北京:中国农业大学出版社,2001.

[21] 胡晋. 种子贮藏加工学. 北京:中国农业大学出版社,2010.

[22] 胡晋,谷铁城,种子贮藏原理和技术,北京:中国农业大学出版社,2001.

[23] 毛培胜. 牧草与草坪草种子科学与技术. 北京:中国农业大学出版社,2011.

[24] 包振顺,刘福明. 控制种子微生物的有效措施. 植物保护. 2005(3):21.

[25] 毕辛华,戴心维. 种子学. 北京:中国农业出版社,1993.

[26] 陈宝书,解亚林,辛国荣. 草坪植物种子. 北京:中国林业出版社,1999.

[27] 陈世儒. 蔬菜种子生产原理与实践. 北京:中国农业出版社,1993.

[28] 陈叔平,舒世珍. 甜菊种子贮藏技术研究. 作物学报,1995(1):102-105.

[29] 楚金娥,雷芝,朱建立. 种子仓库害虫及其防治. 农村科技,2005(10):20.

[30] 傅家瑞. 顽拗型种子的贮藏及种质保存问题. 种子,1988(3):51-53.

[31] 高平平,乔燕祥. 贮存温度对大豆种子活力影响及其生理效应. 华北农学报,1996(4): 114-118.

[32] 高荣岐,张春庆. 作物种子学. 北京:中国农业科技出版社,1997.

[33] 谷颐. 花卉种子的采收与贮藏. 中国种业,2006(10):70-71.

[34] 顾加国. 防虫磷应用技术总结与探讨. 陕西粮油科技,1991,16(4):40-41,46.

[35] 顾雀玲,沈觉康. 大麦种子和啤酒大麦的贮藏特点及安全贮藏技术. 大麦科学,1997, 51(2):43-44.

[36] 郭巧生. 药用植物栽培学. 北京:高等教育出版社,2004.

[37] 郭长根. 种子贮藏. 北京:农业出版社,1985.

[38] 国家粮食储备局储运管理司. 中国粮食储藏大全. 重庆:重庆大学出版社,1994.

[39] 韩建国. 牧草种子学. 北京:中国农业大学出版社,2000.

[40] 郜辰荣,赵栋,董文全,等. 大型山洞库储粮技术初探. 粮油仓储科技通讯,2011(5): 19-23.

[41] 胡晋,龚利强. 超低温保存对西瓜种子活力和生理生化特性的影响. 种子,1996(2): 25-29.

[42] 胡晋. 种子生物学. 北京:高等教育出版社,2006.

[43] 胡晋.种子水分测定的原理和方法.北京:中国农业出版社,2008.
[44] 胡晋.种子生产学.北京:中国农业出版社,2009.
[45] 胡晋.种子生活力测定原理和方法.北京:中国农业出版社,2009.
[46] 胡晋,戴心维,叶常丰.杂交水稻及其三系种子的贮藏特性和生理生化变化,Ⅰ.不同水分种子贮藏期间含水量和活力的变化.种子.1988(1):1-8.
[47] 胡晋,戴心维,叶常生.杂交水稻及其三系种子的贮藏特性和生理生化变化,Ⅱ.籼粳型杂交水稻及其三系种子贮藏特性的差异和原因,种子,1989(2):1-5.
[48] 胡晋,宋文坚,卢凤龙.杂交稻早夏季制繁种种子生活力和活力低的原因分析.浙江农业大学学报,1999,25(3):271-275.
[49] 胡晋,王世恒,谷铁城.现代种子经营和管理.北京:中国农业出版社,2004.
[50] 胡晋,徐媛,陈叶平,等.超低温保存对某些作物种子生活力和活力的影响.浙江农业大学学报,1994,20(4):411-415.
[51] 胡伟民,段宪明,阮松林.超干水分长期贮藏对玉米、西瓜种子生活力和活力的影响.浙江大学学报(农业与生命科学版),2002,28(1):37-41.
[52] 胡伟民,胡晋,宋文坚,等.超干长期贮藏对不同类型水稻种子生活力和活力的影响,中国水稻科学,2003,17(4):379-382.
[53] 季志仙,郭长根.几种瓜类种子超干贮藏的研究,浙江农业学报,1996,8(1):50-53.
[54] 金文林.种子产业化教程.北京:中国农业出版社,2003.
[55] 考布莱德,L. O. 种子科学原理及技术,许蕊仙,译.哈尔滨:黑龙江科学技术出版社,1987.
[56] 李笑光.农作物干燥与通风贮藏.天津:天津科学技术出版社,1989.
[57] 李一生,邵宏清.小麦种子贮藏特性及技术要点.上海农业科技,2007(6):55-56.
[58] 梁永生.储粮害虫防治战略—害虫综合治理.粮油仓储科技通讯,1994(4):7-11.
[59] 粮食部储运局.储粮害虫防治手册.北京:中国财政经济出版社,1981.
[60] 粮食微生物学编写组.粮食微生物学.北京:中国财政经济出版社,1984.
[61] 刘思衡,曾汉章.作物种子学. 福建:福建科学技术出版社,2001.
[62] 陆湫韵,刘庆昌,李惟基.甘薯育种学.北京:中国农业出版社,1998.
[63] 麻浩,孙庆泉.种子加工与贮藏.北京:中国农业出版社,2007.
[64] 马振瀛.实用防霉技术.上海:上海科学技术出版社,1987.
[65] 马志强,胡晋,马继光.种子贮藏原理与技术(农业部种子行业培训教材).北京:中国农业出版社,2011.
[66] 莫熙穆.傅家瑞论文选集.广州:中山大学出版社,1996.
[67] 潘瑞炽.植物生理学.2版.北京:高等教育出版社,1983.
[68] 日本种苗协会.种苗基础知识与实用技术,顾克礼,译.北京:中国轻工业出版社,1990.
[69] 什马尔柯 B. C. 种子贮藏原理,浙江农学院作物栽培教研组,译.北京:财政经济出版社,1957.
[70] 寿惠霞,宋文坚.栽培和野生大豆抗种子劣变性的差异. 大豆科学,1998(1):59-64.
[71] 寿惠霞,宋文坚.大豆种子抗劣变性的鉴定方法研究,种子,1999(2):3-5.
[72] 宋文坚,曹栋栋,金宗来,等.我国主要根寄生杂草列当的寄主、危害及防治对策.植物检

疫,2005,19(4):230-232.
[73] 宋文坚,曹栋栋,金宗来.影响根寄生植物列当种子萌发因素的研究.种子,2005,24(2):44-47.
[74] 宋文坚,楼健,胡晋,等.贮藏期间温度和水分对生物型包衣油菜种子寿命的影响.浙江大学学报(农业与生命科学版),2004,30(4):363-368.
[75] 孙群,胡晋,孙庆泉.种子加工与贮藏,北京:高等教育出版社,2008.
[76] 孙彦良.小麦、玉米种子的越夏贮藏技术.内蒙古农业科技,1999(3):42.
[77] 陶嘉龄,郑光华.种子活力.北京:科学出版社,1991.
[78] 吴志行.蔬菜种子大全.南京:江苏科学技术出版社,1993.
[79] 谢皓,陈学珍,钱宝玉,等.贮藏年份对大豆种子活力及农艺性状的影响.北京农学院学报,2003,18(4):281-284.
[80] 熊海蓉,邹应斌,熊远福,等.油菜包衣种子的贮存性.中国农学通报,2010,26(11):136-139.
[81] 熊自立,朱剑桥,宋文坚,等.黄瓜包衣种子适宜贮藏条件的研究.中国种业,2006(7):34-35.
[82] 许如根,吕超,杨荣伟,等.大麦种子贮藏期间的生理变化及其安全贮藏年限,麦类作物学报,2004,24 (2):61- 64.
[83] 颜启传.种子学.北京:中国农业出版社,2001.
[84] 叶常丰,戴心维.种子学.北京:中国农业出版社,1994.
[85] 袁隆平.杂交水稻学.北京:中国农业出版社,2002.
[86] 张大洪.浅谈小麦山洞库储藏.粮食流通技术,2013(1):22-24.
[87] 张久英,智开航,王学义.仓库害虫综合防治措施,现代农业科学,2009,16(1):106-107.
[88] 张文明,姚大年.包衣大豆种子贮藏方法的研究.种子,2001(3):6-7.
[89] 浙江农业大学种子教研组.作物种子学.杭州:浙江科学技术出版社,1981.
[90] 浙江农业大学种子教研组.种子贮藏简明教程.北京:农业出版社,1980.
[91] 郑光华.种子生理研究.北京:科学出版社,2004.
[92] 国家技术监督局.GB 50016—2014 建筑设计防火规范,北京:中国标准出版社.
[93] 国家技术监督局.农作物种子质量标准,GB 4404.1—4404.2—1996,GB 4407.1—4407.2—1996,GB 16715.1—1996,中国标准出版社.
[94] 国家技术监督局.GB 16715.2—16715.5—1999,GB 4404.3—4404.5—1999,农作物种子质量标准(二),北京:中国标准出版社,1999.
[95] 国家技术监督局.GB 4404.1—2008,GB 4407.1—4407.2—2008,GB 19176—2003 农作物种子质量标准,北京:中国标准出版社,2008.
[96] 国家技术监督局.GB 4404.2—2010,GB 16715.1—2010,GB 16715.2—2010,GB 8080—2010,农作物种子质量标准,北京:中国标准出版社,2010.
[97] 国家技术监督局.GB/T 7415—2008 主要农作物种子贮藏,北京:中国标准出版社,2008.
[98] 国家技术监督局.NYJ/T 08—2005 种子贮藏库建设标准,北京:中国标准出版社,2005.
[99] 朱斯梯士 O.L.,等.种子贮藏原理与实践,浙江农业大学种子教研组,译.北京:农业出版社,1983。